LEVEL
C

SRA

Connecting Math Concepts

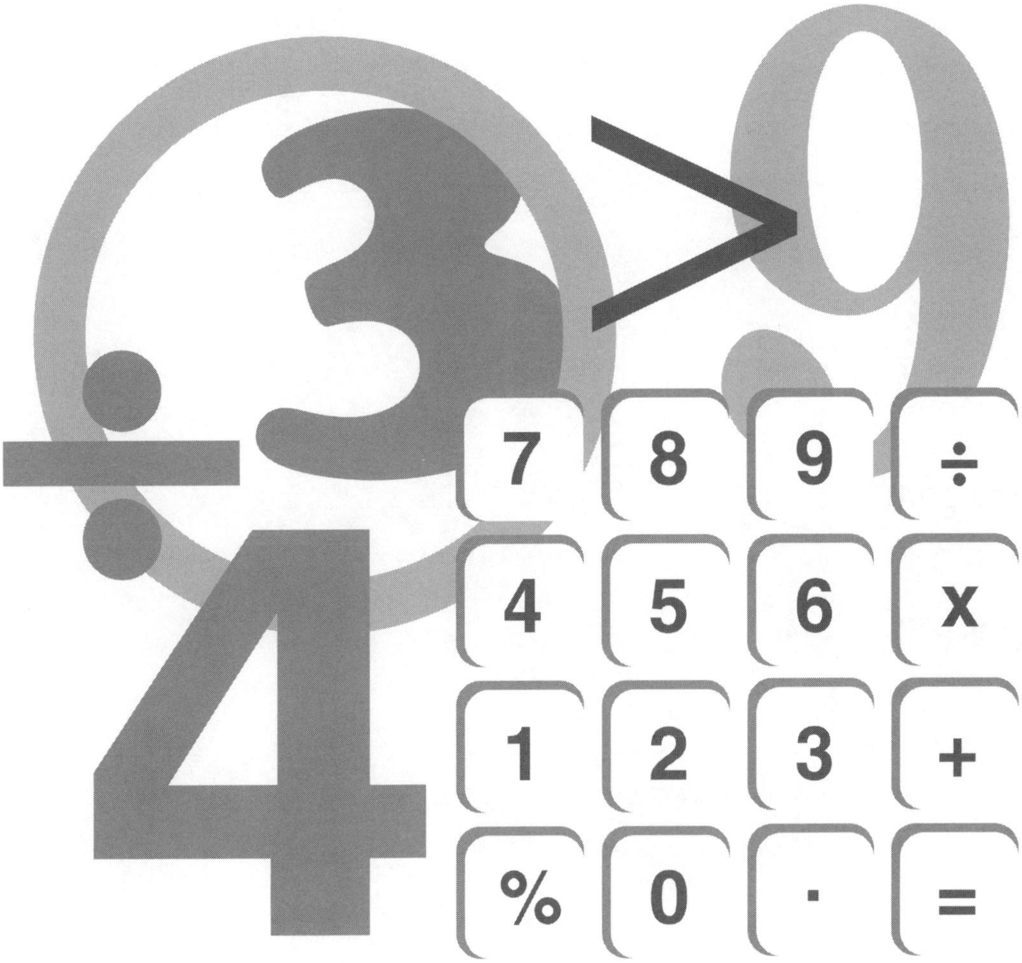

SRA

Columbus, Ohio

The McGraw·Hill Companies

www.sra4kids.com

SRA
McGraw-Hill

Send all inquiries to:
SRA/McGraw-Hill
8787 Orion Place
Columbus, OH 43240-4027

Printed in the United States of America.

ISBN 0-02-684671-3

1 2 3 4 5 6 7 8 9 0 IPC 06 05 04 03 02

Lesson 1

Part 1

a. 413
How many digits? 3
How many hundreds? 4
How many tens? 1
How many ones? 3

b. 40
How many digits? 2
How many tens? 4
How many ones? 0

c. 509
How many digits? 3
How many tens? 0
How many ones? 9

d. 6
How many digits? 1
How many ones? 6

Part 2

a. 4 + 10 = 14 4 + 9 = 13

b. 6 + 10 = 16 6 + 9 = 15

c. 3 + 10 = 13 3 + 9 = 12

d. 8 + 10 = 18 8 + 9 = 17

e. 2 + 10 = 12 2 + 9 = 11

Part 3

a.	+	9 11 → □	9 + 11 = □
b.	___	□ 9 → 15	___
c.	+	2 6 → □	2 + 6 = □
d.	+	3 19 → □	3 + 19 = □
e.	___	9 □ → 21	___
f.	___	□ 8 → 14	___
g.	+	15 31 → □	15 + 31 = □

Part 4

	hundreds	tens	ones
a.	3	2	6
b.		2	6
c.		1	3
d.	9	0	4
e.		1	2
f.	2	0	0

1

Part 5

a.	b.	c.	d.	e.	f.	g.
52	13	12	630	422	121	523
+20	61	22	120	200	541	30
72	+21	+22	+216	+214	+217	+122
	95	56	966	836	879	675

Part 6 **Independent Work**

a.	b.	c.	d.	e.	f.	g.	h.	i.
7	8	10	4	6	6	6	6	5
−0	−1	−1	−4	−5	−1	−0	−6	−5
7	7	9	0	1	5	6	0	0

j.	k.	l.	m.	n.	o.	p.	q.	r.
5	5	5	3	7	8	9	9	3
−4	−1	−0	−2	−6	−7	−1	−9	−0
1	4	5	1	1	1	8	0	3

Part 7

a. 9 + 1 = 10 b. 5 + 1 = 6 c. 7 + 1 = 8 d. 10 + 1 = 11

9 + 2 = 11 5 + 2 = 7 7 + 2 = 9 10 + 2 = 12

9 + 3 = 12 5 + 3 = 8 7 + 3 = 10 10 + 3 = 13

Lesson 2

Part 1

a. 960
How many digits? 3
How many hundreds? 9
How many ones? 0

b. 405
How many digits? 3
How many tens? 0
How many ones? 5

c. 2
How many digits? 1
How many ones? 2

d. 610
How many digits? 3
How many hundreds? 6
How many ones? 0

e. 73
How many digits? 2
How many tens? 7
How many ones? 3

f. 50
How many digits? 2
How many tens? 5
How many ones? 0

Part 2

a.	___	23 □ → 50	___
b.	+	4 27 → □	4 + 27 = □
c.	+	2 6 → □	2 + 6 = □
d.	___	□ 5 → 6	___
e.	+	185 37 → □	185 + 37 = □
f.	___	□ 8 → 10	___
g.	+	18 7 → □	18 + 7 = □
h.	___	2 □ → 12	___

Part 3

a. 1 5 → 6
b. 2 7 → 9
c. 1 6 → 7
d. 1 2 → 3
e. 2 8 → 10
f. 2 2 → 4
g. 2 5 → 7
h. 1 10 → 11
i. 2 10 → 12
j. 2 9 → 11

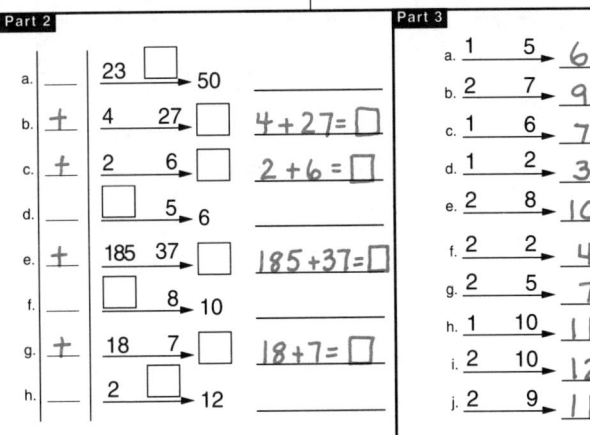

Part 4

a. 10 + 3 = 13 9 + 3 = 12

b. 10 + 7 = 17 9 + 7 = 16

c. 10 + 5 = 15 9 + 5 = 14

d. 6 + 10 = 16 6 + 9 = 15

e. 2 + 10 = 12 2 + 9 = 11

f. 8 + 10 = 18 8 + 9 = 17

Part 5

a.	b.	c.
521	123	503
25	110	200
+221	+702	+ 41
767	935	744

d.	e.	f.
210	11	10
462	81	75
+226	+25	+21
898	117	106

Part 6

a. 5 hundreds + 6 tens + 2 ones = 562

b. 1 ten + 2 ones = 12

c. 7 hundreds + no tens + no ones = 700

d. 2 tens + no ones = 20

e. 1 ten + 7 ones = 17

f. 3 hundreds + no tens + 2 ones = 302

g. 4 tens + 1 one = 41

h. 1 ten + 4 ones = 14

Part 7 **Independent Work**

a.	b.	c.	d.	e.	f.
7	9	3	3	3	3
−7	−9	−3	−2	−1	−0
0	0	0	1	2	3

g.	h.	i.	j.	k.	l.
10	10	10	5	7	7
− 0	− 1	−10	−4	−6	−1
10	9	0	1	1	6

Lesson 3

Part 1

a.	b.	c.	d.	e.	f.	g.
3	5	8	9	9	9	9
+9	+9	+9	+4	+6	+2	+7
12	14	17	13	15	11	16

Part 2

a. □ 4 → 5 5 − 4 = □

b. □ 9 → 17 17 − 9 = □

c. 8 9 → □ 8 + 9 = □

d. □ 14 → 28 28 − 14 = □

e. 12 16 → □ 12 + 16 = □

f. 2 3 → □ 2 + 3 = □

g. □ 4 → 6 6 − 4 = □

h. □ 3 → 18 18 − 3 = □

i. 1 7 → □ 1 + 7 = □

Part 3

a.	b.
19	36
+ 3	+29
22	65

c.	d.
32	29
+28	+91
60	120

e.	f.
39	47
+98	+29
137	76

Part 4

a. 2 7 → 9 b. 1 7 → 8 c. 2 10 → 12 d. 1 1 → 2

e. 1 3 → 4 f. 1 10 → 11 g. 2 4 → 6 h. 1 6 → 7

i. 2 8 → 10 j. 1 4 → 5 k. 2 9 → 11 l. 1 5 → 6

m. 2 5 → 7

2

Part 5

A	
B	

Part 6 **Independent Work**

a.	b.	c.	d.	e.	f.
305	735	789	365	111	126
202	21	110	222	246	300
+111	+ 2	+100	+102	+ 20	+ 42
618	758	999	689	377	468

Part 7

a.	b.	c.	d.	e.	f.	g.	h.	i.
4	4	4	4	4	8	8	6	6
−1	−2	−3	−0	−4	−1	−2	−1	−2
3	2	1	4	0	7	6	5	4

Part 8 Write the numerals.

a. 5 hundreds + no tens + 2 ones = 502

b. 3 hundreds + 6 tens + no ones = 360

c. 4 hundreds + no tens + no ones = 400

d. 5 tens + no ones = 50

e. 1 ten + 2 ones = 12

Lesson 4

Part 1

a. 4 10 → 14

b. 6 9 → 15

c. 8 9 → 17

d. 2 10 → 12

e. 3 9 → 12

f. 8 10 → 18

g. 5 9 → 14

h. 5 10 → 15

i. 9 9 → 18

j. 2 9 → 11

k. 1 10 → 11

l. 10 10 → 20

m. 9 10 → 19

Part 2

a.	b.	c.	d.	e.	f.	g.
56	84	376	24	79	694	385
−11	−21	−106	−13	−18	−590	−370
45	63	270	11	61	104	15

Part 3

a.	b.	c.	d.	e.	f.
39	12	14	64	49	89
+95	+87	+79	+22	+21	+96
134	99	93	86	70	185

Part 4

2 4 6 8 10 12 14 16 18 20

5 10 15 20 25 30 35 40 45 50

10 20 30 40 50 60 70 80 90 100

a. 2 x 3 = 6 b. 5 x 3 = 15 c. 10 x 3 = 30

d. 5 x 6 = 30 e. 10 x 4 = 40 f. 2 x 7 = 14

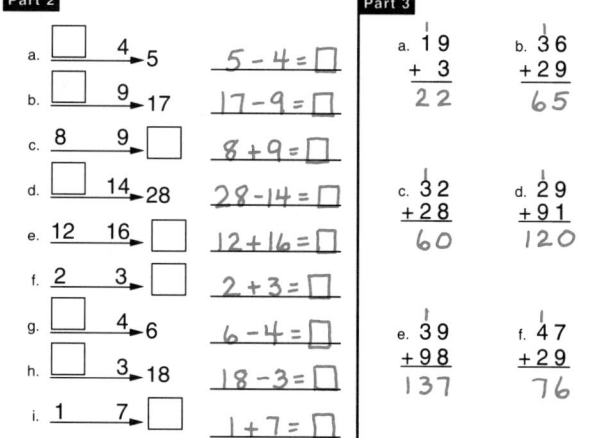

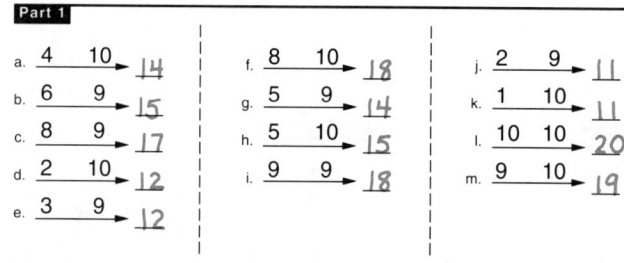

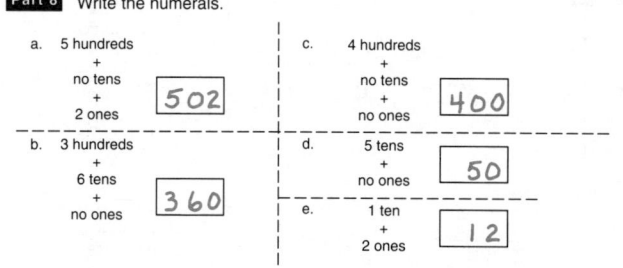

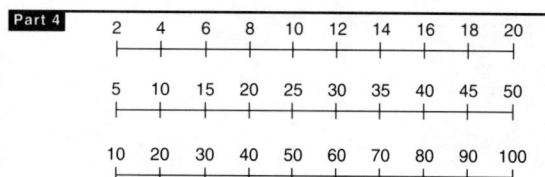

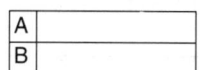

Part 5

a. □ —11→ 20 20 − 11 = □

b. 20 —11→ □ 20 + 11 = □

c. 2 —7→ □ 2 + 7 = □

d. □ —7→ 8 8 − 7 = □

e. □ —51→ 76 76 − 51 = □

f. 12 —19→ □ 12 + 19 = □

Part 6 Independent Work

a. 8 − 0 = 8	b. 8 − 1 = 7	c. 8 − 2 = 6	d. 5 − 0 = 5
e. 5 − 1 = 4	f. 5 − 2 = 3	g. 9 − 0 = 9	h. 9 − 1 = 8
i. 9 − 2 = 7	j. 5 − 1 = 4	k. 5 − 2 = 3	l. 6 − 1 = 5

Part 7

a. 6 − 6 = 0	b. 6 − 5 = 1	c. 6 − 4 = 2	d. 9 − 9 = 0	e. 9 − 8 = 1	f. 9 − 7 = 2	g. 8 − 8 = 0	h. 8 − 7 = 1	i. 6 − 6 = 0

Part 8 Write the numerals.

a. 3 hundreds + 9 tens + 6 ones → 396

b. 7 hundreds + no tens + 9 ones → 709

c. 6 tens + 5 ones → 65

d. 8 hundreds + no tens + 6 ones → 806

e. 4 tens + 2 ones → 42

f. 5 tens + no ones → 50

Lesson 5

Part 1

a. 309 + 124 = 433	b. 264 + 192 = 456	c. 122 + 487 = 609	d. 321 + 578 = 899	e. 590 + 296 = 886	f. 321 + 88 = 409

Part 2

a. □ —21→ 36 36 − 21 = 15

b. 32 —16→ □ 32 + 16 = 48

c. □ —51→ 71 71 − 51 = 20

d. 12 —63→ □ 12 + 63 = 75

e. □ —64→ 85 85 − 64 = 21

Part 3

a. 80 + 7 = 87	b. 30 + 6 = 36	c. 70 + 3 = 73	d. 50 + 4 = 54	e. 20 + 7 = 27	f. 60 + 1 = 61

Part 4

a. 547 − 36 = 511	b. 45 − 10 = 35	c. 395 − 14 = 381	d. 546 − 232 = 314	e. 419 − 208 = 211	f. 765 − 160 = 605

Part 5

5 10 15 20 25 30 35 40 45 50

10 20 30 40 50 60 70 80 90 100

a. 10 x 8 = 80 b. 5 x 4 = 20 c. 10 x 4 = 40

d. 5 x 6 = 30 e. 10 x 2 = 20 f. 5 x 8 = 40

Part 6

9, 18, 27, 36, 45, 54, 63, 72, 81, 90

Part 7

a. 6 − 1 = 5	b. 6 − 2 = 4	c. 8 − 1 = 7	d. 8 − 2 = 6	e. 9 − 0 = 9	f. 9 − 2 = 7
g. 5 − 1 = 4	h. 5 − 2 = 3	i. 6 − 5 = 1	j. 6 − 4 = 2	k. 8 − 7 = 1	l. 8 − 6 = 2
m. 9 − 1 = 8	n. 9 − 8 = 1	o. 5 − 4 = 1	p. 5 − 3 = 2	q. 5 − 2 = 3	r. 6 − 2 = 4

Part 8 Write the numerals.

a. 3 tens + 8 ones → 38

b. 7 hundreds + 4 tens + no ones → 740

c. 7 hundreds + 3 tens + 8 ones → 738

d. 4 hundreds + no tens + 1 one → 401

e. 4 hundreds + 1 ten + no ones → 410

f. 5 tens + no ones → 50

g. 2 tens + 6 ones → 26

h. 1 ten + 1 one → 11

i. 1 ten + 5 ones → 15

Lesson 6

Part 1

a. 16 − 10 = 6 16 − 9 = 7

b. 13 − 10 = 3 13 − 9 = 4

c. 18 − 10 = 8 18 − 9 = 9

d. 12 − 10 = 2 12 − 9 = 3

e. 17 − 10 = 7 17 − 9 = 8

Part 2

a. 70 + 1 = 71	b. 20 + 3 = 23
c. 90 + 5 = 95	d. 60 + 1 = 61
e. 10 + 6 = 16	f. 40 + 8 = 48

Part 3

a. 9 x 2 = 18 b. 10 x 4 = 40 c. 9 x 4 = 36

d. 5 x 4 = 20 e. 10 x 3 = 30 f. 5 x 2 = 10

Part 4

a. 189 + 133 = 322	b. 42 + 298 = 340	c. 370 + 298 = 668	d. 609 + 209 = 818	e. 685 + 99 = 784	f. 356 + 292 = 648

Part 5

a. □ —27→ 49 49 − 27 = 22

b. 27 —40→ □ 27 + 40 = 67

c. 32 —37→ □ 32 + 37 = 69

d. □ —37→ 57 57 − 37 = 20

e. □ —70→ 81 81 − 70 = 11

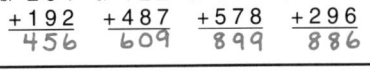

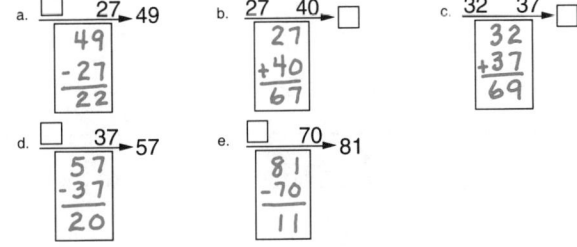

Part 6

A	
B	

a. 10 + 4 = 14 b. 10 + 7 = 17 c. 9 + 5 = 14
d. 9 + 7 = 16 e. 9 + 3 = 12 f. 10 + 3 = 13
g. 9 + 9 = 18 h. 2 + 9 = 11 i. 5 + 9 = 14
j. 8 + 9 = 17 k. 2 + 10 = 12 l. 7 + 10 = 17
m. 6 + 9 = 15 n. 10 + 9 = 19

Part 7 **Independent Work**

a. 439 − 321 = 118 b. 798 − 691 = 107 c. 875 − 222 = 653 d. 753 − 250 = 503 e. 775 − 102 = 673 f. 657 − 507 = 150

Part 8

a. 8 − 1 = 7 b. 8 − 2 = 6 c. 8 − 7 = 1 d. 8 − 6 = 2 e. 5 − 4 = 1 f. 5 − 1 = 4 g. 5 − 2 = 3 h. 5 − 3 = 2
i. 9 − 8 = 1 j. 9 − 7 = 2 k. 9 − 9 = 0 l. 9 − 8 = 1 m. 7 − 6 = 1 n. 7 − 5 = 2 o. 8 − 2 = 6 p. 9 − 2 = 7
q. 9 − 0 = 9 r. 4 − 2 = 2 s. 5 − 2 = 3 t. 6 − 2 = 4 u. 7 − 2 = 5 v. 7 − 1 = 6 w. 7 − 7 = 0 x. 7 − 0 = 7

Lesson 7

Part 1

a. 5 x 3 = 15 b. 9 x 3 = 27 c. 9 x 5 = 45
d. 5 x 5 = 25 e. 2 x 5 = 10 f. 10 x 5 = 50

Part 2

a. 13 − 10 = 3 13 − 9 = 4
b. 18 − 10 = 8 18 − 9 = 9
c. 15 − 10 = 5 15 − 9 = 6
d. 12 − 10 = 2 12 − 9 = 3
e. 17 − 10 = 7 17 − 9 = 8

Part 3

a. 56 (4) b. 96 (8) c. 84 (7)
d. 51 (4) e. 45 (3) f. 72 (6)

Part 4

a. 984 − 974 = 10 b. 776 − 765 = 11 c. 398 − 81 = 317
d. 583 − 410 = 173 e. 307 − 107 = 200 f. 581 − 201 = 380

Part 5

a. 2 8 → 10; 3 8 → 11
b. 2 5 → 7; 3 5 → 8
c. 2 9 → 11; 3 9 → 12
d. 2 7 → 9; 3 7 → 10
e. 2 6 → 8; 3 6 → 9

Part 6

a. □ 9 → 29 29 − 9 = 20
b. 72 6 → □ 72 + 6 = 78
c. □ 23 → 55 55 − 23 = 32
d. 40 26 → □ 40 + 26 = 66

4

Part 7

a. 222 + 298 = 520 b. 190 + 596 = 686 c. 124 + 299 = 423 d. 375 + 292 = 667
e. 355 + 99 = 454 f. 612 + 188 = 800 g. 378 + 221 = 599 h. 316 + 109 = 425

Part 8 **Independent Work**

a. 8 − 2 = 6 b. 9 − 2 = 7 c. 10 − 2 = 8 d. 7 − 2 = 5 e. 6 − 2 = 4 f. 6 − 1 = 5 g. 6 − 0 = 6 h. 6 − 6 = 0 i. 6 − 5 = 1
j. 6 − 4 = 2 k. 7 − 5 = 2 l. 7 − 6 = 1 m. 7 − 7 = 0 n. 5 − 3 = 2 o. 5 − 4 = 1 p. 5 − 5 = 0 q. 5 − 1 = 4 r. 5 − 2 = 3

Lesson 8

Part 1

a. 1 + 1 = 2 f. 6 + 6 = 12
b. 2 + 2 = 4 g. 7 + 7 = 14
c. 3 + 3 = 6 h. 8 + 8 = 16
d. 4 + 4 = 8 i. 9 + 9 = 18
e. 5 + 5 = 10 j. 10 + 10 = 20

Part 2

a. 4 + 4 = 8
b. 7 + 7 = 14
c. 8 + 8 = 16
d. 3 + 3 = 6
e. 5 + 5 = 10
f. 6 + 6 = 12

Part 3

a. 31 (2) b. 63 (5) c. 45 (3) d. 91 (8) e. 23 (1) f. 78 (6)

Part 4

a. □ 9 → 13 13 − 9 = □
b. 3 9 → □ 3 + 9 = □
c. □ 9 → 10 10 − 9 = □
d. 4 9 → □ 4 + 9 = □
e. 2 9 → □ 2 + 9 = □
f. □ 9 → 12 12 − 9 = □
g. 1 9 → □ 1 + 9 = □
h. □ 9 → 11 11 − 9 = □

Part 5

a. 2 7 → 9; 3 7 → 10
b. 2 6 → 8; 3 6 → 9
c. 2 4 → 6; 3 4 → 7
d. 2 9 → 11; 3 9 → 12
e. 2 8 → 10; 3 8 → 11

Part 6

a. 9 x 6 = 54 b. 2 x 6 = 12 c. 5 x 6 = 30
d. 2 x 4 = 8 e. 5 x 4 = 20 f. 9 x 4 = 36

Part 7

a. 15 − 9 = 6 b. 17 − 9 = 8 c. 13 − 9 = 4 d. 16 − 9 = 7 e. 18 − 9 = 9 f. 11 − 9 = 2 g. 14 − 9 = 5 h. 12 − 9 = 3

Part 8

a. □ 74 → 99 99 − 74 = 25
b. 35 45 → □ 35 + 45 = 80
c. □ 19 → 59 59 − 19 = 40

Part 9 **Independent Work**

a. 307 − 101 = 206 b. 776 − 765 = 11 c. 984 − 72 = 912 d. 581 − 201 = 380

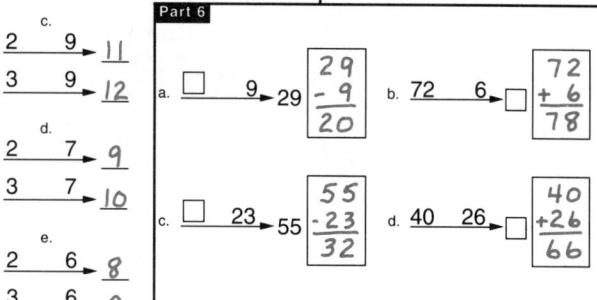

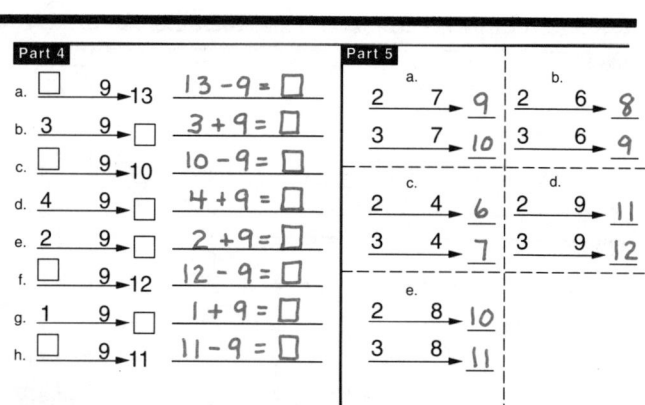

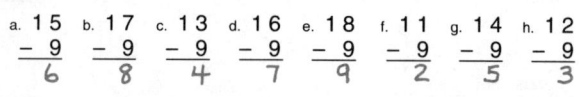

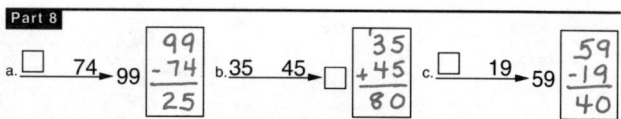

Lesson 9

Part 1

a. 15 − 5 = 10
b. 15 − 6 = 9
c. 13 − 4 = 9
d. 17 − 7 = 10
e. 14 − 4 = 10
f. 14 − 5 = 9
g. 18 − 9 = 9
h. 16 − 6 = 10
i. 12 − 2 = 10
j. 17 − 8 = 9
k. 13 − 3 = 10

Part 2

a.
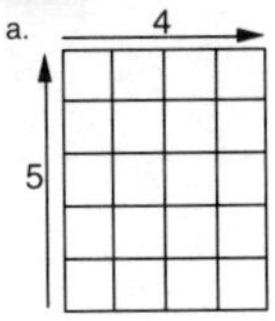

5x4=20 20 squares

b.
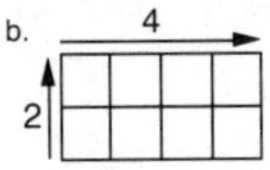

2x4=8 8 squares

c.
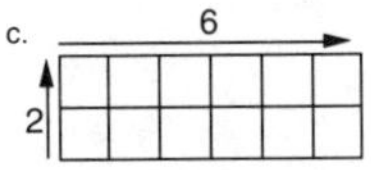

2x6=12 12 squares

d.
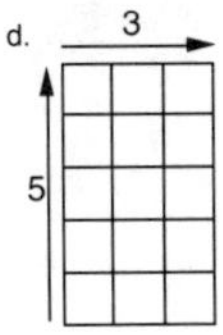

5x3=15 15 squares

Part 3

a. 53 − 19 = 34
b. 71 − 39 = 32
c. 90 − 21 = 69
d. 86 − 19 = 67

Part 4

a. $ 7.12
b. $ 9.03
c. $15.07
d. $ 2.30
e. $ 5.09

Part 5

a. $4.67
b. $9.06
c. $13.08
d. $2.50
e. $8.10

Part 6

a. 3 6 → 9
b. 4 6 → 10
c. 5 6 → 11
d. 6 6 → 12
e. 5 6 → 11
f. 3 6 → 9
g. 6 6 → 12
h. 4 6 → 10
i. 4 6 → 10 4+6=10
j. 6 6 → 12 6+6=12
k. 3 6 → 9 3+6=9
l. 5 6 → 11 5+6=11

Part 7

a. 1 + 1 = 2
b. 2 + 2 = 4
c. 3 + 3 = 6
d. 4 + 4 = 8
e. 5 + 5 = 10
f. 6 + 6 = 12
g. 7 + 7 = 14
h. 8 + 8 = 16
i. 9 + 9 = 18
j. 10 + 10 = 20
k. 6 + 6 = 12
l. 9 + 9 = 18
m. 5 + 5 = 10
n. 3 + 3 = 6
o. 8 + 8 = 16
p. 10 + 10 = 20
q. 2 + 2 = 4
r. 4 + 4 = 8
s. 1 + 1 = 2
t. 7 + 7 = 14

Part 8

a. 5 x 3 = 15
b. 5 x 1 = 5
c. 2 x 3 = 6
d. 2 x 1 = 2
e. 9 x 1 = 9
f. 9 x 2 = 18
g. 9 x 3 = 27
h. 2 x 5 = 10
i. 2 x 6 = 12
j. 2 x 7 = 14
k. 10 x 2 = 20
l. 10 x 3 = 30

Part 9 **Independent Work**

a. 382 + 129 = 511
b. 209 + 647 = 856
c. 483 + 119 = 602
d. 492 + 208 = 700

Part 10

a. 3 + 4 = 7
b. 3 + 7 = 10
c. 3 + 6 = 9
d. 3 + 8 = 11
e. 3 + 7 = 10

5

Lesson 10

Part 1

a. 3 6 → 9
b. 4 6 → 10
c. 5 6 → 11
d. 6 6 → 12
e. 5 6 → 11 5+6=11
f. 6 6 → 12 6+6=12
g. 3 6 → 9 3+6=9
h. 4 6 → 10 4+6=10

Part 2

a. 8 + 8 = 16
b. 2 + 2 = 4
c. 6 + 6 = 12
d. 4 + 4 = 8
e. 9 + 9 = 18
f. 10 + 10 = 20
g. 3 + 3 = 6
h. 5 + 5 = 10
i. 7 + 7 = 14

Part 3

a.
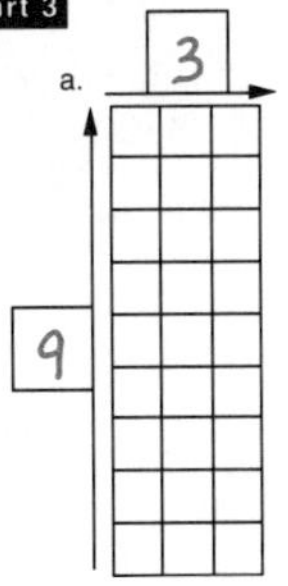

9x3=27 27 squares

b.
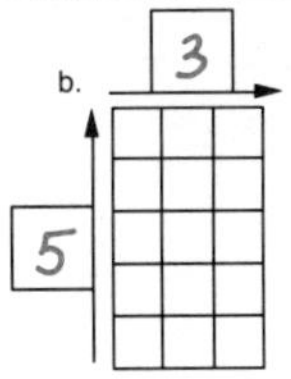

5x3=15 15 squares

Part 4

a. 2 4 → 6
2+4=6
4+2=6

b. 4 6 → 10
4+6=10
6+4=10

c. 12 13 → 25
12+13=25
13+12=25

d. 5 6 → 11
5+6=11
6+5=11

Part 5

a. 17 − 7 = 10
b. 17 − 8 = 9
c. 13 − 4 = 9
d. 16 − 7 = 9
e. 15 − 5 = 10
f. 12 − 3 = 9
g. 19 − 9 = 10
h. 14 − 5 = 9
i. 14 − 4 = 10
j. 18 − 9 = 9

Part 6

a. 36 − 17 = 19
b. 64 − 25 = 39
c. 84 − 23 = 61
d. 55 − 29 = 26
e. 49 − 18 = 31

Part 7

a. $3.82 + 1.29 = $5.11
b. $2.09 + 6.47 = $8.56

Part 8 **Independent Work**

a. 9 x 4 = 36
b. 5 x 1 = 5
c. 9 x 2 = 18
d. 5 x 9 = 45
e. 5 x 4 = 20
f. 9 x 1 = 9
g. 10 x 3 = 30
h. 9 x 3 = 27
i. 5 x 4 = 20
j. 5 x 9 = 45
k. 9 x 4 = 36
l. 9 x 3 = 27

Part 9

a. □ 28 → 59 — 59 − 28 = 31
b. □ 30 → 47 — 47 − 30 = 17
c. 48 49 → □ — 48 + 49 = 97
d. 20 66 → □ — 20 + 66 = 86

Test 1 Test Scoring Procedures begin on page 94.

Part 1

a. 3 + 9 = 12
b. 5 + 9 = 14
c. 8 + 9 = 17
d. 9 + 4 = 13
e. 9 + 6 = 15
f. 9 + 2 = 11
g. 9 + 7 = 16

Part 2

a. 4 + 6 = 10
b. 6 + 6 = 12
c. 3 + 6 = 9
d. 1 + 6 = 7
e. 5 + 6 = 11
f. 2 + 6 = 8

Part 3

a. 17 − 9 = 8
b. 14 − 9 = 5
c. 12 − 9 = 3
d. 15 − 9 = 6
e. 18 − 9 = 9
f. 13 − 9 = 4

Part 4

a. 3 + 3 = 6
b. 7 + 7 = 14
c. 6 + 6 = 12
d. 10 + 10 = 20
e. 2 + 2 = 4
f. 9 + 9 = 18
g. 5 + 5 = 10
h. 8 + 8 = 16
i. 4 + 4 = 8
j. 1 + 1 = 2

Part 5

a. 5 x 2 = 10
b. 2 x 3 = 6
c. 9 x 4 = 36
d. 5 x 1 = 5
e. 9 x 2 = 18
f. 5 x 9 = 45
g. 5 x 4 = 20
h. 9 x 1 = 9
i. 10 x 2 = 20
j. 9 x 3 = 27

Part 6 Write numbers on the arrows. Then write the multiplication problem and the answer. Remember to start with the column number.

a.

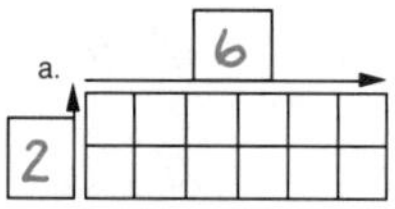

2x6=12 12 squares

b.

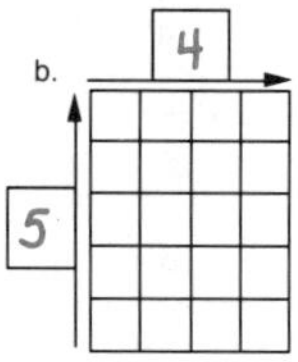

5x4=20 20 squares

Part 7 Write the column problem and the answer for each family.

a. 23 14 → □
23
+14
37

b. □ 11 → 48
48
−11
37

Part 8

a. 208 + 609 = 817

b. 93 + 29 = 122

20

Test 1/Extra Practice

Part 1

a.	b.	c.	d.	e.	f.	g.
3	5	8	9	9	9	9
+9	+9	+9	+4	+6	+2	+7
12	14	17	13	15	11	16

Part 2

a. 3 6 → 9
b. 4 6 → 10
c. 5 6 → 11
d. 6 6 → 12
e. 5 6 → 11
f. 3 6 → 9
g. 6 6 → 12
h. 4 6 → 10
i. 4 6 → 10 4+6=10
j. 6 6 → 12 6+6=12
k. 3 6 → 9 3+6=9
l. 5 6 → 11 5+6=11

Part 3

a. 15 − 9 = 6
b. 17 − 9 = 8
c. 13 − 9 = 4
d. 16 − 9 = 7
e. 18 − 9 = 9
f. 11 − 9 = 2
g. 14 − 9 = 5
h. 12 − 9 = 3

Part 4

a. 1 + 1 = 2
b. 2 + 2 = 4
c. 3 + 3 = 6
d. 4 + 4 = 8
e. 5 + 5 = 10
f. 6 + 6 = 12
g. 7 + 7 = 14
h. 8 + 8 = 16
i. 9 + 9 = 18
j. 10 + 10 = 20
k. 6 + 6 = 12
l. 9 + 9 = 18
m. 5 + 5 = 10
n. 3 + 3 = 6
o. 8 + 8 = 16
p. 10 + 10 = 20
q. 2 + 2 = 4
r. 4 + 4 = 8
s. 1 + 1 = 2
t. 7 + 7 = 14

21

Part 5

a. 9 x 6 = 54
b. 2 x 6 = 12
c. 5 x 6 = 30
d. 2 x 4 = 8
e. 5 x 4 = 20
f. 9 x 4 = 36

Part 6

a.

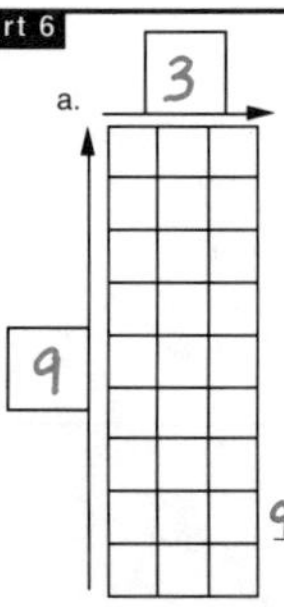

9x3=27 27 squares

b.

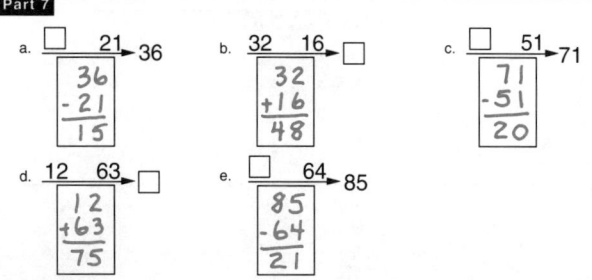

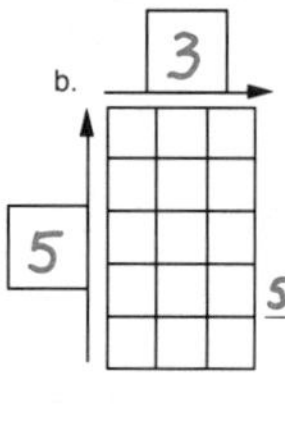

5x3=15 15 squares

Part 7

a. □ 21 → 36
36
−21
15

b. 32 16 → □
32
+16
48

c. □ 51 → 71
71
−51
20

d. 12 63 → □
12
+63
75

e. □ 64 → 85
85
−64
21

Part 8

a. 189 + 133 = 322
b. 142 + 298 = 340
c. 370 + 298 = 668
d. 609 + 209 = 818
e. 685 + 99 = 784
f. 356 + 292 = 648

22

Lesson 11

Part 1

a. 2 6 → 8
b. 5 6 → 11
c. 6 6 → 12
d. 4 6 → 10
e. 1 6 → 7
f. 5 6 → 11
g. 3 6 → 9
h. 2 6 → 8

Part 2

a. 1 x 7 = 7
b. 1 x 4 = 4
c. 1 x 10 = 10
d. 1 x 6 = 6

Part 3

a. 6 across, 5 up
5x6=30 30 squares

b. 6 across, 2 up
2x6=12 12 squares

c. 6 across, 1 up
1x6=6 6 squares

d. 4 across, 9 up
9x4=36 36 squares

Part 4

a. 5 6 → 11
5+6=11
6+5=11

b. 4 6 → 10
4+6=10
6+4=10

Part 5

a. 84 − 29 = 55
b. 89 − 28 = 61
c. 53 − 44 = 9
d. 27 − 16 = 11
e. 31 − 12 = 19

Part 6

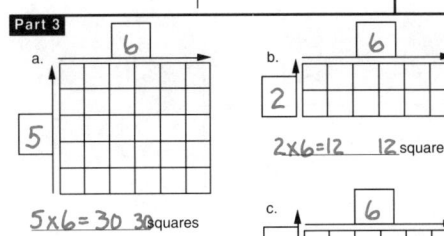

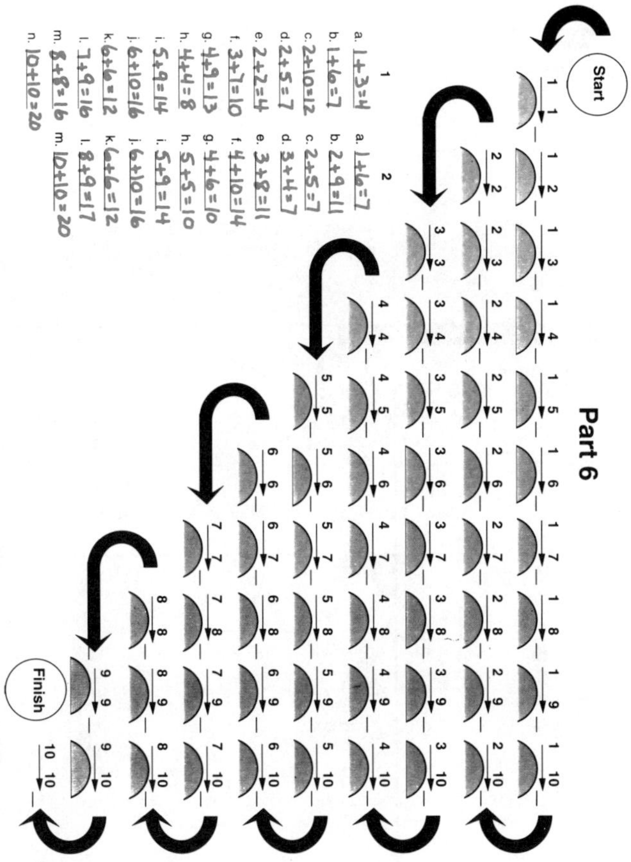

1
a. 1+3=4
b. 1+6=7
c. 2+10=12
d. 2+5=7
e. 2+2=4
f. 3+7=10
g. 4+9=13
h. 4+4=8
i. 5+9=14
j. 6+10=16
k. 6+6=12
l. 7+9=16
m. 8+8=16
n. 10+10=20

2
a. 1+6=7
b. 2+9=11
c. 2+5=7
d. 3+4=7
e. 3+8=11
f. 4+10=14
g. 4+6=10
h. 5+5=10
i. 5+9=14
j. 6+10=16
k. 6+6=12
l. 8+9=17
m. 10+10=20

Part 7 **Independent Work**

a. 4 + 6 = 10
b. 6 + 6 = 12
c. 3 + 6 = 9
d. 1 + 6 = 7
e. 5 + 6 = 11
f. 2 + 6 = 8

Part 8

a. 15 − 6 = 9
b. 15 − 5 = 10
c. 13 − 3 = 10
d. 17 − 8 = 9
e. 18 − 9 = 9
f. 14 − 4 = 10
g. 14 − 5 = 9

Part 9

a. \$1.25 + 4.35 = \$5.60
b. \$8.86 + 1.96 = \$10.82
c. \$2.04 + 7.09 = \$9.13

Part 10

a. 7 − 2 = 5
b. 10 − 2 = 8
c. 4 − 2 = 2
d. 6 − 2 = 4
e. 9 − 2 = 7
f. 9 − 1 = 8
g. 9 − 9 = 0
h. 9 − 8 = 1
i. 9 − 7 = 2
j. 6 − 5 = 1
k. 6 − 4 = 2
l. 8 − 8 = 0
m. 8 − 7 = 1
n. 8 − 6 = 2
o. 10 − 9 = 1
p. 10 − 8 = 2
q. 10 − 1 = 9
r. 7 − 7 = 0
s. 7 − 6 = 1
t. 7 − 5 = 2
u. 8 − 7 = 1

Part 11

a. 53 23 → □
53 + 23 = 76

b. □ 14 → 79
79 − 14 = 65

c. □ 52 → 87
87 − 52 = 35

Lesson 12

Part 1

a. 51 − 39 = 12 (borrowed: 4 over 5)
b. 67 − 17 = 50
c. 43 − 34 = 9 (borrowed: 3 over 4)
d. 75 − 64 = 11
e. 56 − 27 = 29 (borrowed: 4 over 5)

Part 2

a. 6 + 5 = 11
b. 5 + 6 = 11
c. 6 + 1 = 7
d. 6 + 2 = 8
e. 1 + 6 = 7
f. 2 + 6 = 8
g. 6 + 6 = 12
h. 6 + 3 = 9
i. 6 + 4 = 10
j. 3 + 6 = 9
k. 4 + 6 = 10

Part 3 Independent Work

a. $9.53 − 2.52 = $7.01
b. $8.75 − 6.50 = $2.25

Part 4

a. 9 x 4 = 36
b. 9 x 3 = 27
c. 5 x 3 = 15
d. 2 x 3 = 6
e. 10 x 3 = 30
f. 10 x 5 = 50
g. 5 x 10 = 50
h. 10 x 2 = 20
i. 2 x 10 = 20
j. 10 x 10 = 100
k. 10 x 9 = 90
l. 2 x 9 = 18

Part 5

a. 210 + 257 + 327 = 794
b. 111 + 327 + 449 = 887
c. 109 + 156 + 660 = 925
d. 115 + 465 + 285 = 865

Part 6

a. 15 − 6 = 9
b. 16 − 6 = 10
c. 15 − 5 = 10
d. 17 − 7 = 10
e. 17 − 8 = 9
f. 13 − 3 = 10
g. 18 − 9 = 9
h. 18 − 8 = 10

Lesson 13

Part 1

a. □ 9 → 17: 17 − 9 = 8
b. 18 □ → 28: 28 − 18 = 10
c. □ 6 → 8: 8 − 6 = 2
d. □ 25 → 56: 56 − 25 = 31
e. 14 □ → 76: 76 − 14 = 62

Part 2

a. 86 − 57 = 29 (borrowed: 7 over 8)
b. 85 − 64 = 21
c. 95 − 20 = 75
d. 52 − 49 = 3 (borrowed: 4 over 5)
e. 89 − 27 = 62
f. 74 − 45 = 29 (borrowed: 6 over 7)

Part 3

a. 1 x 3 = 3
b. 1 x 4 = 4
c. 1 x 7 = 7
d. 1 x 31 = 31
e. 1 x 1 = 1

Part 4 Independent Work

a. 3 + 6 = 9
b. 4 + 6 = 10
c. 6 + 6 = 12
d. 5 + 6 = 11
e. 6 + 2 = 8
f. 6 + 4 = 10
g. 6 + 5 = 11
h. 6 + 3 = 9

Part 5

a. 278 + 349 = 627
b. 246 + 454 = 700
c. 346 + 265 = 611
d. 438 + 368 = 806

Part 6

a. 9 x 2 = 18
b. 2 x 9 = 18
c. 2 x 5 = 10
d. 5 x 2 = 10

Part 7

a. 4 6 → 10
4 + 6 = 10
6 + 4 = 10

b. 3 9 → 12
3 + 9 = 12
9 + 3 = 12

Lesson 12 Textbook

Part 1

a. 2 x 5 = 10 — 10 squares
b. 1 x 3 = 3 — 3 squares
c. 9 x 3 = 27 — 27 squares
d. 5 x 2 = 10 — 10 squares

Part 2

a. 18 + 10 = 28
b. 65 − 24 = 41
c. 47 − 27 = 20
d. 54 + 21 = 75
e. 49 − 10 = 39
f. 16 + 49 = 65

Part 3

a. 5 + 6 = 11
6 + 5 = 11

b. 20 + 36 = 56
36 + 20 = 56

Lesson 13 Textbook

Part 1

a. 9 x 3 = 27 — 27 squares
b. 5 x 7 = 35 — 35 squares
c. 10 x 5 = 50 — 50 squares
d. 9 x 5 = 45 — 45 squares
e. 2 x 5 = 10 — 10 squares

Part 2

a. 2:25
b. 9:30
c. 12:10
d. 2:45

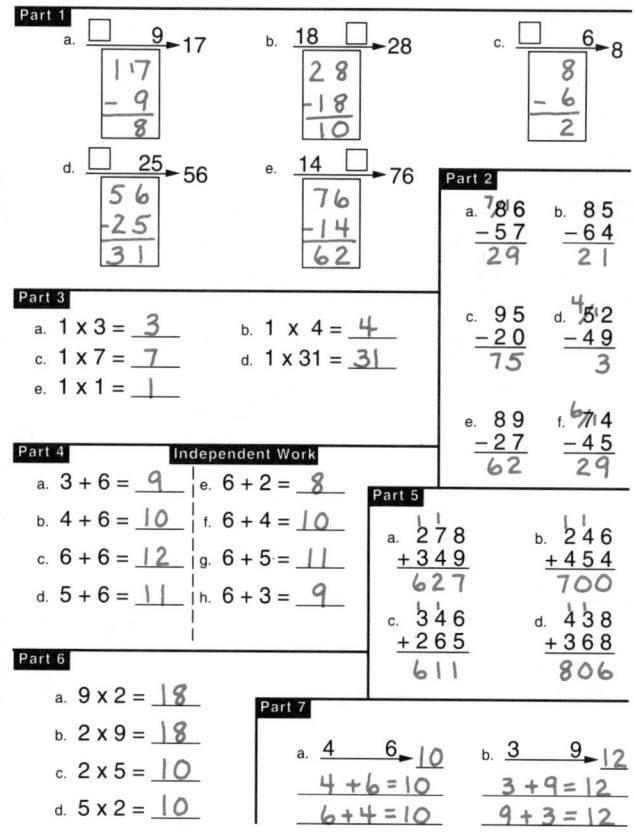

Lesson 14

Part 1

a. 4 → 4 → 8	f. 4 → 5 → 9	k. 4 → 6 → 10	4+6=10
b. 4 → 5 → 9	g. 4 → 7 → 11	l. 4 → 5 → 9	4+5=9
c. 4 → 6 → 10	h. 4 → 4 → 8	m. 4 → 4 → 8	4+4=8
d. 4 → 7 → 11	i. 4 → 6 → 10	n. 4 → 7 → 11	4+7=11
e. 4 → 8 → 12	j. 4 → 8 → 12	o. 4 → 8 → 12	4+8=12

Part 2

a. 1 x 46 = 46   b. 1 x 3 = 3   c. 17 x 1 = 17

d. 1 x 20 = 20   e. 1 x 1 = 1   f. 15 x 1 = 15

Part 3

a. 9 56 → □ : 19 + 56 = 65

b. □ 61 → 87 : 87 − 61 = 26

c. 23 □ → 74 : 74 − 23 = 51

d. 19 □ → 59 : 59 − 19 = 40

e. 24 34 → □ : 24 + 34 = 58

f. □ 41 → 52 : 52 − 41 = 11

Part 4 Independent Work

a. 57 − 47 = 10

b. 75 − 69 = 6

c. 67 − 48 = 19

d. 87 − 29 = 58

e. 95 − 66 = 29

f. 54 − 43 = 11

g. 53 − 44 = 9

Lesson 15

Part 1

a. 346 − 139 = 207

b. 675 − 449 = 226

c. 315 − 114 = 201

d. 324 − 215 = 109

e. 359 − 348 = 11

Part 2

a. 4 → 4 → 8	f. 4 → 5 → 9	k. 4 → 7 → 11
b. 4 → 5 → 9	g. 4 → 8 → 12	l. 4 → 5 → 9
c. 4 → 6 → 10	h. 4 → 7 → 11	m. 4 → 8 → 12
d. 4 → 7 → 11	i. 4 → 4 → 8	n. 4 → 6 → 10
e. 4 → 8 → 12	j. 4 → 6 → 10	o. 4 → 4 → 8

Part 3

6	6	1	13
2	3	2	7
1	1	2	4
9	10	5	

Part 4

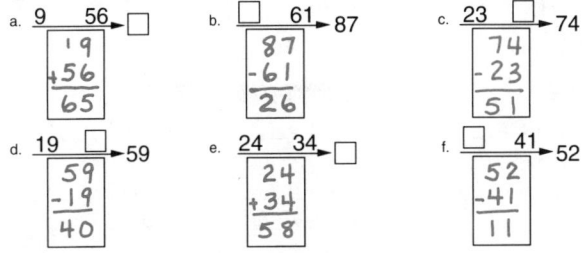

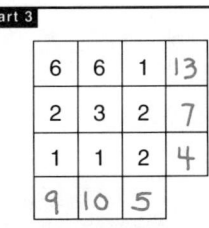

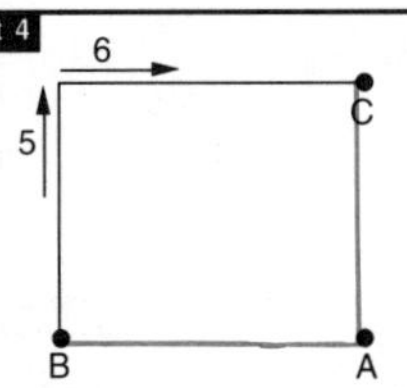

5x6=30   30 squares

Part 5 Independent Work

a. 5 x 3 = 15

b. 10 x 3 = 30

c. 9 x 3 = 27

d. 2 x 3 = 6

Part 6

a. 235 + 666 = 901

b. 177 + 687 = 864

c. 235 + 445 = 680

d. 177 + 268 = 445

Lesson 14 Textbook

Part 2

a. 5x6=30   30 squares

b. 2x8=16   16 squares

c. 9x5=45   45 squares

d. 10x4=40   40 squares

Part 3

a. 89 − 48 = 41

b. 78 − 58 = 20

c. 68 − 29 = 39

d. 95 − 19 = 76

Part 4

a. 8:30

b. 11:40

c. 1:20

Lesson 15 Textbook

Part 1

a. 2x10=20   20 squares

b. 10x5=50   50 squares

c. 1x7=7   7 squares

d. 5x10=50   50 squares

e. 9x6=54   54 squares

Part 2

a. 4+5=9, 5+4=9

b. 4+7=11, 7+4=11

c. 4+8=12, 8+4=12

Part 3

a. 39 − 7 = 32

b. 57 − 12 = 45

c. 2 + 53 = 55

d. 24 − 20 = 4

e. 4 + 19 = 23

f. 10 − 7 = 3

Part 4

a. 3:45

b. 7:10

c. 4:50

Lesson 16

Part 1

a. 4 6 → 10
b. 4 8 → 12
c. 4 5 → 9
d. 4 7 → 11
e. 4 4 → 8
f. 4 5 → 9
g. 4 8 → 12
h. 4 6 → 10
i. 4 4 → 8
j. 4 7 → 11

Part 2

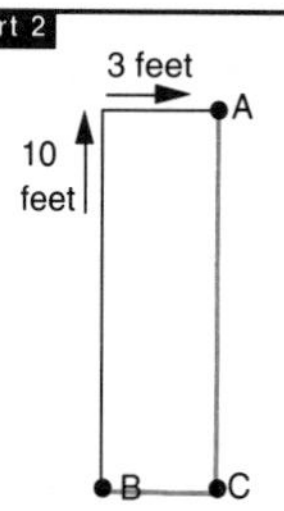

10X3=30 30 square feet

Part 3

a. 656 − 527 = 129
b. 924 − 719 = 205
c. 675 − 329 = 346
d. 724 − 503 = 221

Part 4

2	1	9	12
2	3	1	6
5	5	6	16
9	9	16	

Part 5 **Independent Work**

a. 2 x 2 = 4
b. 2 x 3 = 6
c. 5 x 2 = 10
d. 5 x 3 = 15
e. 10 x 2 = 20
f. 9 x 2 = 18

Part 6

a. 4 + 5 = 9
b. 4 + 8 = 12
c. 4 + 4 = 8
d. 5 + 6 = 11
e. 4 + 10 = 14
f. 4 + 8 = 12
g. 9 + 1 = 10
h. 2 + 6 = 8
i. 4 + 7 = 11
j. 6 + 6 = 12
k. 4 + 7 = 11
l. 4 + 5 = 9
m. 4 + 4 = 8
n. 4 + 10 = 14
o. 4 + 6 = 10

30

Lesson 17

Part 1

a. 4 8 → 12
4 + 8 = 12
8 + 4 = 12

b. 4 7 → 11
4 + 7 = 11
7 + 4 = 11

Part 2

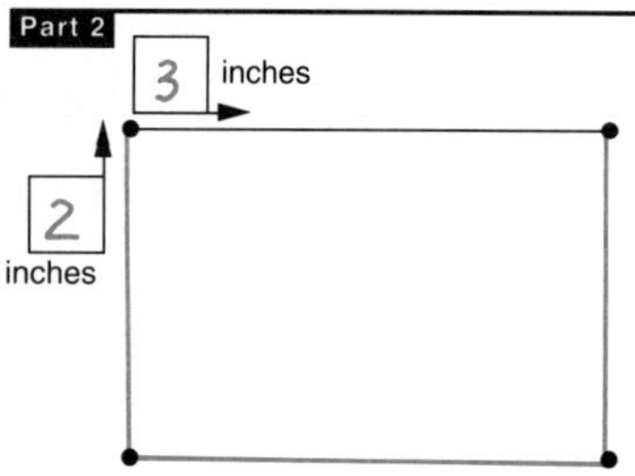

2x3=6 6 square inches

Part 3

4	6	9	19
2	9	1	12
1	1	4	6
7	16	14	

Part 4 **Independent Work**

a. 4 + 8 = 12
b. 8 + 4 = 12
c. 4 + 5 = 9
d. 4 + 7 = 11
e. 6 + 4 = 10
f. 4 + 9 = 13
g. 6 + 4 = 10
h. 5 + 4 = 9
i. 4 + 7 = 11
j. 8 + 4 = 12
k. 4 + 4 = 8
l. 9 + 4 = 13

Part 5

a. 284 + 696 = 980
b. 566 + 174 = 740
c. 346 + 465 = 811

31

Lesson 16 Textbook

Part 2

a. 5x6 = 30 — 30 square inches
b. 2x10 = 20 — 20 square feet
c. 10x6 = 60 — 60 square inches

Part 3

a. 30 − 21 = 9
b. 59 + 69 = 128
c. 91 − 62 = 29
d. 28 + 58 = 86

Lesson 17 Textbook

Part 1

a. 9
b. Mary
c. 7
d. 6

Part 2

b. $2.00 + 1.22 + .04 = $3.26
c. $7.05 + .31 + 1.29 = $8.65
d. $3.54 + .29 + 1.11 = $4.94

Part 3

a. 17 + 12 = 29
b. 87 − 59 = 28
c. 12 + 39 = 51
d. 74 − 45 = 29

Part 4

a. 356 − 249 = 107
b. 377 − 127 = 250
c. 347 − 228 = 119
d. 970 − 761 = 209

Part 5

a. 7:20
b. 10:10
c. 12:45

Lesson 18

Part 1

a. 6 8̇³3   b. ⁵6̇8 3   c. 4 7̇¹1   d. ³4̇7 1

Part 2

2 inches

2 inches

2×2=4   4 square inches

Part 3

a. The store had 31 bottles. Then it sold 20 bottles. How many bottles did it end up with?

```
  31
- 20
  11
```

b. A boy had 53 marbles. The boy bought 21 more marbles. How many marbles did the boy end up with?

```
  53
+ 21
  74
```

c. A girl had 53 papers. Then she delivered 32 papers. How many papers did the girl end up with?

```
  53
- 32
  21
```

d. A girl had 51 books. Then she sold 19 books. How many books did she end up with?

```
  ⁴5̇¹1
- 1 9
  3 2
```

e. A boy had 51 books. Then he bought 19 more books. How many books did he end up with?

```
  5¹1
+ 1 9
  7 0
```

Part 4

This table shows the number of cars that went down different streets.

	Elm Street	Oak Street	Maple Street	Total for all streets
Red cars	4	5	9	18
Yellow cars	2	2	8	12
Blue cars	4	4	1	9
Total for all cars	10	11	18	

Part 5 — Independent Work

a.
```
  $ 7.⁵6̇7
-   2.39
  $ 5.28
```
b.
```
  $ 5.⁴7̇6
-    .67
  $ 5.09
```
c.
```
  $ 5.⁴5̇3
-   3.29
  $ 2.24
```
d.
```
  $ 4.¹2̇4
-   2.19
  $ 2.05
```

Part 6

a. 2 x 4 = 8   b. 10 x 4 = 40
c. 5 x 4 = 20   d. 9 x 4 = 36

Part 7

a.
```
  $ 6.86
+   2.59
  $ 9.45
```
b.
```
  $ 7.54
+   1.45
  $ 8.99
```
c.
```
  $ 2.67
+   2.39
  $ 5.06
```
d.
```
  $ 2.59
+   6.94
  $ 9.53
```

Lesson 19

Part 1

a. 4 6̇⁵8   b. ³4̇6 8   c. 9 3̇²1   d. ⁸9̇3 1

Part 2

a. The big number is a box. The small numbers are 13 and 52.

13 52 □

```
  13
+ 52
  65
```

b. The first small number is 18. The second small number is a box. The big number is 79.

18 □ 79

```
  79
- 18
  61
```

c. The first small number is a box. The second small number is 21. The big number is 86.

□ 21 86

```
  86
- 21
  65
```

d. The first small number is 41. The big number is a box. The second small number is 28.

41 28 □

```
  41
+ 28
  69
```

Lesson 18 Textbook

Part 1

a. 12
b. 18
c. Elm Street
d. Elm Street
e. red cars

Part 2

a. 9×2=18   18 square inches
b. 5×3=15   15 square feet
c. 10×1=10   10 square feet
d. 5×5=25   25 square inches

Part 4

a. 9:15
b. 6:50

Part 5

a.
```
  9 7
- 3 0
  6 7
```
b.
```
  4 6
+ 2 9
  7 5
```
c.
```
  1 2
+ 2 4
  3 6
```
d.
```
  3 4
- 1 3
  2 1
```

Lesson 19 Textbook

Part 1

a. July
b. May
c. Hill Town
d. 18 inches

Part 2

a. 5+7=12   b. 5+8=13
   7+5=12   8+5=13

Part 3

a.
```
  $ 2.3 6
    1.1 1
  + 2.2 0
  $ 5.6 7
```
b.
```
  $ 3.2 9
    1.7 9
  + 2.5 1
  $ 7.5 9
```
c.
```
  $ 3.5 6
      .6 4
  + 5.1 5
  $ 9.3 5
```
d.
```
  $ 1.3 4
    2.8 5
  + 2.4 6
  $ 6.6 5
```

Part 4

a.
```
  3 ⁴5̇¹5
- 1 4 9
  2 0 6
```
b.
```
  8 ⁸9̇¹4
- 6 8 5
  2 0 9
```
c.
```
  6 ²8̇¹6
- 2 1 9
  4 1 7
```

Part 5

a. 12:40
b. 7:10
c. 9:50

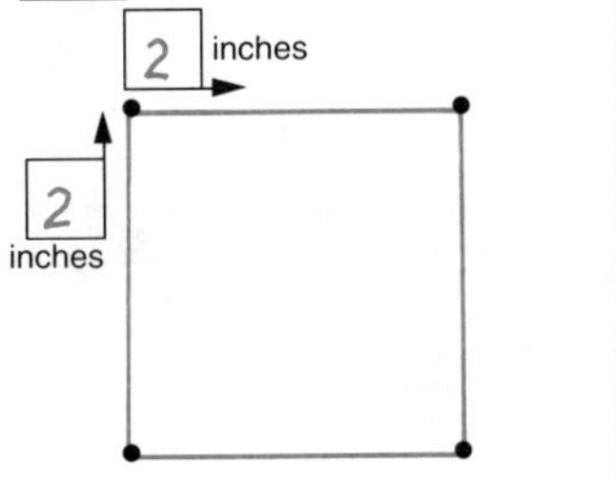

Part 3

a. 5 5 → 10
b. 5 6 → 11
c. 5 7 → 12
d. 5 8 → 13
e. 5 9 → 14

f. 5 8 → 13
g. 5 6 → 11
h. 5 9 → 14
i. 5 5 → 10
j. 5 7 → 12

k. 5 9 → 14
l. 5 6 → 11
m. 5 8 → 13
n. 5 7 → 12
o. 5 5 → 10

Part 4

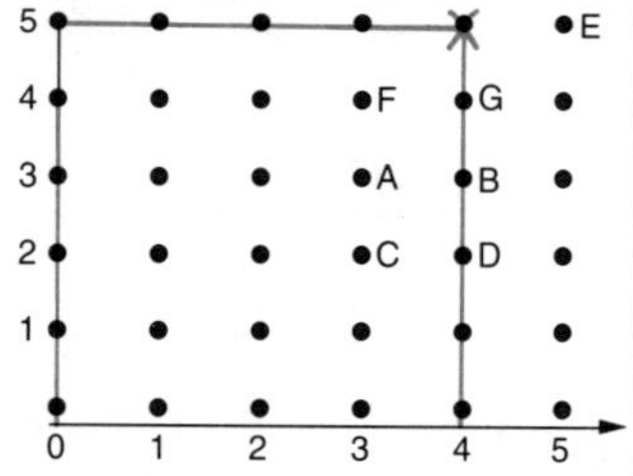

5×4 = 20   20 squares

Part 5

This table shows how much rain fell in different cities.

	May	June	July	Total for all months
River City	6	9	1	16
Hill Town	3	1	8	12
Oak Grove	0	7	9	16
Total for all cities	9	17	18	

Lesson 20

Part 1

a. 5 5 → 10
b. 5 6 → 11
c. 5 7 → 12
d. 5 8 → 13
e. 5 9 → 14

f. 5 7 → 12
g. 5 9 → 14
h. 5 6 → 11
i. 5 8 → 13
j. 5 5 → 10

34

Part 2

a. The first small number is 50. The big number is 77. The second small number is a box.
$$50 \quad \square \rightarrow 77$$
$$\begin{array}{r} 77 \\ -50 \\ \hline 27 \end{array}$$

b. The first small number is 26. The second small number is 59. The big number is a box.
$$26 \quad 59 \rightarrow \square$$
$$\begin{array}{r} \overset{1}{2}6 \\ +59 \\ \hline 85 \end{array}$$

c. The second small number is a box. The big number is 81. The first small number is 61.
$$61 \quad \square \rightarrow 81$$
$$\begin{array}{r} 81 \\ -61 \\ \hline 20 \end{array}$$

d. The big number is 96. The first small number is a box. The second small number is 75.
$$\square \quad 75 \rightarrow 96$$
$$\begin{array}{r} 96 \\ -75 \\ \hline 21 \end{array}$$

Part 3

2×6 = 12   12 squares

Part 4

a. $\begin{array}{r} \overset{3}{4}\overset{1}{7}5 \\ -193 \\ \hline 282 \end{array}$
b. $\begin{array}{r} \overset{7}{8}\overset{}{6}9 \\ -572 \\ \hline 297 \end{array}$

c. $\begin{array}{r} \overset{8}{9}\overset{1}{5}7 \\ -661 \\ \hline 296 \end{array}$
d. $\begin{array}{r} \overset{4}{5}\overset{}{8}3 \\ -391 \\ \hline 192 \end{array}$

Part 5 — Independent Work

a. 10 × 10 = 100
b. 2 × 10 = 20
c. 5 × 10 = 50
d. 9 × 10 = 90
e. 5 × 1 = 5
f. 2 × 1 = 2
g. 1 × 7 = 7
h. 1 × 46 = 46

Part 6

a. $\begin{array}{r} \overset{1}{7}\overset{1}{5}6 \\ +\ 65 \\ \hline 821 \end{array}$
b. $\begin{array}{r} \overset{1}{2}\overset{1}{8}3 \\ +367 \\ \hline 650 \end{array}$

c. $\begin{array}{r} \overset{1}{4}64 \\ +465 \\ \hline 929 \end{array}$
d. $\begin{array}{r} \overset{1}{5}\overset{1}{4}5 \\ +355 \\ \hline 900 \end{array}$

35

12

Lesson 20 Textbook

Part 1

a. 5×6 = 30   30 square miles
b. 2×6 = 12   12 square miles
c. 9×5 = 45   45 square miles
d. 2×10 = 20   20 square miles

Part 2

a. 60 cents
b. 30 cents
c. 20 cents
d. 70 cents
e. 25 cents

Part 3

a. $\begin{array}{r} 99 \\ -70 \\ \hline 29 \end{array}$

b. $\begin{array}{r} 14 \\ +44 \\ \hline 58 \end{array}$

c. $\begin{array}{r} 51 \\ +48 \\ \hline 99 \end{array}$

d. $\begin{array}{r} \overset{4}{5}6 \\ -29 \\ \hline 27 \end{array}$

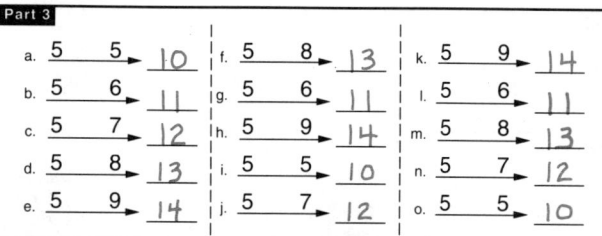

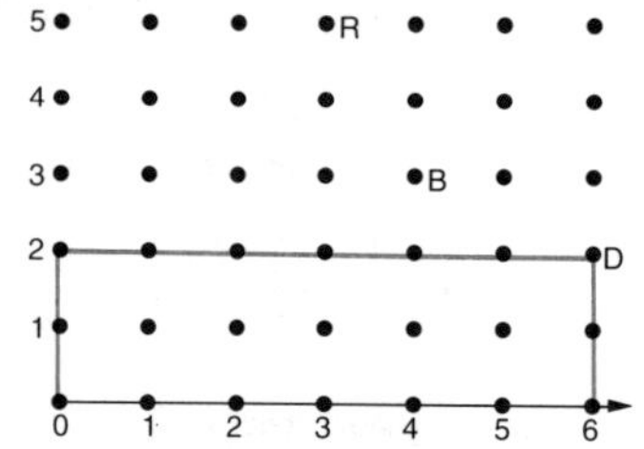

Test 2 Test Scoring Procedures begin on page 95.

Part 1

a. 4 + 5 = _9_   b. 4 + 8 = _12_   c. 4 + 4 = _8_

d. 5 + 6 = _11_   e. 4 + 10 = _14_   f. 9 + 1 = _10_

g. 2 + 6 = _8_   h. 4 + 7 = _11_   i. 6 + 6 = _12_

j. 4 + 5 = _9_   k. 4 + 6 = _10_

Part 2 Work the area problems. Write the multiplication problem and the whole answer.

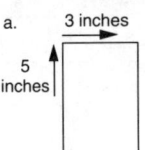

a.
3 inches
5 inches

b.
3 feet
10 feet

$10 \times 3 = 30$ 30 square feet

$5 \times 3 = 15$ 15 square inches

Part 3

This table shows how much rain fell in different cities during May, June and July. Fill in the totals.

	May	June	July	Total for all months
River City	6	9	1	16
Hill Town	3	1	8	12
Oak Grove	0	7	9	16
Total for all cities	9	17	18	

Part 4 Write each problem in a column. Copy the amounts that are shown. Add and write the answer.

a. $2.36 $1.11 $2.20

```
 $2.36
  1.11
+ 2.20
 $5.67
```

b. $3.29 $1.79 $2.01

```
 $3.29
  1.79
+ 2.01
 $7.09
```

Part 5 Complete the number family for each problem. Then write the addition problem or the subtraction problem and the answer.

a. The big number is a box. The first small number is 38. The second small number is 39.
38 39 □

```
  38
+ 39
  77
```

b. The first small number is 50. The big number is 77. The second small number is a box.
50 □ → 77

```
  77
- 50
  27
```

c. The second small number is 29. The first small number is a box. The big number is 96.
□ 29 → 96

```
  96
- 29
  67
```

Part 6

a.
```
  3 5 5
- 1 4 9
  2 0 6
```

b.
```
  8 9 4
- 6 8 5
  2 0 9
```

13

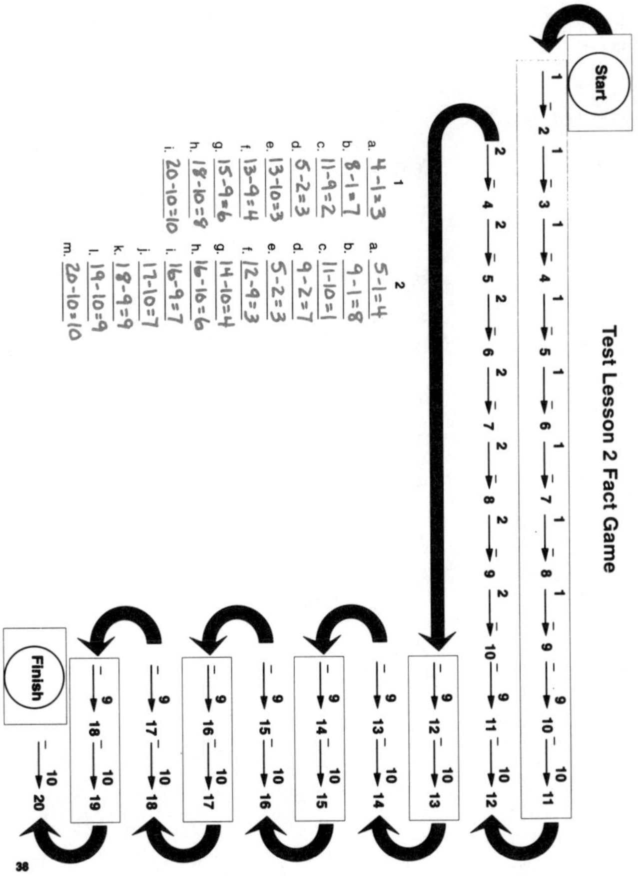

Test 2/Extra Practice

Test Lesson 2 Fact Game

Part 1

a. 4 6 → 10   f. 4 5 → 9

b. 4 8 → 12   g. 4 8 → 12

c. 4 5 → 9   h. 4 6 → 10

d. 4 7 → 11   i. 4 4 → 8

e. 4 4 → 8   j. 4 7 → 11

Part 2

4	6	9	19
2	9	1	12
1	1	4	6
7	16	14	

Part 3

a. The big number is a box. The small numbers are 13 and 52.
13 52 □
```
  13
+ 52
  65
```

b. The first small number is 18. The second small number is a box. The big number is 79.
18 □ → 79
```
  79
- 18
  61
```

c. The first small number is a box. The second small number is 21. The big number is 86.
□ 21 → 86
```
  86
- 21
  65
```

d. The first small number is 41. The big number is a box. The second small number is 28.
41 28 □
```
  41
+ 28
  69
```

Part 4

a.
```
  3 4 6
- 1 3 9
  2 0 7
```

b.
```
  6 7 5
- 4 4 9
  2 2 6
```

c.
```
  3 1 5
- 1 1 4
  2 0 1
```

d.
```
  3 2 4
- 2 1 5
  1 0 9
```

e.
```
  3 5 9
- 3 4 8
```

Lesson 21

Part 1

a. 3̸78 (2, 1) b. 37̸8 (6, 1) c. 4̸62 (3, 1) d. 46̸2 (5, 1)

Part 2

a. 466 − 195 = 271

b. 570 − 480 = 90

c. 243 − 91 = 152

Part 3

a. 5 8 → 13
b. 5 5 → 10
c. 5 7 → 12
d. 5 6 → 11
e. 5 9 → 14
f. 5 6 → 11
g. 5 5 → 10
h. 5 8 → 13
i. 5 7 → 12
j. 5 9 → 14

Part 4

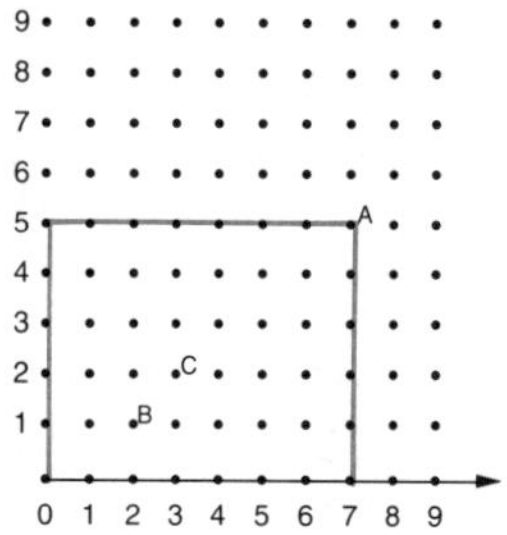

5x7=35 35 squares

Part 5

a. 7 > 6 b. 5 < 9
c. 56 < 59 d. 305 > 35
e. 20 < 200

Part 6 **Independent Work**

a. 486 + 379 = 865

b. 249 + 398 = 647

c. 145 + 656 = 801

d. 232 + 558 = 790

Part 7

a. 1 x 46 = 46 b. 5 x 1 = 5 c. 1 x 5 = 5
d. 6 x 1 = 6 e. 1 x 6 = 6 f. 18 x 1 = 18

Part 8

a. The small numbers are 63 and a box. The big number is 92.
63 □ → 92
92 − 63 = 29

b. The second small number is 409. The big number is a box. The first small number is 196.
196 409 → □
196 + 409 = 605

c. The big number is 284. The first small number is a box. The second small number is 254.
□ 254 → 284
284 − 254 = 30

d. The small numbers are 182 and 509. The big number is a box.
182 509 → □
182 + 509 = 691

Lesson 22

Part 1

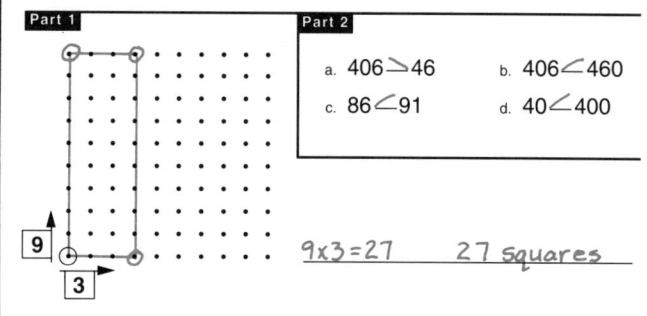

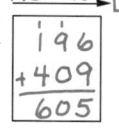

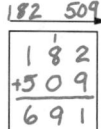

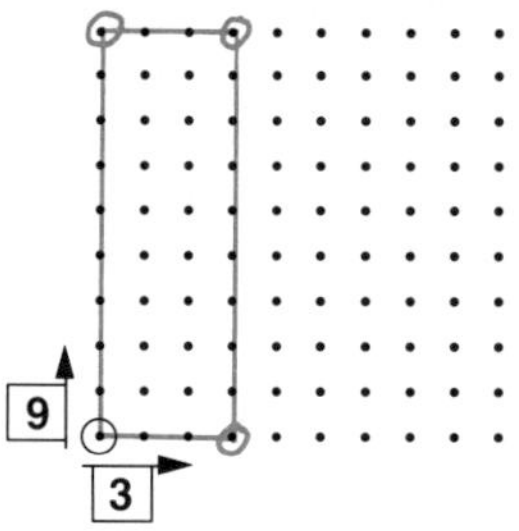

9x3=27 27 squares

Part 2

a. 406 > 46 b. 406 < 460
c. 86 < 91 d. 40 < 400

Lesson 21 Textbook

Part 2

a. 5+7=12
7+5=12
b. 5+8=13
8+5=13

Part 3

a. 5+9=14 b. 5+8=13 c. 5+7=12 d. 5+5=10
e. 2+5=7 f. 4+5=9 g. 5+8=13 h. 5+10=15

Part 4

a. 5x1=5 5 square inches
b. 10x3=30 30 square inches
c. 9x6=54 54 square inches

Part 5

a. 50 cents
b. 35 cents
c. 70 cents

Lesson 22 Textbook

Part 1

a. 14 b. 13 c. 12 d. 11
e. 12 f. 9 g. 13 h. 15

Part 2

a. 14 □(52) → 66
66 − 14 = 52

b. □(61) 28 → 89
89 − 28 = 61

c. 19 36 → □(55)
19 + 36 = 55

d. □(71) 28 → 99
99 − 28 = 71

Part 3

a. 5+8=13
8+5=13
b. 5+7=12
7+5=12

Part 4

a. 5−4=1 b. 6−4=2
c. 7−4=3 d. 8−4=4

Part 5

a. 236 − 217 = 19

b. 200 + 380 = 580

Part 6

a. 20 cents
b. 45 cents
c. 100 cents
d. 60 cents

Part 3

a. $\overset{3}{4}65$ -174 = 291
b. $\overset{6}{7}07$ -424 = 283
c. $\overset{5}{6}76$ -282 = 394
d. $\overset{6}{7}78$ -295 = 483

Part 4 — Independent Work

a. 9 x 3 = 27
b. 9 x 4 = 36
c. 9 x 5 = 45
d. 5 x 3 = 15
e. 5 x 4 = 20
f. 5 x 5 = 25
g. 10 x 3 = 30
h. 10 x 4 = 40
i. 10 x 5 = 50

Part 5

a. 335 +555 = 890
b. 237 +387 = 624
c. 254 +568 = 822
d. 677 +234 = 911

Do the independent work for Lesson 22 of your textbook.

Lesson 23

Part 1

①
a. 1 →4→ 5
b. 2 →4→ 6
c. 3 →4→ 7
d. 4 →4→ 8

②
e. 3 →4→ 7
f. 2 →4→ 6
g. 4 →4→ 8
h. 1 →4→ 5

③
i. 4 →4→ 8   8-4=4
j. 2 →4→ 6   6-4=2
k. 3 →4→ 7   7-4=3
l. 1 →4→ 5   5-4=1

Part 2

$5 \times 7 = 35$ 35 squares

Part 3

a. $\overset{2}{3}48$ -296 = 52
b. $6\overset{}{5}7$ -419 = 238
c. $5\overset{6}{7}7$ -468 = 109
d. $7\overset{6}{3}2$ -292 = 440

Part 4

a. 3 inches / 4 inches
b. 3 inches
c. 2 inches
2 inches / 2 inches

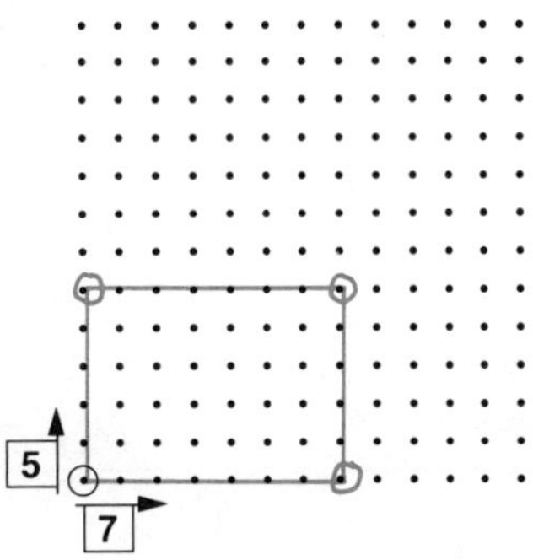

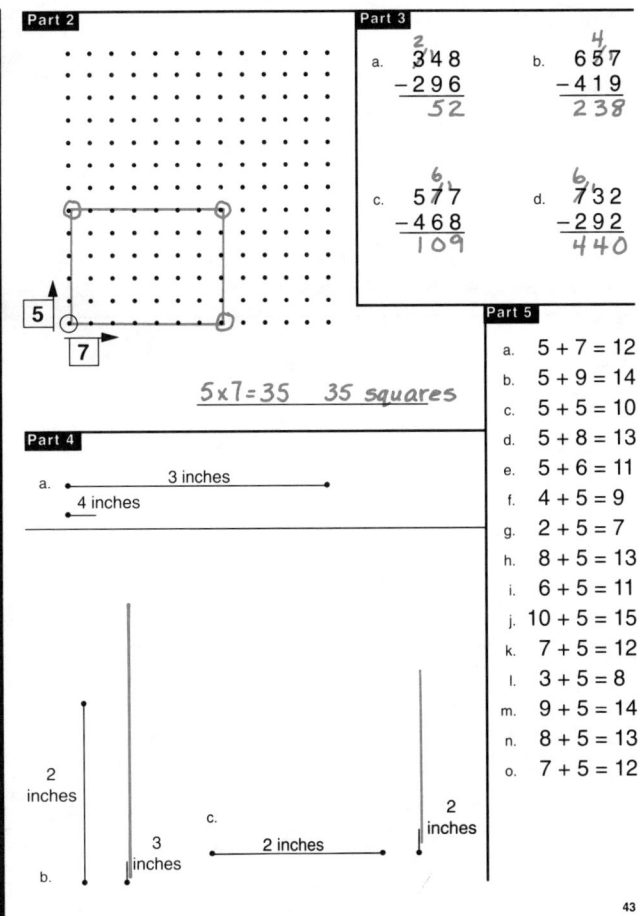

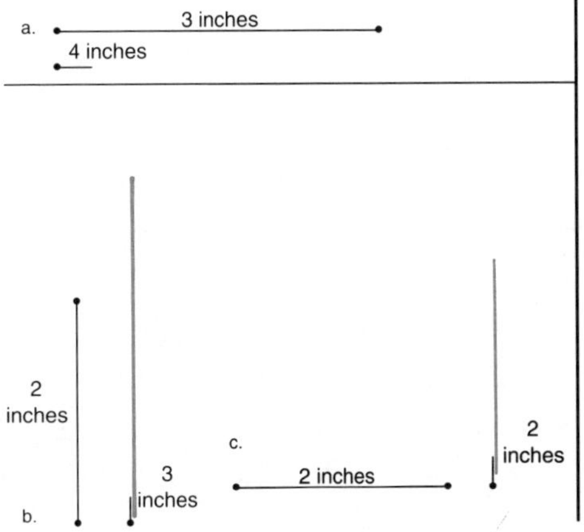

Part 5

a. 5 + 7 = 12
b. 5 + 9 = 14
c. 5 + 5 = 10
d. 5 + 8 = 13
e. 5 + 6 = 11
f. 4 + 5 = 9
g. 2 + 5 = 7
h. 8 + 5 = 13
i. 6 + 5 = 11
j. 10 + 5 = 15
k. 7 + 5 = 12
l. 3 + 5 = 8
m. 9 + 5 = 14
n. 8 + 5 = 13
o. 7 + 5 = 12

Lesson 23 Textbook

Part 1

a. 8 →21→ 95
95 -21 = 74

b. 341 199 540
341 +199 = 540

c. 19 →72→ 91
91 -19 = 72

d. 38 402 783
783 -381 = 402

Part 3

a. 765 +77 = 842
b. 378 +485 = 863
c. 257 +865 = 1122
d. 294 +547 = 841

Part 4

a. 11:15
b. 6:40
c. 1:30

Lesson 24

Part 1

a. 6 6 → 12
b. 6 7 → 13
c. 6 8 → 14
d. 6 9 → 15
e. 6 8 → 14
f. 6 6 → 12
g. 6 9 → 15
h. 6 7 → 13
i. 6 9 → 15
j. 6 7 → 13
k. 6 6 → 12
l. 6 8 → 14

Part 2

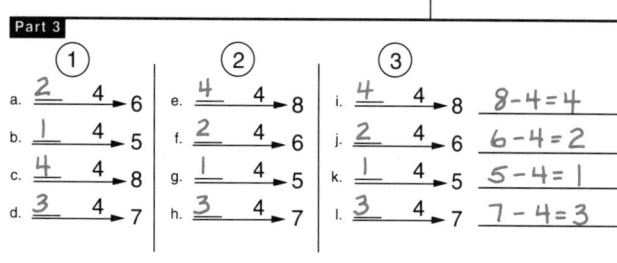

a. 1 inch
 4 inches
b.
c. 2 inches 2 inches 3 inches 2 inches

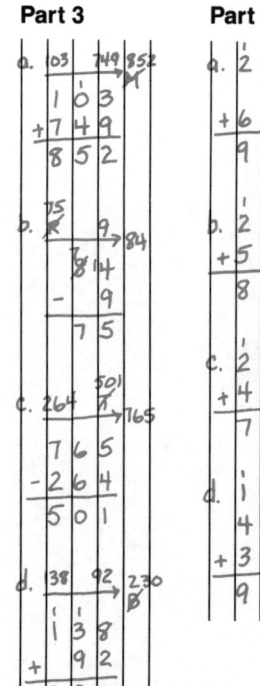

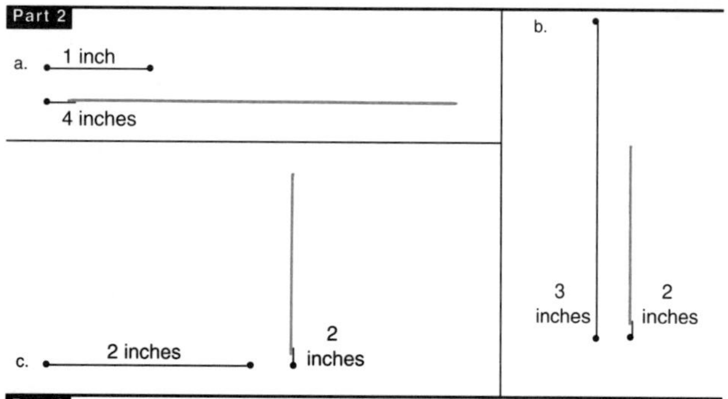

Part 3

①	②	③	
a. 2 4 → 6	e. 4 4 → 8	i. 4 4 → 8	8 − 4 = 4
b. 1 4 → 5	f. 2 4 → 6	j. 2 4 → 6	6 − 4 = 2
c. 4 4 → 8	g. 1 4 → 5	k. 1 4 → 5	5 − 4 = 1
d. 3 4 → 7	h. 3 4 → 7	l. 3 4 → 7	7 − 4 = 3

Part 4

a. 537 − 297 = 240
b. 553 − 260 = 293
c. 756 − 547 = 209
d. 246 − 152 = 94
e. 608 − 596 = 12
f. 389 − 98 = 291

Part 5 **Independent Work**

a. 2 x 4 = 8
b. 5 x 4 = 20
c. 10 x 7 = 70
d. 9 x 4 = 36
e. 5 x 7 = 35
f. 2 x 7 = 14
g. 10 x 4 = 40
h. 9 x 7 = 63
i. 9 x 4 = 36

Do the independent work for Lesson 24 of your textbook.

Lesson 25

Part 1

a. J is less than M.
J → M

b. R is more than P.
P → R

c. P is more than J.
J → P

d. W is less than J.
W → J

Part 2

a. 6 9 → 15
b. 6 8 → 14
c. 6 7 → 13
d. 6 6 → 12
e. 6 7 → 13
f. 6 9 → 15
g. 6 6 → 12
h. 6 8 → 14

Part 3

a. 5 − 4 = 1
b. 6 − 4 = 2
c. 8 − 4 = 4
d. 7 − 4 = 3
e. 5 − 4 = 1
f. 7 − 4 = 3
g. 8 − 4 = 4
h. 6 − 4 = 2

Lesson 24 Textbook

Part 1

a. add
b. subtract

Part 2

a. $3.45 + .71 = $4.16
b. $2.35 + .71 + 1.69 = $4.75
c. $3.45 + 2.35 + 1.69 = $7.49

Part 3

a. 103, 749 → 852: 103 + 749 = 852
b. 75, 9 → 84: 84 − 9 = 75
c. 264, 501 → 765: 765 − 264 = 501
d. 138, 92 → 230: 138 + 92 = 230

Part 4

a. 258 + 21 + 664 = 943
b. 267 + 575 = 842
c. 274 + 487 = 761
d. 165 + 445 + 358 = 968

Part 5

a. 7:10
b. 7:55

Lesson 25 Textbook

Part 1

a. 6 + 7 = 13; 7 + 6 = 13
b. 6 + 8 = 14; 8 + 6 = 14

Part 2

a. 112, 61 → 173: 173 − 61 = 112
b. 482, 18 → 500: 482 + 18 = 500
c. 46, 49 → 95: 95 − 49 = 46
d. 132, 417 → 549: 549 − 132 = 417

Part 3

a. 352 − 149 = 203
b. 506 − 382 = 124
c. 884 − 290 = 594
d. 876 − 647 = 229

Part 4

a. 5 < 9
b. 30 < 50
c. 301 > 300
d. 500 > 50

Part 5

a. 2 x 5 = 10 10 squares
b. 5 x 2 = 10 10 squares

Part 6

a. 2 x 6 = 12 12 square miles
b. 10 x 3 = 30 30 square miles
c. 9 x 4 = 36 36 square miles

Part 4 **Independent Work**

a. 6 + 4 = 10	b. 9 + 4 = 13	c. 7 + 4 = 11
d. 5 + 4 = 9	e. 8 + 4 = 12	f. 6 + 6 = 12
g. 6 + 9 = 15	h. 6 + 7 = 13	i. 6 + 5 = 11
j. 6 + 8 = 14	k. 4 + 4 = 8	l. 7 + 7 = 14
m. 8 + 8 = 16	n. 5 + 5 = 10	o. 3 + 3 = 6

Do the independent work for Lesson 25 of your textbook.

Lesson 26

Part 1

a. 7 − 5 = 2	b. 7 − 4 = 3	c. 9 − 2 = 7
d. 8 − 4 = 4	e. 10 − 9 = 1	f. 7 − 6 = 1
g. 8 − 4 = 4	h. 6 − 2 = 4	i. 7 − 3 = 4
j. 9 − 1 = 8	k. 7 − 5 = 2	l. 7 − 4 = 3
m. 3 − 1 = 2	n. 7 − 5 = 2	o. 8 − 4 = 4

Part 2

a. 6 9 → 15
b. 4 6 → 10
c. 6 6 → 12
d. 6 8 → 14
e. 6 7 → 13
f. 5 6 → 11
g. 6 8 → 14
h. 6 9 → 15
i. 6 7 → 13
j. 6 6 → 12

Part 3 **Independent Work**

a. 5 x 9 = 45
b. 2 x 9 = 18
c. 1 x 9 = 9
d. 10 x 9 = 90
e. 9 x 9 = 81
f. 9 x 5 = 45

Part 4

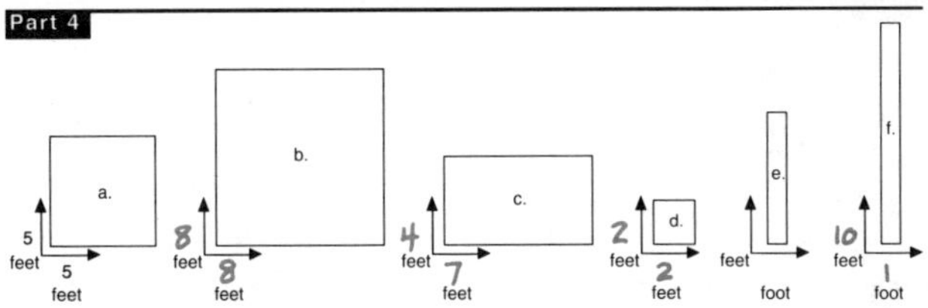

Description 1: The rectangle is 10 feet high and 1 foot wide. f.

Description 2: The rectangle is 4 feet high and 7 feet wide. c.

Description 3: The rectangle is 2 feet high and 2 feet wide. d.

Description 4: The rectangle is 8 feet high and 8 feet wide. b.

Lesson 27

Part 1

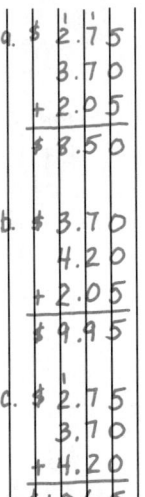

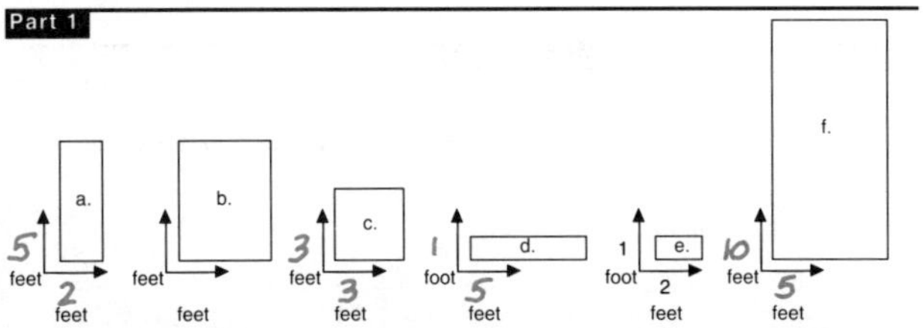

Description 1: The rectangle is 5 feet wide and 1 foot high. d.

Description 2: The rectangle is 2 feet wide and 5 feet high. a.

Description 3: The rectangle is 5 feet wide and 10 feet high. f.

Description 4: The rectangle is 3 feet wide and 3 feet high. c.

Lesson 25 Textbook (Continued)

Part 7

a. 475 + 385 = 860
b. 274 + 474 = 748
c. 546 + 396 = 942

Part 8

a. 5x3=15 b. 9x3=27
c. 2x3=6 d. 10x3=30

Part 9

a. 35 cents
b. 50 cents

Part 10

a. $2.35 + 1.60 + .72 = $4.67
b. $3.45 + .72 = $4.17

Lesson 26 Textbook

Part 1

a. J → M
b. R → W
c. T → P
d. H → T
e. I → Y

Part 2

a. 5x7=35 35 square miles
b. 9x3=27 27 square miles
c. 2x6=12 12 square miles
d. 10x4=40 40 square miles

Part 3

a. 6+9=15 b. 6+8=14 c. 6+6=12 d. 6+7=13
e. 6+10=16 f. 6+5=11 g. 6+8=14 h. 6+2=8
i. 6+7=13

Part 4

a. 621 → 671: 671 − 621 = 50
b. 281 → 395: 395 − 281 = 114
c. 372 529 → 901: 372 + 529 = 901

Part 5

a. 667 − 458 = 209
b. 558 − 167 = 391
c. 638 − 294 = 344

Part 6

a. $2.75 + 3.70 + 2.05 = $8.50
b. $3.70 + 4.20 + 2.05 = $9.95
c. $2.75 + 3.70 + 4.20 = $10.65

a. 9 + 6 = 15   b. 8 + 6 = 14   c. 5 + 6 = 11
d. 6 + 6 = 12   e. 7 + 6 = 13   f. 10 + 6 = 16
g. 4 + 6 = 10   h. 2 + 6 = 8   i. 7 + 6 = 13
j. 3 + 6 = 9   k. 8 + 6 = 14   l. 6 + 7 = 13
m. 6 + 8 = 14   n. 6 + 9 = 15   o. 10 + 6 = 16

Part 3

a.   ●——————————● 3 inches
     ●—————————● 2 inches

b. ●—— 1 inch ——● | 1 inch

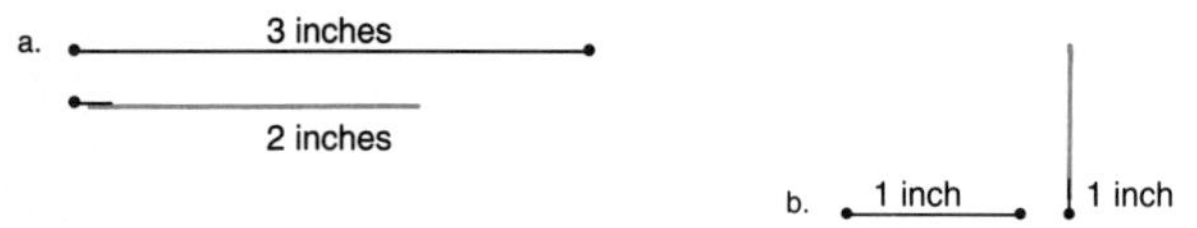

Part 4

a. 8 − 4 = 4   b. 6 − 4 = 2   c. 5 − 4 = 1   d. 4 − 3 = 1
e. 7 − 4 = 3   f. 8 − 4 = 4   g. 8 − 6 = 2   h. 8 − 7 = 1
i. 4 − 4 = 0   j. 6 − 4 = 2   k. 8 − 4 = 4   l. 7 − 4 = 3
m. 7 − 5 = 2   n. 7 − 6 = 1   o. 8 − 4 = 4

Part 5   **Independent Work**

Fill in the totals. Then write the answers to the questions.

This table shows the number of houses painted in June, July and August by three different people.

a. Who painted the most houses in the three months? __Rosa__ .

b. The largest number of houses were painted in the month of __June__ .

c. The fewest number of houses were painted in the month of __August__ .

	June	July	August	Total for all months
Sid	7	7	2	16
Rosa	2	5	10	17
James	9	2	1	12
Total for all people	18	14	13	

48

Part 6

a. 301 < 310   b. 560 > 559   c. 370 > 307   d. 699 < 700

Do the independent work for Lesson 27 of your textbook.

Lesson 28

Part 1

a. J is ⑤ less than K.   5 ___ J→K
b. J is ⑱ more than K.   18 ___ K→J
c. P is ⑨ less than T.   9 ___ P→T
d. H is ⑫ larger than F. 12 ___ F→H
e. H is ⑰ less than Y.   17 ___ H→Y

Part 2

a. D < 12 | 14 | 12 | ⑩ | ④ |
b. D > 14 | 12 | ⑮ | 10 | ⑰ |
c. □ < 20 | ⑬ | ⑰ | 21 | ⑲ |
d. □ > 20 | 13 | 17 | ㉑ | 19 |

Part 3

a. The rectangle is 4 feet wide and 2 feet high.

b. The rectangle is 3 feet high and 5 feet wide.

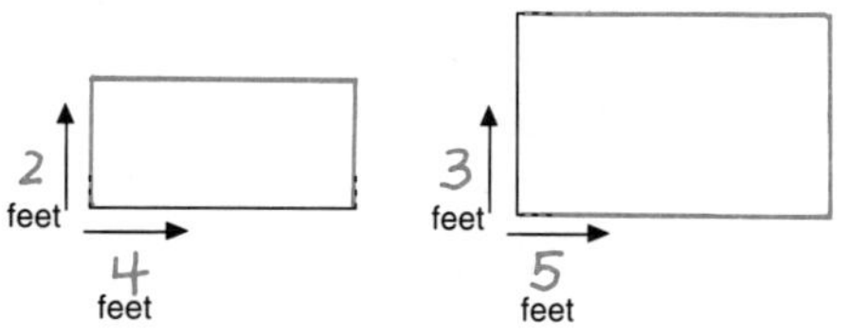

2 feet   4 feet
2×4=8   8 square feet

3 feet   5 feet
3×5=15   15 square feet

49

18

Lesson 27 Textbook

Part 1
a. ———W→P
b. ———F→T
c. ———V→Y
d. ———B→T

Part 2
a.
```
  174   694  868
   1 7 4
 + 6 9 4
   8 6 8
```
b.
```
  91
  W    451  542
  5 4 2
- 4 5 1
    9 1
```

Part 3
a.
```
    6
  5 7 13
 -1 0 9
  4 6 4
```
b.
```
   3
  4 10 8
 -2  2 4
  1  8 4
```
c.
```
   3
  4 0 0
 -2 9 0
  1 1 0
```

Part 5
a. 5×7=35   35 square feet
b. 2×6=12   12 square feet
c. 10×8=80   80 square feet

Part 6
a.
```
$ 6 0 2
  2 8 0
+ 3 9 9
$12 8 1
```
b.
```
$ 1 1 3
  2 8 0
+ 3 9 9
$ 7 9 2
```
c.
```
$ 6 0 2
  1 1 3
+ 2 8 0
$ 9 9 5
```

Part 7
a.
```
  4 3 1
 -1 1 2
  3 1 9
```
b.
```
  4 6 7
+ 4 7 9
  9 4 6
```

Lesson 28 Textbook

Part 1
a. 6−5=1
b. 7−5=2
c. 8−5=3
d. 9−5=4
e. 10−5=5

Part 2
a. 5×8=40   40 square feet
b. 2×8=16   16 square feet
c. 2×6=12   12 square feet
d. 10×4=40   40 square feet

Part 3
a.
```
  19   R  741
  7 4 1
 -  1 9
  7 2 2
```
b.
```
  675  38  711
  6 7 3
 +  3 8
  7 1 1
```

Part 4
a.
```
   3
  3 3 6
 +4 6 8
  8 0 4
```
b.
```
  3 3 6
    6 3
 +5 7 7
  9 7 6
```
c.
```
  2 5 8
 +5 9 6
  8 5 4
```
d.
```
  1 1 3
  4 4 8
 +3 6 4
  9 2 5
```

Part 4 **Independent Work**

Draw the rectangle. Write the multiplication problem and the answer. Remember the units in the answer.

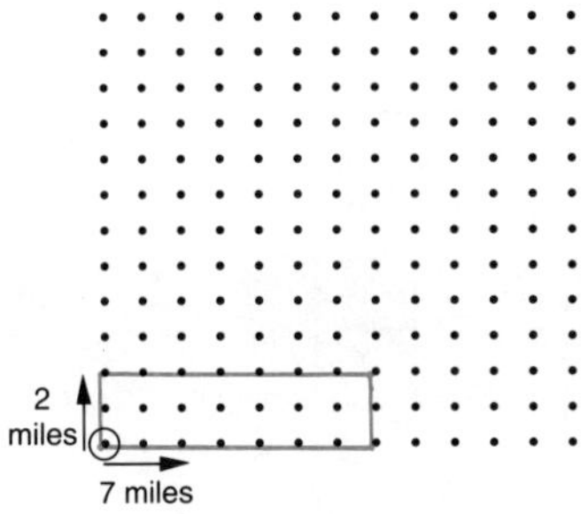

2 miles ⊙

7 miles

$2 \times 7 = 14$ 14 square miles

Part 5

a.
$$\begin{array}{r} {}^{2}\!\not{3}17 \\ -186 \\ \hline 131 \end{array}$$

b.
$$\begin{array}{r} 5{,}\!{}^{7}\!\not{8}6 \\ -417 \\ \hline 169 \end{array}$$

c.
$$\begin{array}{r} {}^{4}\!\not{5}09 \\ -324 \\ \hline 185 \end{array}$$

d.
$$\begin{array}{r} 4{}^{6}\!\not{7}5 \\ -409 \\ \hline 66 \end{array}$$

Part 6 Write the time for each clock.

a.

3:50

b.

12:35

c.

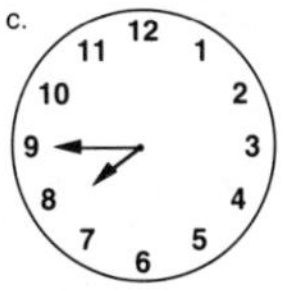

7:45

Do the independent work for Lesson 28 of your textbook.

50

Lesson 29

Part 1

a. $\underline{2}$ 5 → 7	e. $\underline{5}$ 5 → 10	i. $\underline{3}$ 5 → 8	$8-5=3$
b. $\underline{3}$ 5 → 8	f. $\underline{2}$ 5 → 7	j. $\underline{5}$ 5 → 10	$10-5=5$
c. $\underline{4}$ 5 → 9	g. $\underline{3}$ 5 → 8	k. $\underline{2}$ 5 → 7	$7-5=2$
d. $\underline{5}$ 5 → 10	h. $\underline{4}$ 5 → 9	l. $\underline{4}$ 5 → 9	$9-5=4$

Part 2

a.
$$\begin{array}{r} {}^{1}\!\not{2}05 \\ -115 \\ \hline 90 \end{array}$$

b.
$$\begin{array}{r} {}^{5}\!\not{6}10 \\ -290 \\ \hline 320 \end{array}$$

c.
$$\begin{array}{r} 9{,}\!{}^{7}\!\not{8}3 \\ -474 \\ \hline 509 \end{array}$$

d.
$$\begin{array}{r} {}^{7}\!\not{8}03 \\ -751 \\ \hline 52 \end{array}$$

Part 3

a. The rectangle is 5 feet high and 7 feet wide.

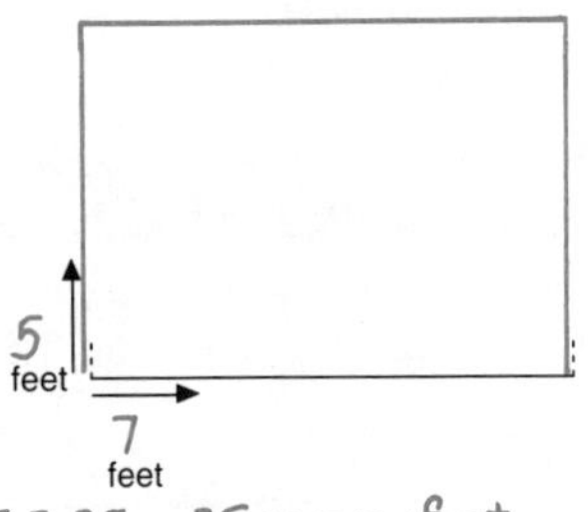

b. The rectangle is 5 feet high and 4 feet wide.

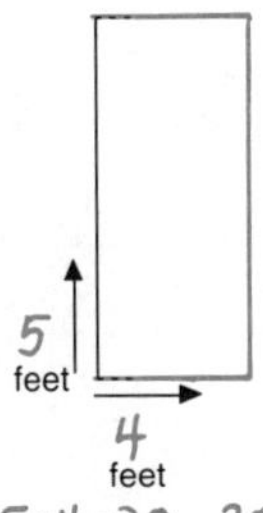

5 feet

7 feet

5 feet

4 feet

$5 \times 7 = 35$ 35 square feet

$5 \times 4 = 20$ 20 square feet

51

19

Lesson 29 Textbook

Part 1

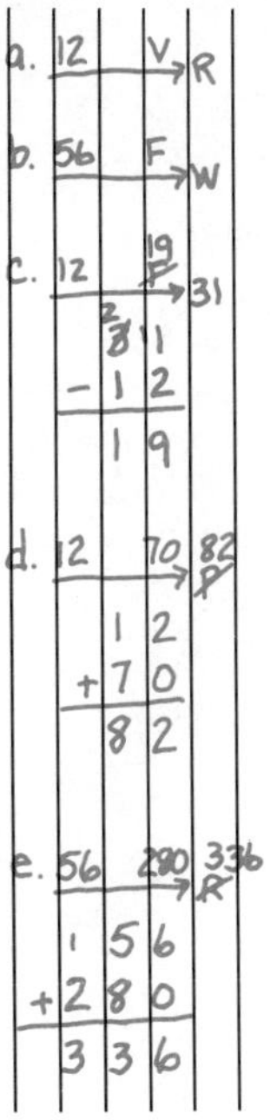

a. 12 V → R

b. 56 F → W

c. 12 19 → 31
$$\begin{array}{r} {}^{2}\!8\ 1 \\ -1\ 2 \\ \hline 1\ 9 \end{array}$$

d. 12 70 82 → 8
$$\begin{array}{r} 1\ 2 \\ +7\ 0 \\ \hline 8\ 2 \end{array}$$

e. 56 280 336 → R
$$\begin{array}{r} 1\ 5\ 6 \\ +2\ 8\ 0 \\ \hline 3\ 3\ 6 \end{array}$$

Part 2

a. $5 \times 8 = 40$ 40 square miles
b. $2 \times 6 = 12$ 12 square miles
c. $9 \times 6 = 54$ 54 square miles

Part 3

a. 18, 56
b. 20, 4
c. 20, 5, 4
d. 4, 3, 2, 1, 0

Part 4

a. 43 cents
b. 28 cents
c. 62 cents
d. 21 cents
e. 25 cents

Part 4 | Independent Work

a.
```
  1 1
1 3 0
  3 6
+5 6 8
─────
7 3 4
```
b.
```
  1
  1 7
4 2 1
+3 7 5
─────
8 1 3
```
c.
```
  1 1
1 4 6
2 0 0
+3 8 5
─────
7 3 1
```
d.
```
  1 1
2 4 6
  2 1
+5 6 7
─────
8 3 4
```

Part 5 Write the column problem and the answer.

a. A man had 344 pounds of sand. He bought 287 more pounds of sand. How many pounds of sand did he end up with?
```
  1 1
3 4 4
+2 8 7
─────
6 3 1
```

b. A woman had 556 pounds of sand. She got 368 more pounds of sand. How many pounds of sand did she end up with?
```
  1 1
5 5 6
+3 6 8
─────
9 2 4
```

c. A man had 760 pounds of sand. He used up 232 pounds of sand. How many pounds of sand did he have left?
```
    5
7 6̶ ¹0
-2 3 2
─────
5 2 8
```

Part 6

a. 2 x 9 = _18_   b. 9 x 2 = _18_   c. 10 x 5 = _50_
d. 5 x 7 = _35_   e. 9 x 3 = _27_   f. 5 x 8 = _40_

Part 7 Fill in the totals. Then answer each question.

	Monday	Wednesday	Thursday	Total for all days
Snow Pass	0	1	10	11
White Butte	0	3	9	12
River Lodge	9	4	7	20
Total for all towns	9	8	26	

This table shows how many inches of snow fell in 3 places.

a. Which day had the smallest total snowfall? _Wednesday_

b. Where did the most snow fall? _River Lodge_

c. Which day had the largest snowfall? _Thursday_

52

Lesson 30

Part 1

a. R ∠ 15   17 15 ⑬ ①   b. T ≥ 300   ⟨390⟩ 300 150 ⟨580⟩

c. J ∠ 300   ⟨290⟩ 300 ⟨150⟩ 580   d. K ≥ 56   50 ⟨59⟩ ⟨57⟩ ⟨60⟩

Part 2

a. The rectangle is 9 miles high and 5 miles wide.

b. The rectangle is 10 miles high and 3 miles wide.

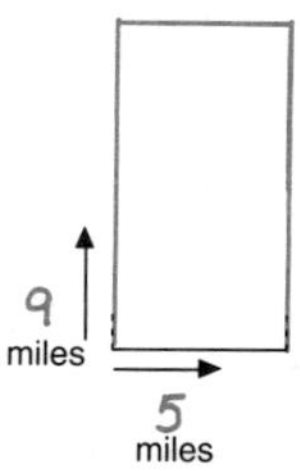

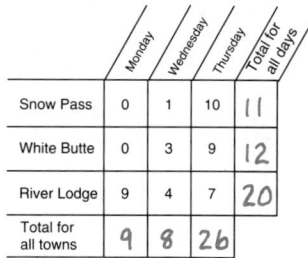

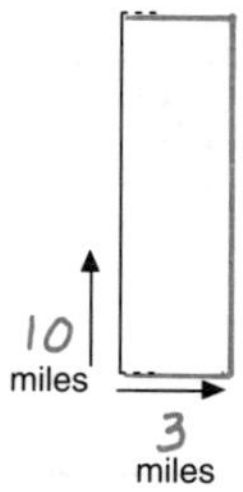

9 miles   10 miles
5 miles   3 miles

9x5=45   45 square miles   10x3=30   30 square miles

Part 3

a. 5 5 → 10   e. 4 5 → 9   i. 2 5 → 7   7-5=2
b. 4 5 → 9   f. 5 5 → 10   j. 5 5 → 10   10-5=5
c. 3 5 → 8   g. 2 5 → 7   k. 3 5 → 8   8-5=3
d. 2 5 → 7   h. 3 5 → 8   l. 4 5 → 9   9-5=4

Part 4

a.
```
    8
9 9̶ 1
-2 3 3
─────
7 5 8
```
b.
```
  4
5̶ 0 7
-  5 6
─────
4 5 1
```
c.
```
    4
8 5̶ 0
-7 4 1
─────
1 0 9
```

Do the independent work for Lesson 30 of your textbook.   53

Lesson 30 Textbook

Part 1

a.
```
12    56  68
    1 2
  +5 6
  ─────
    6 8
```
b.
```
17    96  113
    1 7
  +9 6
  ─────
  1 1 3
```
c.
```
17    79  96
    9̶ 6
  -1 7
  ─────
    7 9
```
d.
```
27    32  59
    5 9
  -2 7
  ─────
    3 2
```

Part 2

a. 9x5=45   45 square inches
b. 10x2=20   20 square inches

Part 3

a. 34 cents
b. 19 cents
c. 22 cents
d. 12 cents
e. 25 cents

Part 5

a. 36
b. 81
c. 27
d. 90
e. 45
f. 9
g. 5
h. 45
i. 5
j. 30
k. 50
l. 35

Part 4

a.
```
  1 1
7 6 0
1 4 7
+   8
─────
9 1 5
```
b.
```
2 4 4
7 0 3
+4 2 2
─────
1 3 6 9
```
c.
```
  1 1
3 6 0
    4 9
+2 5 3
─────
6 6 2
```
d.
```
  1
1 7 0
9 8 3
+   6
─────
1 0 5 9
```

Test 3 Test Scoring Procedures begin on page 96.

Part 1

a. 8 − 4 = 4 b. 6 − 4 = 2 c. 5 − 4 = 1
d. 4 − 3 = 1 e. 7 − 4 = 3 f. 8 − 4 = 4
g. 8 − 6 = 2 h. 8 − 7 = 1 i. 4 − 4 = 0
j. 7 − 5 = 2 k. 7 − 6 = 1

Part 2

a. 5 + 7 = 12 b. 5 + 9 = 14 c. 5 + 5 = 10
d. 5 + 8 = 13 e. 5 + 6 = 11 f. 4 + 5 = 9
g. 2 + 5 = 7 h. 8 + 5 = 13 i. 6 + 5 = 11
j. 10 + 5 = 15 k. 7 + 5 = 12 l. 3 + 5 = 8
m. 9 + 5 = 14 n. 5 + 4 = 9

Part 3 Draw the rectangle. Write the multiplication problem and the answer. Then write the correct unit.

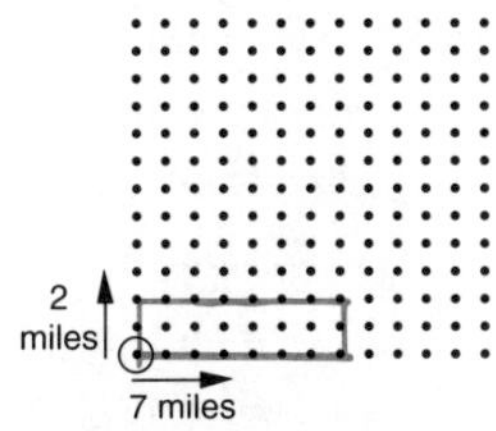

2x7=14 14 square miles

Part 4 Draw the rectangle. Write the multiplication problem for the rectangle and the answer. Then write the correct unit.

a. The rectangle is 4 feet wide and 10 feet high.

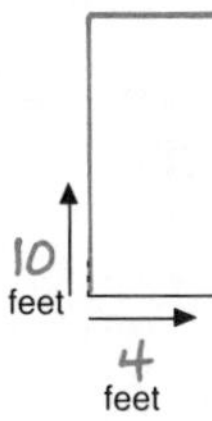

10x4=40 40 square feet

Go to Test 3 in your textbook.

Test 3/Extra Practice

Part 1

a. 5 − 4 = 1 e. 5 − 4 = 1
b. 6 − 4 = 2 f. 7 − 4 = 3
c. 8 − 4 = 4 g. 8 − 4 = 4
d. 7 − 4 = 3 h. 6 − 4 = 2

Part 2

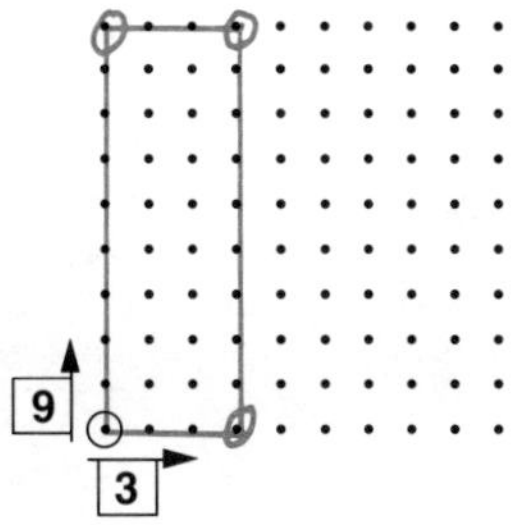

9x3=27 27 squares

Part 3

a. The rectangle is 4 feet wide and 2 feet high.

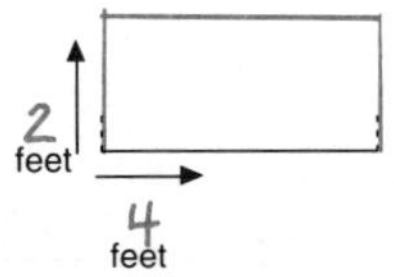

2x4=8 8 square feet

b. The rectangle is 3 feet high and 5 feet wide.

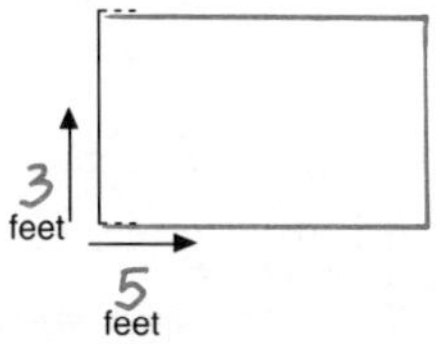

3x5=15 15 square feet

Test 3 Textbook

Part 5

a. 5x6=30 30 square miles
b. 10x4=40 40 square miles

Part 6

a. 13 M→R b. 15 U→W

Part 7

a. 482 + 18 = 500

4	8	2
+	1	8
5	0	0

b. 95 − 49 = 46

	9	5
−	4	9
	4	6

Part 8

a.

$	3	.	7	5
+		.	7	1
$	4	.	4	6

b.

$	2	.	3	5
		.	7	1
+	1	.	0	9
$	4	.	1	5

Part 9

1. b
2. d

Part 10

a.

2	4	6
−1	5	2
	9	4

b.

7	6	4
−5	4	7
2	1	7

Part 11

a.

5	6	0
1	3	6
+	3	8
7	3	4

b.

3	7	1
4	2	7
+	1	5
8	1	3

Part 12

a. 10, 4
b. 15, 17

Part 4

a. J is (5) less than K. 5 J→K
b. J is (18) more than K. 18 K→J
c. P is (9) less than T. 9 P→T
d. H is (12) larger than F. 12 F→H
e. H is (17) less than Y. 17 H→Y

Part 5

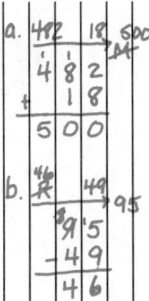

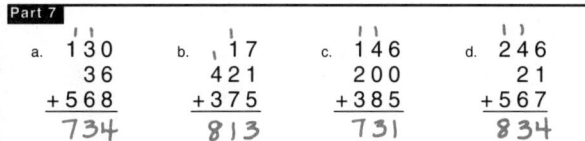

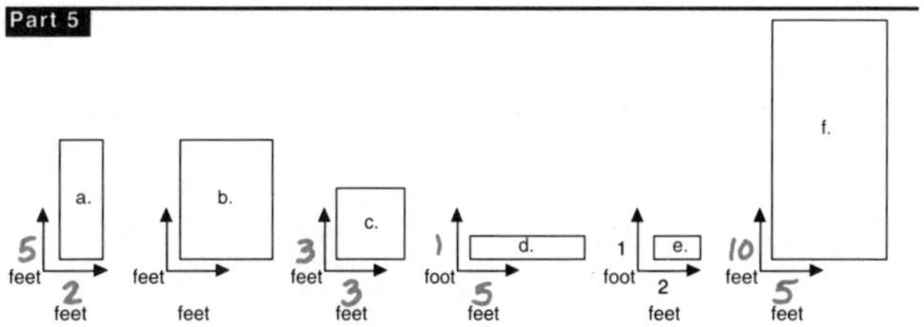

Description 1: The rectangle is 5 feet wide and 1 foot high. d

Description 2: The rectangle is 2 feet wide and 5 feet high. a

Description 3: The rectangle is 5 feet wide and 10 feet high. f

Description 4: The rectangle is 3 feet wide and 3 feet high. c

Part 6

a. 348 − 296 = 52
b. 657 − 419 = 238
c. 577 − 468 = 109
d. 732 − 292 = 440

Part 7

a. 130 + 36 + 568 = 734
b. 17 + 421 + 375 = 813
c. 146 + 200 + 385 = 731
d. 246 + 21 + 567 = 834

Lesson 31

Part 1

a. 657 − 449 = 208
b. 717 − 408 = 309
c. 432 − 392 = 40
d. 808 − 387 = 421

Part 2

a. The rectangle is 9 feet wide and 2 feet high.

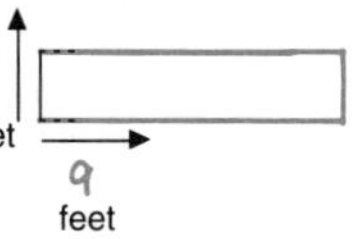

2x9=18 18 square feet

b. The rectangle is 10 feet high and 1 foot wide.

10x1=10 10 square feet

Part 3

a. 4 5 → 9	e. 5 5 → 10	i. 5 5 → 10	10 − 5 = 5
b. 5 5 → 10	f. 4 5 → 9	j. 3 5 → 8	8 − 5 = 3
c. 3 5 → 8	g. 3 5 → 8	k. 2 5 → 7	7 − 5 = 2
d. 2 5 → 7	h. 2 5 → 7	l. 4 5 → 9	9 − 5 = 4

Part 4 Independent Work

a. 357 + 378 = 735
b. 274 + 648 = 922
c. 556 + 265 = 821
d. 466 + 378 = 844

Do the independent work for Lesson 31 of your textbook.

Lesson 32

Part 1

a. 2 → 9 → 18
2x9=18
9x2=18

b. 5 → 10 → 50
5x10=50
10x5=50

Part 2

a. 10 − 5 = 5
b. 7 − 5 = 2
c. 9 − 5 = 4
d. 8 − 5 = 3
e. 9 − 5 = 4
f. 7 − 5 = 2
g. 10 − 5 = 5
h. 8 − 5 = 3

Part 3 Independent Work

Draw the rectangle. Write the multiplication problem and the whole answer.

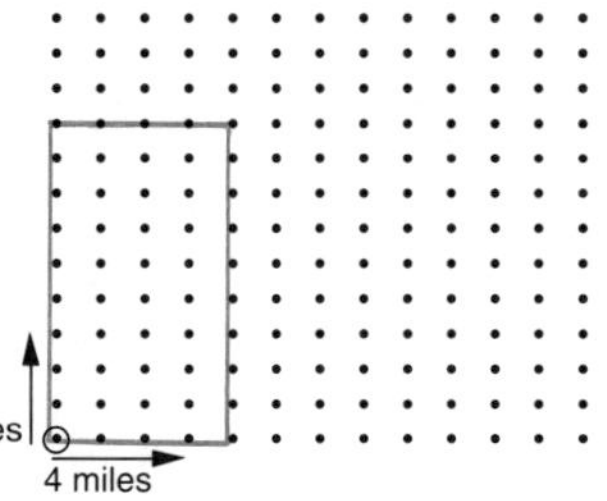

9x4=36 36 square miles

Part 4 Complete each number family.

a. 7 8 → 15
b. 3 10 → 13
c. 5 7 → 12
d. 8 8 → 16
e. 6 9 → 15
f. 7 7 → 14
g. 7 8 → 15
h. 6 10 → 16
i. 4 5 → 9
j. 5 6 → 11

Lesson 31 Textbook

Part 1

a. 5x10=50 50 squares
10x5=50 50 squares
b. 9x2=18 18 squares
2x9=18 18 squares

Part 2

a. 56 17 → 73; 56 + 17 = 73
b. 81 12 → 93; 81 + 12 = 93
c. 40 199 → 239; 239 − 40 = 199
d. 190 310 → 500; 500 − 190 = 310

Part 3

a. 6−5=1 b. 6−1=5 c. 7−5=2
d. 7−2=5 e. 9−2=7 f. 9−7=2

Part 4

a. 643 > 634
b. 59 < 509
c. 20 < 199
d. 74 > 17
e. 210 > 201
f. 18 < 21

Lesson 32 Textbook

Part 1

a. 11−9=2 c. 9−5=4 e. 5−3=2
b. 11−2=9 d. 9−4=5 f. 5−2=3

Part 3

a. 21 P → 52; 52 − 21 = 31
b. 26 P → 96; 96 − 26 = 70
c. 31 P → 59; 59 − 31 = 28
d. 60 42 → P; 60 + 42 = 102
e. 200 490 → P; 200 + 490 = 690

Part 4

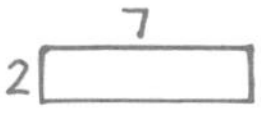

2x7=14
14 square feet

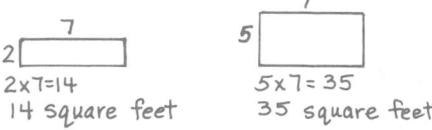

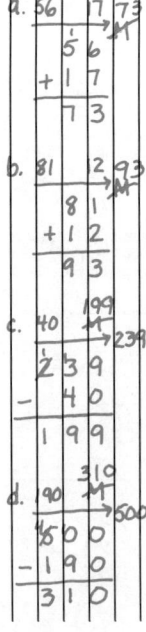

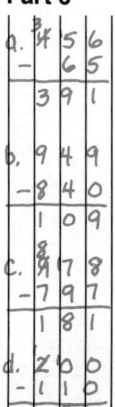

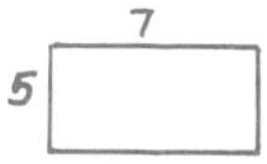

5x7=35
35 square feet

Part 5

a. 2x5=10 10 squares
5x2=10 10 squares
b. 9x3=27 27 squares
3x9=27 27 squares

Part 6

a. 456 − 65 = 391
b. 949 − 840 = 109
c. 978 − 797 = 181
d. 200 − 110 = 90

Part 5 A person is not buying all the items that are shown with the price tags. Read each problem to see what the person buys. Add up only those amounts.

1	2	3	4
$6.07	$ .86	$1.74	$5.33

a. A person buys items 1, 2 and 4. How much does the person spend?

$6.07
.86
+ 5.33
$12.26

b. A person buys items 2 and 3. How much does the person spend?

$ .86
+ 1.74
$2.60

c. A person buys items 1, 2 and 3. How much does the person spend?

$6.07
.86
+ 1.74
$8.67

Do the independent work for Lesson 32 of your textbook.

Lesson 33

Part 1 For each item circle all the numbers that could be R.

a. R > 3 — (20) 1 (5) 2

b. 17 < R — 17 (21) 16 (20)

c. 100 > R — 101 (14) (17) 200

d. R < 9 — 9 100 (8) 11

Part 2 **Independent Work**

a. 7 − 5 = 2
b. 7 − 4 = 3
c. 8 − 4 = 4
d. 8 − 5 = 3
e. 9 − 5 = 4
f. 10 − 5 = 5
g. 7 − 4 = 3
h. 8 − 5 = 3
i. 6 − 4 = 2
j. 8 − 4 = 4
k. 9 − 5 = 4
l. 8 − 4 = 4
m. 10 − 5 = 5
n. 7 − 4 = 3
o. 9 − 5 = 4

Part 3 Write the multiplication problem and the answer for each rectangle.

a. 7 inches, 2 inches — 2x7=14 14 square inches

b. 10 inches, 8 inches — 8x10=80 80 square inches

c. 9 inches, 5 inches — 5x9=45 45 square inches

Part 4

a. 879 − 788 = 91

b. 964 − 245 = 719

c. 524 − 194 = 330

d. 856 − 609 = 247

Part 5

a. 278 + 587 = 865

b. 249 + 687 = 936

c. 14 + 62 + 21 = 97

d. 56 + 81 + 24 = 161

Do the independent work for Lesson 33 of your textbook.

Lesson 33 Textbook

Part 1

a. 7, 5 — 5x7=35 35 square feet

b. 10, 9 — 9x10=90 90 square feet

Part 3

a. 9x10 = 90
10x9 = 90
b. 5x7 = 35
7x5 = 35

Part 5

a. 12-4=8
b. 12-8=4
c. 11-6=5
d. 11-5=6
e. 14-8=6
f. 14-6=8
g. 10-2=8
h. 10-8=2

Part 4

a. 300 → B = 510: 510 − 300 = 210
b. 12 → C = 20: 20 − 12 = 8
c. 56 → 64 = C: 56 + 64 = 120
d. 89 → 98 = M: 89 + 98 = 187

Part 6

c. 567 − 459 = 108
e. 410 − 401 = 9
g. 468 − 328 = 140

Part 7

a. 32 cents
b. 36 cents
c. 44 cents
d. 33 cents
e. 18 cents

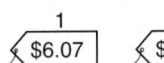

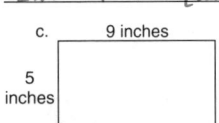

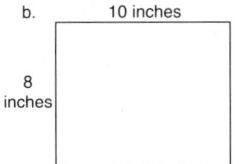

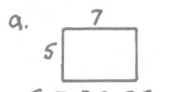

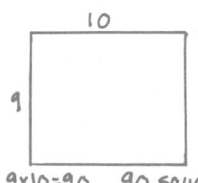

Lesson 34

Part 1

a. 1 →4 = 4 b. 1 →7 = 7 c. 3 →10 = 30 d. 8 →10 = 80

e. 1 →10 = 10 f. 1 →3 = 3 g. 1 →5 = 5 h. 4 →10 = 40

i. 10 →10 = 100

Part 2

a. 7 – 4 = 3 b. 10 – 5 = 5 c. 8 – 4 = 4
d. 9 – 5 = 4 e. 8 – 5 = 3 f. 7 – 4 = 3
g. 8 – 5 = 3 h. 7 – 5 = 2 i. 8 – 4 = 4
j. 9 – 5 = 4 k. 10 – 5 = 5 l. 7 – 4 = 3
m. 8 – 5 = 3 n. 9 – 5 = 4 o. 8 – 4 = 4

Part 3 **Independent Work**

This table shows the miles each person walked on 3 different days. Fill in the totals. Then answer each question.

a. The fewest miles were walked on which day? Saturday

b. Who walked the most total miles? John

c. Who walked the fewest miles on Sunday? Ted

d. The most miles were walked on which day? Friday

	Ted	Ann	John	Total for all people
Friday	7	2	8	17
Saturday	7	2	2	11
Sunday	2	5	9	16
Total for all days	16	9	19	

Part 4

a. 114 + 177 + 72 = 263

b. 743 + 194 = 937

c. 134 + 95 = 229

d. 933 + 472 + 9 = 1414

Part 5 Write the multiplication problem and the whole answer for each rectangle.

a. 2 feet × 9 feet
9x2=18 18 square feet

b. 5 feet × 7 feet
5x7=35 35 square feet

Lesson 35

Part 1

a. 10 – 5 = **5** b. 7 – 5 = **2** c. 9 – 5 = **4** d. 6 – 5 = **1**
e. 5 – 5 = **0** f. 9 – 5 = **4** g. 7 – 5 = **2** h. 10 – 5 = **5**
i. 8 – 5 = **3** j. 8 – 4 = **4** k. 7 – 4 = **3** l. 7 – 5 = **2**
m. 6 – 4 = **2** n. 6 – 5 = **1** o. 7 – 5 = **2** p. 9 – 5 = **4**
q. 10 – 5 = **5**

Lesson 34 Textbook

Part 1

a. 329, 194 → 523: 329 + 194 = 523

b. 261, 423 (R) → 684: 684 – 261 = 423

c. 691, 270 (M) → 961: 961 – 691 = 270

d. 365, 476 → 841 (B): 365 + 476 = 841

Part 2

a. 5x9=45, 9x5=45

b. 7x10=70, 10x7=70

Part 5

b. 754 – 663 = 91

d. 450 – 102 = 348

f. 524 – 319 = 205

g. 847 – 256 = 591

Part 3

a. 5 × 9: 9x5=45, 45 square feet

b. 2 × 10: 10x2=20, 20 square feet

Part 4

a. 72
b. 1, 2, 3, 5
c. 2, 5, 10
d. 9

Lesson 35 Textbook

Part 2

a. 246, 987 → F: 246 + 987 = 1233

b. 49, J → 356: 356 – 49 = 307

c. 598, 557 → K: 598 + 557 = 1155

d. 469, T → 869: 869 – 469 = 400

Part 4

a. 8 × 10: 10x8=80, 80 square feet

b. 5 × 3: 3x5=15, 15 square miles

Part 5

a. 516 – 409 = 107

b. 854 – 264 = 590

e. 723 – 404 = 319

g. 508 – 347 = 161

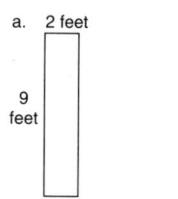

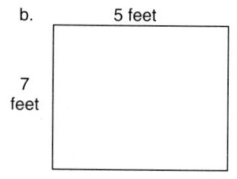

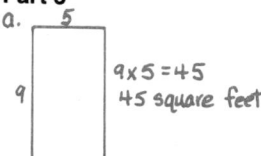

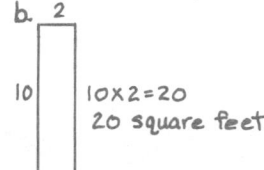

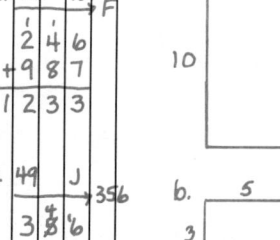

Part 2

a. 1 —5→ 5 b. 1 —9→ 9 c. 5 —10→ 50 d. 9 —10→ 90

e. 1 —7→ 7 f. 6 —10→ 60 g. 1 —10→ 10 h. 10 —10→ 100

i. 2 —10→ 20 j. 1 —3→ 3

Part 3 — Independent Work

For each item, write the column problem and figure out the answer.

a. Debbie started with 748 baseball cards. She traded away 592 cards. How many baseball cards did she end up with?

```
  748
- 592
  156
```

b. Joe had $2.53. He earned $7.93. How much did he end up with?

```
  $2.53
+ 7.93
 $10.46
```

c. A farmer had 288 eggs. He sold 149 eggs. How many eggs did the farmer end up with?

```
  288
- 149
  139
```

Part 4

a. 643 > 634 b. 945 > 95 c. 99 < 100 d. 599 > 500

Part 5

a.	b.	c.	d.
429	194	234	456
+395	+578	+765	+987
824	772	999	1443

Lesson 36

Part 1

a. 3 —4→ 7 7 − 3 = 4
b. 4 —4→ 8 8 − 4 = 4
c. 3 —5→ 8 8 − 3 = 5
d. 4 —5→ 9 9 − 4 = 5

Part 2

a. 4 —5→ 9 b. 4 —4→ 8 c. 3 —5→ 8 d. 3 —4→ 7
e. 4 —5→ 9 f. 3 —5→ 8 g. 4 —5→ 9 h. 4 —4→ 8
i. 3 —4→ 7 j. 4 —4→ 8 k. 3 —5→ 8 l. 4 —5→ 9

Part 3

a. 4 —10→ 40 b. 2 —10→ 20 c. 9 —10→ 90 d. 10 —10→ 100

e. 1 —10→ 10 f. 1 —6→ 6 g. 1 —2→ 2 h. 1 —1→ 1

Part 4 — Independent Work

A person is not buying all the items that are shown with the price tags.
Read each problem to see what the person buys.
Add up only those amounts.

1	2	3	4
$9.46	$1.65	$8.09	$ .06

a. A person buys items 1, 2 and 4. How much does the person spend?

```
  $9.46
   1.65
+   .06
 $11.17
```

b. A person buys items 2, 3 and 4. How much does the person spend?

```
  $1.65
   8.09
+   .06
  $9.80
```

Do the independent work for Lesson 36 of your textbook.

Lesson 36 Textbook

Part 1

a.	5	3	2	5
b.	7	0	5	0
c.	9	2	0	0

Part 2

a. 56, J → 78

```
  78
- 56
  22
```

b. 90, T → 400

```
  400
-  90
  310
```

c. 600, 560 → H

```
  600
+ 560
 1160
```

d. 380, 699 → T

```
  380
+ 699
 1079
```

Part 3

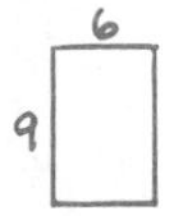

9 × 6 = 54
54 square feet

Part 4

a. 1, 17, 45
b. 30, 99
c. 101, 75
d. 500, 45

Part 5

a.

```
  147
+  23
  170
```

b.

```
  247
- 136
  111
```

Part 6

a.

```
  497
- 200
  297
```

c.

```
  605
- 325
  280
```

d.

```
  563
- 119
  444
```

e.

```
  573
- 482
   91
```

Lesson 37

Part 1

a. 3 5 → 8 b. 3 4 → 7 c. 4 4 → 8 d. 4 5 → 9

e. 3 4 → 7 f. 4 4 → 8 g. 4 5 → 9 h. 3 5 → 8

Part 2

a. You have 2 tens.	b. You have 2 sevens.	c. You have 2 fives.	d. You have 2 threes.	e. You have 2 nines.
10 + 10 = 20	7 + 7 = 14	5 + 5 = 10	3 + 3 = 6	9 + 9 = 18

Part 3

a. 863 (7 15) b. 745 (6 13) c. 297 (1 18) d. 360 (2 15)

Part 4 Independent Work

Complete each number family.

a. 7 9 → 16 b. 7 8 → 15 c. 4 5 → 9 d. 4 10 → 14

e. 4 9 → 13 f. 7 9 → 16 g. 8 8 → 16 h. 8 7 → 15

i. 1 10 → 11 j. 3 5 → 8 k. 9 7 → 16 l. 8 7 → 15

Do the independent work for Lesson 37 of your textbook.

Lesson 38

Part 1

a. 1 x 6 = 6 b. 1 x 4 = 4 c. 4 x 10 = 40 d. 8 x 10 = 80

e. 2 x 10 = 20 f. 1 x 3 = 3 g. 1 x 1 = 1 h. 10 x 10 = 100

i. 1 x 2 = 2 j. 5 x 10 = 50

Part 2

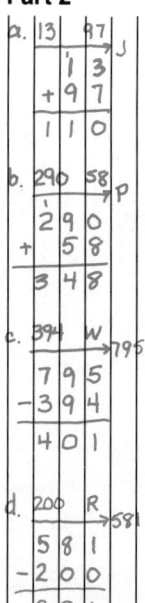

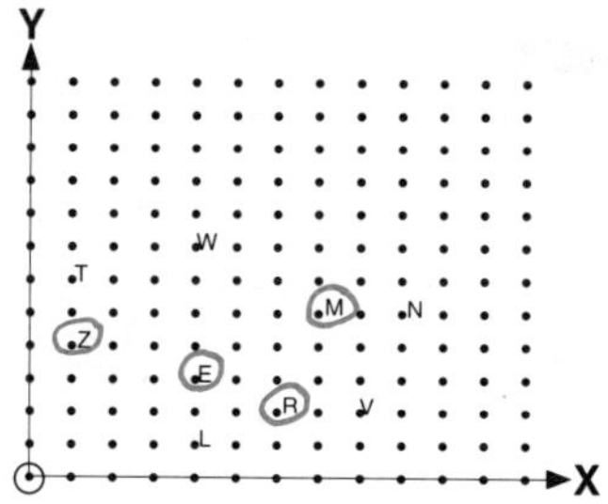

a. (X = 4, Y = 3) E

b. (X = 6, Y = 2) R

c. (X = 1, Y = 4) Z

d. (X = 7, Y = 5) M

Part 3

a. 578 (4 16) b. 792 (6 18)

c. 420 (3 11) d. 811 (7 10)

Part 4

a. 644 − 499 = 145 b. 767 − 498 = 269 c. 463 − 369 = 94

Part 5 Independent Work

a. 7 − 3 = 4 b. 8 − 4 = 4 c. 8 − 3 = 5 d. 9 − 4 = 5

e. 8 − 4 = 4 f. 9 − 4 = 5 g. 7 − 3 = 4 h. 8 − 3 = 5

i. 8 − 3 = 5 j. 7 − 3 = 4 k. 9 − 4 = 5 l. 8 − 4 = 4

Do the independent work for Lesson 38 of your textbook.

Lesson 37 Textbook

Part 1

a. 3400
b. 3060
c. 8020
d. 4390

Part 2

a. 13, 97 → J: 13 + 97 = 110
b. 290, 58 → P: 290 + 58 = 348
c. 394, W → 795: 795 − 394 = 401
d. 200, R → 581: 581 − 200 = 381

Part 3

a. 1:35
b. 5:10
c. 9:15
d. 11:20

Part 5

a. 637 + 74 = 711
b. 496 − 247 = 249

Part 6

a. 37 + 88 = 125
b. 567 + 949 = 1516
c. 28 + 11 + 56 = 95
d. 49 + 5 + 21 = 75

Part 7

a. 5×3=15 15 square feet
b. 9×7=63 63 square feet

Lesson 38 Textbook

Part 1

a. 7403
b. 7040
c. 7004
d. 7400
e. 4020
f. 4002

Part 2

a. 15, 77 → 92: 15 + 77 = 92
b. 66, 399 → 465: 66 + 399 = 465
c. 185, 91 → 276: 276 − 185 = 91
d. 207, 81 → 288: 288 − 207 = 81

Part 3

a. 3 + 3 = 6
b. 8 + 8 = 16
c. 10 + 10 = 20
d. 10 + 10 + 10 = 30
e. 10 + 10 + 10 + 10 = 40
f. 7 + 7 = 14

Part 4

a. \$1.39 + 4.85 + 6.01 = \$12.25
b. \$4.85 + .78 = \$5.63
c. \$1.39 + 6.01 + .78 = \$8.18

Part 5

a. 2:50
b. 8:30
c. 10:25

Part 6

a. 0
b. 10, 15, 101
c. 0, 3
d. 3000, 970

Part 7

a. 2×7=14 14 square miles
b. 7×9=63 63 square miles
c. 10×3=30 30 square miles
d. 5×5=25 25 square miles

Lesson 39

Part 1

a. 4 x 10 = 40 b. 10 x 6 = 60 c. 5 x 1 = 5 d. 7 x 1 = 7

e. 3 x 1 = 3 f. 3 x 10 = 30 g. 8 x 1 = 8 h. 10 x 9 = 90

i. 1 x 6 = 6 j. 10 x 4 = 40

Part 2

a. 7 – 3 = 4 b. 8 – 3 = 5 c. 8 – 4 = 4 d. 9 – 4 = 5

e. 8 – 3 = 5 f. 9 – 4 = 5 g. 7 – 3 = 4 h. 8 – 4 = 4

i. 7 – 3 = 4 j. 8 – 4 = 4 k. 9 – 4 = 5 l. 8 – 3 = 5

Part 3

a. 460 − 369 = 91

b. 613 − 94 = 519

c. 248 − 149 = 99

Part 4 **Independent Work**

This table shows the hours people worked on three different days.

	Karen	Susie	Brent	Total for all days
Tuesday	2	8	7	17
Thursday	11	1	1	13
Friday	7	3	9	19
Total for all people	20	12	17	

a. Who worked the most hours? Karen

b. On which day were the fewest hours worked? Thursday

c. Who worked the most hours on Thursday? Karen

d. Who worked the fewest total hours? Susie

e. On which day were the most hours worked? Friday

Do the independent work for Lesson 39 of your textbook.

Lesson 40

Part 1

a. 951 − 452 = 499

b. 793 − 299 = 494

c. 347 − 249 = 98

Part 2 **Independent Work**

For each item, circle all the numbers that could be the letter.

a. 4000 ∠ N [401 99 787 (5000)]

b. 650 ∠ R [99 (689) (652) 650]

c. T ≥ 0 [(5) 0 (10) (975)]

Part 3 Draw the rectangle. Write the area problem and the whole answer.

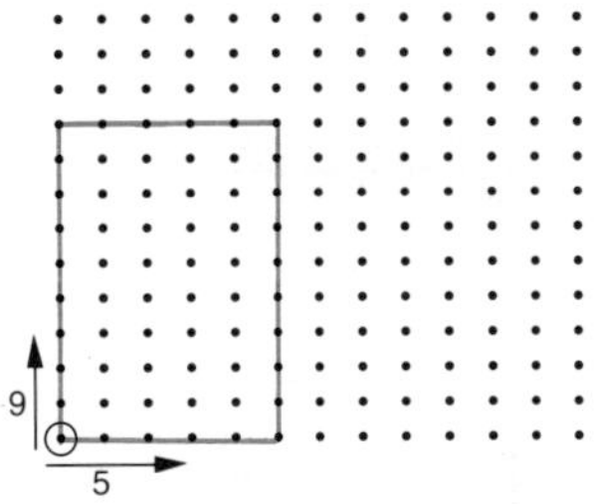

9x5 = 45 squares

Do the independent work for Lesson 40 of your textbook.

Lesson 39 Textbook

Part 1

a. 250 P 881 R
881 − 250 = 631

b. 596 387 M J
596 + 387 = 983

c. 497 K 797 F
797 − 497 = 300

d. 367 928 W M
367 + 928 = 1295

Part 2

a. 10 + 10 + 10 = 30

b. 5 + 5 = 10

c. 10 + 10 = 20

d. 10 + 10 + 10 + 10 = 40

e. 3 + 3 = 6

f. 9 + 9 = 18

Part 3

a. 3020
b. 5070
c. 5700
d. 5750
e. 3002

Part 4

a. J
b. D
c. C
d. K

Part 5

a. 3, 9 — 9x3 = 27, 27 square miles

b. 5, 6 — 6x5 = 30, 30 square inches

Part 6

a. 634 − 144 = 490

b. 512 − 109 = 403

Part 7

a. 23 cents
b. 62 cents
c. 32 cents

Part 8

a. 5x8 = 40 — 40 squares
b. 6x2 = 12 — 12 squares

Lesson 40 Textbook

Part 1

a. R
b. S
c. W
d. K

Part 2

a. S → J
b. A → T
c. G → P
d. B → A
e. T → W
f. B → T

Part 3

a. 480 T 790 B
790 − 480 = 310

b. 386 R 865 M
386 + 479 = 865

c. 227 W 733 P
227 + 506 = 733

d. 129 J 309 Y
309 − 129 = 180

Part 4

a. \$9.60 − 8.40 = \$1.20

b. \$9.60 − 1.59 = \$8.01

c. \$9.60 − 9.60 = \$.00

Part 5

a. 10 + 10 + 10 + 10 = 40

b. 2 + 2 = 4

c. 7 + 7 = 14

d. 10 + 10 = 20

e. 8 + 8 = 16

Part 7

a. 5 e. 30 i. 70
b. 100 f. 8 j. 6
c. 40 g. 9 k. 80
d. 7 h. 20 l. 3

Part 8

a. 26 cents
b. 20 cents
c. 30 cents

Test 4 Test Scoring Procedures begin on page 97.

Part 1

a. $1 \xrightarrow{5}$ 5 b. $10 \xrightarrow{10}$ 100 c. $4 \xrightarrow{10}$ 40 d. $1 \xrightarrow{7}$ 7

e. $10 \xrightarrow{3}$ 30 f. $8 \xrightarrow{1}$ 8 g. $1 \xrightarrow{9}$ 9 h. $2 \xrightarrow{10}$ 20

i. $7 \xrightarrow{10}$ 70 j. $6 \xrightarrow{1}$ 6 k. $10 \xrightarrow{8}$ 80 l. $3 \xrightarrow{1}$ 3

Part 2

a. 8 – 3 = 5 b. 7 – 3 = 4 c. 8 – 4 = 4 d. 9 – 4 = 5

e. 9 – 3 = 6 f. 7 – 1 = 6 g. 7 – 3 = 4 h. 5 – 1 = 4

i. 7 – 3 = 4 j. 9 – 1 = 8 k. 7 – 4 = 3 l. 8 – 1 = 7

Part 3

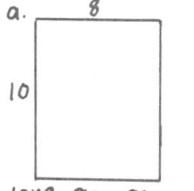

a. 264 – 95 = 169 b. 884 – 785 = 99 c. 487 – 399 = 88 d. 586 – 487 = 99

Part 4 Write the numeral for each item.

a. Seven thousand four. 7004

b. Seven hundred four. 704

c. Four thousand twenty. 4020

Part 5 Write the letter shown on the grid for each item.

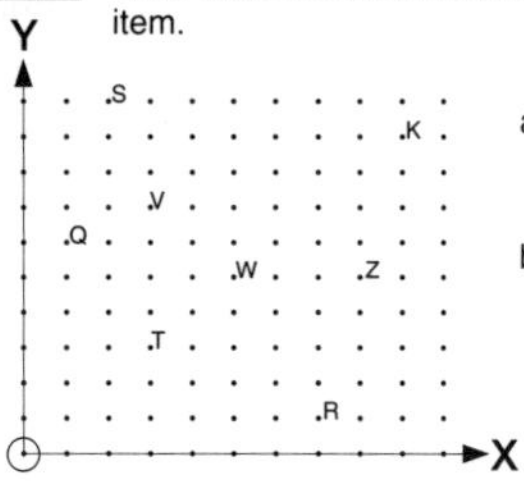

a. (X = 7, Y = 1) R

b. (X = 2, Y = 10) S

Go to Test 4 in your textbook.

Start

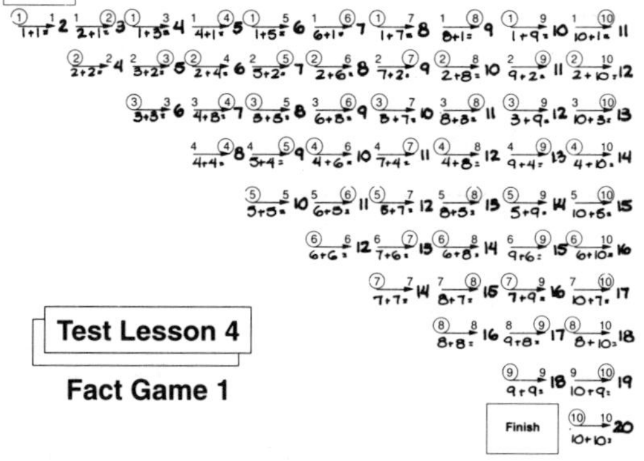

Test Lesson 4

Fact Game 1

Start

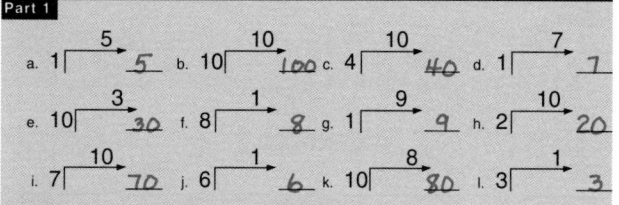

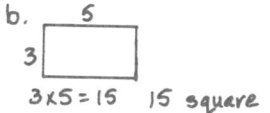

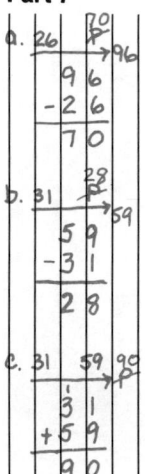

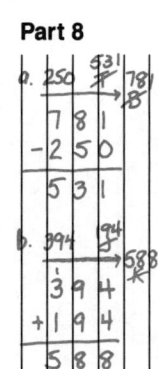

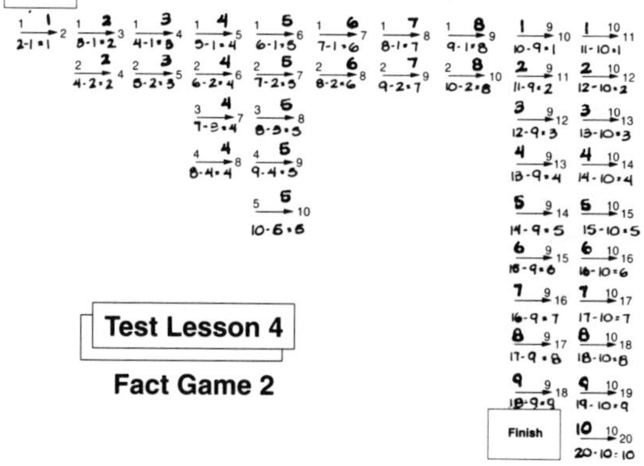

Test Lesson 4

Fact Game 2

Test 4 Textbook
Part 6

a. 8 × 10 rectangle

10×8=80 80 square feet

b. 5 × 3 rectangle

3×5=15 15 square miles

Part 7

a. 26, 70, 96: 96 – 26 = 70

b. 31, 28, 59: 59 – 31 = 28

c. 31, 59, 90: 31 + 59 = 90

Part 8

a. 250, 531, 781: 781 – 250 = 531

b. 394, 194, 588: 394 + 194 = 588

Test 4/Extra Practice

Part 1

a. $4 \xrightarrow{10}$ 40 b. $2 \xrightarrow{10}$ 20 c. $9 \xrightarrow{10}$ 90 d. $10 \xrightarrow{10}$ 100

e. $1 \xrightarrow{10}$ 10 f. $1 \xrightarrow{6}$ 6 g. $1 \xrightarrow{2}$ 2 h. $1 \xrightarrow{1}$ 1

Part 2

a. 7 – 3 = 4 b. 8 – 3 = 5 c. 8 – 4 = 4 d. 9 – 4 = 5

e. 8 – 3 = 5 f. 9 – 4 = 5 g. 7 – 3 = 4 h. 8 – 4 = 4

i. 7 – 3 = 4 j. 8 – 4 = 4 k. 9 – 4 = 5 l. 8 – 3 = 5

Part 3

a. 644 – 499 = 145 b. 767 – 498 = 269 c. 463 – 369 = 94

Lesson 41

Part 1

a. 2 →7 14 b. 2 →4 8 c. 2 →6 12 d. 2 →8 16

e. 2 →9 18 f. 2 →5 10 g. 2 →3 6 h. 2 →2 4

i. 2 →10 20

Part 2

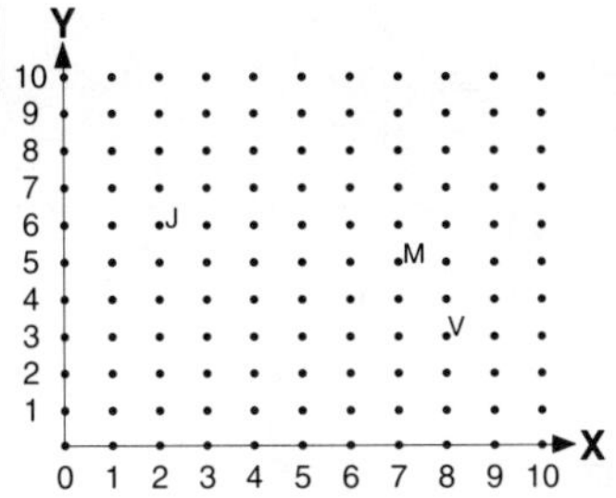

a. Letter J. (X = 2, Y = 6)
b. Letter M. (X = 7, Y = 5)
c. Letter V. (X = 8, Y = 3)

Part 3

a. 4 4 → 8 | 4 5 → 9 | 4 6 → 10 | 4 7 → 11 | 4 8 → 12
b. 4 6 → 10 | 4 4 → 8 | 4 8 → 12 | 4 5 → 9 | 4 7 → 11
c. 4 8 → 12 | 4 6 → 10 | 4 4 → 8 | 4 7 → 11 | 4 5 → 9

12-4=8 | 10-4=6 | 8-4=4 | 11-4=7 | 9-4=5

Part 4

a. 469 − 276 = 193
b. 496 − 297 = 199
c. 741 − 509 = 232
d. 734 − 299 = 435

Lesson 42

Part 1

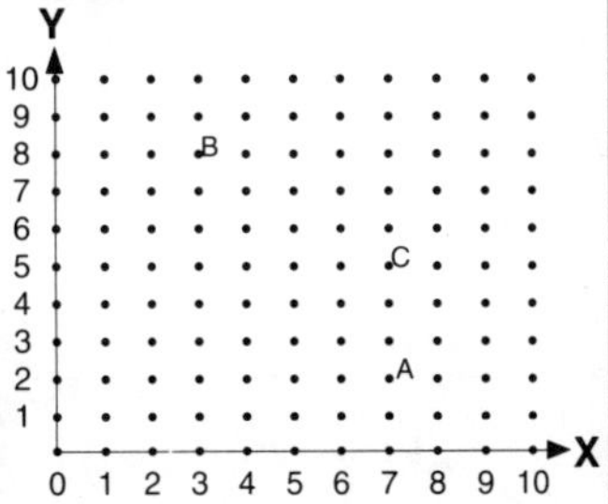

a. Letter A. (X = 7, Y = 2)
b. Letter B. (X = 3, Y = 8)
c. Letter C. (X = 7, Y = 5)

Part 2

a. 568 − 457 = 111
b. 557 − 458 = 99
c. 908 − 310 = 598
d. 678 − 409 = 269
e. 843 − 199 = 644

Part 3

a. 2 →6 12 e. 2 →5 10
b. 2 →9 18 f. 2 →3 6
c. 2 →4 8 g. 2 →7 14
d. 2 →2 4 h. 2 →8 16

Part 4

a. 4 5 → 9
b. 4 6 → 10
c. 4 7 → 11
d. 4 8 → 12
e. 4 7 → 11
f. 4 5 → 9
g. 4 8 → 12
h. 4 6 → 10
i. 4 8 → 12 12-4=8
j. 4 6 → 10 10-4=6
k. 4 5 → 9 9-4=5
l. 4 7 → 11 11-4=7

Lesson 41 Textbook

Part 1

a. 56 → J (250)
56 + 250 = 306

b. 200 → R (700)
700 − 200 = 500

c. 123 → P (545)
545 − 123 = 422

d. 72 → M (672)
72 + 672 = 744

Part 2

a. D → A
b. D → J
c. C → J
d. T → J
e. F → D

Part 3

a. 1×8=8, 8×1=8
b. 6×10=60, 10×6=60

Part 4

a. $7.53 − 1.94 = $5.59
b. $7.68 − 6.75 = $.93

Part 5

a. 4 b. 7 c. 1 d. 6
e. 3 f. 5 g. 9 h. 9

Part 6

a. 1:15
b. 12:50
c. 7:30
d. 11:35

Lesson 42 Textbook

Part 2

a. B → D
b. S → G
c. J → F
d. T → J
e. D → C

Part 3

a. 200 → M (620)
200 + 620 = 820

b. 18 → T (609)
609 − 18 = 591

c. 301 → H (322)
322 − 301 = 21

d. 39 → Y (18)
39 + 18 = 57

Part 6

a. 7, 2
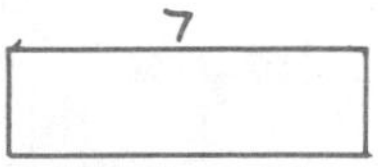
2×7=14 14 square miles

b. 6, 10
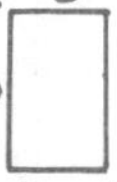
10×6=60 60 square inches

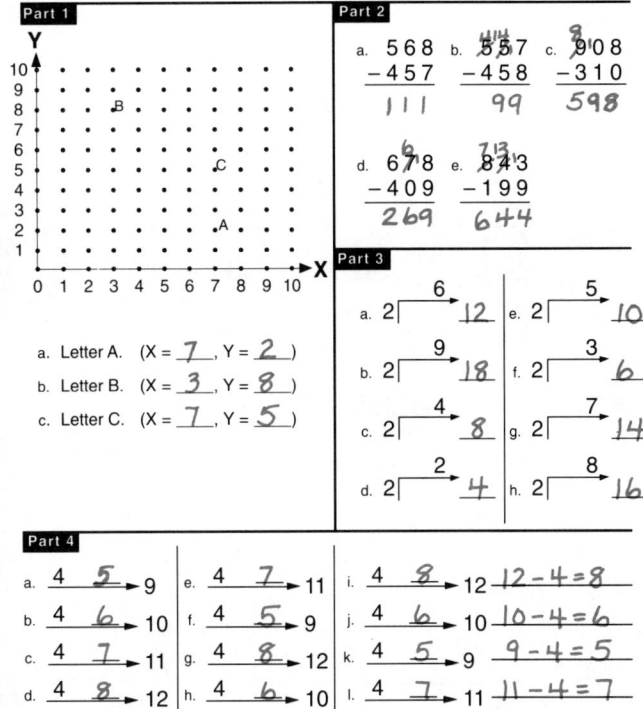

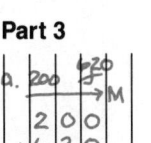

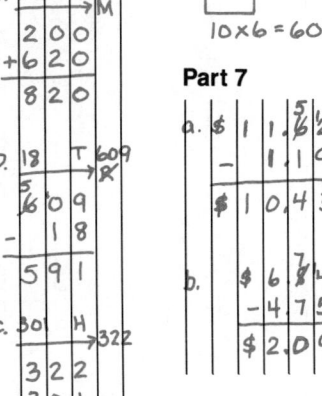

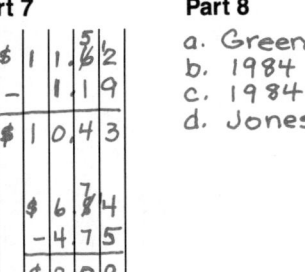

Part 7

a. $11.62 − 1.19 = $10.43
b. $6.84 − 4.75 = $2.09

Part 8

a. Green
b. 1984
c. 1984
d. Jones

Lesson 43

Part 1

a. 4 __9__ → 13
b. 4 __6__ → 10
c. 4 __8__ → 12
d. 4 __7__ → 11

e. 4 __5__ → 9
f. 4 __8__ → 12
g. 4 __6__ → 10
h. 4 __7__ → 11

__9 − 4 = 5__
__12 − 4 = 8__
__10 − 4 = 6__
__11 − 4 = 7__

Part 2

a. 2 [4 → __8__
b. 2 [7 → __14__
c. 2 [5 → __10__
d. 2 [9 → __18__
e. 2 [6 → __12__
f. 2 [8 → __16__
g. 2 [10 → __20__

Part 3 **Independent Work**

Draw the rectangle. Write the multiplication problem and the whole answer.

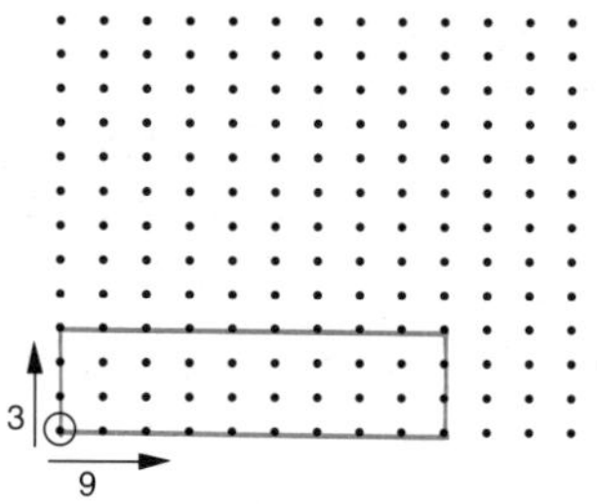

__3 x 9 = 27 27 squares__

Part 4

a. 8 − 5 = __3__
b. 9 − 4 = __5__
c. 7 − 4 = __3__
d. 10 − 5 = __5__
e. 8 − 4 = __4__
f. 6 − 2 = __4__
g. 9 − 5 = __4__
h. 6 − 4 = __2__
i. 9 − 4 = __5__
j. 7 − 2 = __5__

Do the independent work for Lesson 43 of your textbook.

Lesson 44

Part 1

a. You have 4 twos. or You have 2 fours.

2 + 2 + 2 + 2 = 8 | 4 + 4 = 8

b. You have 5 twos. or You have 2 fives.

2 + 2 + 2 + 2 + 2 = 10 | 5 + 5 = 10

Part 2

a. 2 x 6 = __12__ b. 2 x 4 = __8__ c. 2 x 5 = __10__
d. 2 x 7 = __14__ e. 2 x 8 = __16__ f. 2 x 9 = __18__
g. 2 x 2 = __4__ h. 2 x 3 = __6__ i. 2 x 1 = __2__

Part 3

__4__ __8__ __12__ __16__ __20__ →
__24__ __28__ __32__ __36__ __40__ →

Part 4

			Total
a.	9	37	46
b.	15	10	25
c.	13	19	32
Total	37	66	

a. 46 − 37 = 9
b. 15 + 10 = 25
c. 32 − 13 = 19

Lesson 43 Textbook

Part 1

a. 508 − 327 = 181
b. 425 − 196 = 229
c. 850 − 490 = 360
d. 746 − 349 = 397

Part 2

a. 5x9=45
9x5=45
b. 8x10=80
10x8=80

Part 5

a. 160, 3000
b. 0
c. 908, 12, 101
d. 18, 140

Part 4

a. 17, J, 56 B: 56 − 17 = 39
b. 52, G, 31: 52 + 31 = 83
c. 11, R, 31 F: 31 − 11 = 20
d. 14, A, 34: 14 + 34 = 48

Part 6

a. $14.27 − 2.48 = $11.79
b. $14.27 − .97 = $13.30

Part 7

a. 518 + 29 + 3 = 550
b. 49 + 29 + 12 + 5 = 95
c. 29 + 339 + 13 = 381

Part 8

a. 6 + 6 = 12
b. 10 + 10 + 10 = 30
c. 5 + 5 + 5 + 5 = 20
d. 2 + 2 + 2 = 6

Lesson 44 Textbook

Part 1

a. 8060 − 2250 = 5810
b. 3241 − 1331 = 1910
c. 7810 − 1900 = 5910
d. 6789 − 2890 = 3899

Part 6

a. 10
b. 14
c. small trucks
d. 3

Part 7

a. P d. V
b. S e. F
c. M

Part 3

a. 7, T, 54 B: 7 + 54 = 61
b. 13, F, 54 G: 54 − 13 = 41
c. 21, D, 37: 21 + 37 = 58
d. 17, R, 78 G: 78 − 17 = 61

Part 4

a.
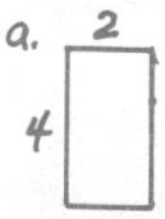

4x2=8
8 square miles

b.
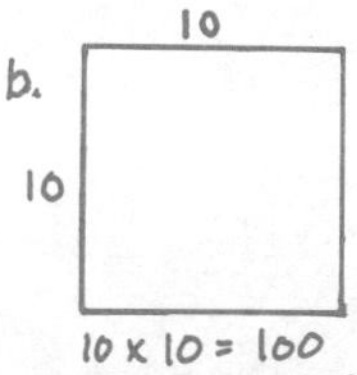

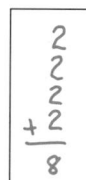

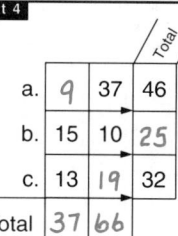

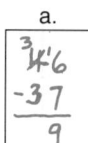

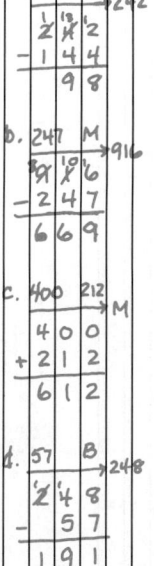

10 x 10 = 100
100 square feet

Part 5

a. 144, J, 242: 242 − 144 = 98
b. 247, M, 916: 916 − 247 = 669
c. 400, 212, M: 400 + 212 = 612
d. 57, B, 248: 248 − 57 = 191

Lesson 45

Part 1

a.

		Total	
4	9	13	4+9=13
4	10	14	14-4=10
2	9	11	11-9=2
Total 10	28		

b.

		Total	
9	4	13	13-9=4
6	4	10	10-4=6
3	8	11	3+8=11
Total 18	16		

Part 2

a. 11 – 4 = 7 b. 12 – 4 = 8 c. 10 – 4 = 6
d. 9 – 4 = 5 e. 10 – 4 = 6 f. 13 – 4 = 9
g. 12 – 4 = 8 h. 11 – 4 = 7

Part 3

a. 2 x 9 = 18 b. 2 x 6 = 12 c. 2 x 4 = 8
d. 2 x 8 = 16 e. 2 x 10 = 20 f. 2 x 7 = 14
g. 2 x 5 = 10 h. 2 x 3 = 6

Lesson 46

Part 1

a. 6 x 2 = 12 g. 8 x 2 = 16
b. 4 x 2 = 8 h. 2 x 6 = 12
c. 7 x 2 = 14 i. 2 x 8 = 16
d. 2 x 2 = 4 j. 2 x 10 = 20
e. 2 x 9 = 18 k. 9 x 2 = 18
f. 2 x 5 = 10 l. 2 x 9 = 18

Part 2

	hundreds	tens	ones
a. 5 tens		5	0
b. 17 tens	1	7	0
c. 23 tens	2	3	0
d. 7 tens		7	0
e. 12 tens	1	2	0
f. 2 tens		2	0
g. 42 tens	4	2	0

Part 3

a. 14 – 4 = 10 f. 12 – 4 = 8
b. 13 – 4 = 9 g. 10 – 4 = 6
c. 12 – 4 = 8 h. 8 – 4 = 4
d. 11 – 4 = 7 i. 11 – 4 = 7
d. 10 – 4 = 6 j. 13 – 4 = 9

Part 4

a. 5 + 4 = 9; 35 + 4 = 39
b. 3 + 3 = 6; 53 + 3 = 56
c. 3 + 6 = 9; 83 + 6 = 89
d. 2 + 4 = 6; 72 + 4 = 76
e. 4 + 4 = 8; 64 + 4 = 68

Part 5

a.

		Total	
10	7	17	17-10=7
8	4	12	12-4=8
7	9	16	16-7=9
Total 25	20		

Do the independent work for Lesson 46 of your textbook.

Lesson 45 Textbook

Part 1

a. 12-4=8 b. 8-5=3 c. 3+10=13 d. 16-9=7
e. 7+8=15 f. 10-4=6 g. 7-5=2 h. 5+9=14

Part 3

a. 40, 130 → B; 40 + 130 = 170
b. 11, 98 → T; 11 + 98 = 109
c. 23, G, 153; 153 – 23 = 130
d. 36, K, 148; 148 – 36 = 112

Part 4

a. \$9.39 – 5.94 = \$3.45
b. \$4.83 – 1.84 = \$2.99

Part 5

a. X=2, Y=3
b. X=9, Y=7
c. X=4, Y=7
d. X=9, Y=5
e. X=4, Y=4

Part 6

a. 187 – 168 = 19
b. 459 + 141 = 600

Lesson 46 Textbook

Part 1

a. 8+7=15 b. 17-9=8 c. 4+10=14 d. 14-6=8
e. 16-9=7 f. 9+5=14 g. 13-9=4 h. 10+7=17

Part 2

a. 17, 38 → G; 17 + 38 = 55
b. 22, A, 131; 131 – 22 = 109
c. 14, 49 → G; 14 + 49 = 63
d. 31, J, 40; 40 – 31 = 9

Part 4

a. 450, 69 → R; 450 + 69 = 519
b. 39, J, 148; 148 – 39 = 109

Part 5

a. 92 + 463 + 109 = 664
b. 7637 – 534 = 7103
c. 996 – 457 = 539
d. 436 + 9 + 385 = 830
e. 5627 – 249 = 5378

Part 6

A (X=7, Y=9)
B (X=1, Y=4)
C (X=9, Y=8)
D (X=9, Y=4)

Part 7

a. 23 cents
b. 54 cents
c. 26 cents
d. 28 cents

Part 8

a. 9x10=90, 10x9=90
b. 1x7=7, 7x1=7

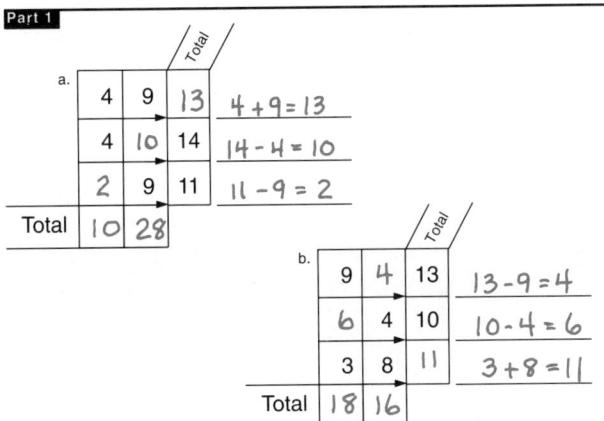

Lesson 47

Part 1

a. 6 x 2 = 12 b. 9 x 2 = 18 c. 7 x 2 = 14 d. 4 x 2 = 8

e. 2 x 8 = 16 f. 2 x 5 = 10 g. 2 x 3 = 6 h. 10 x 2 = 20

i. 3 x 2 = 6 j. 2 x 7 = 14 k. 5 x 2 = 10 l. 8 x 2 = 16

Part 2

	hundreds	tens	ones
a. 19 tens	1	9	0
b. 54 tens	5	4	0
c. 29 tens	2	9	0
d. 4 tens		4	0
e. 74 tens	7	4	0

Part 3

a. 4 + 3 = 7; 74 + 3 = 77

b. 6 + 3 = 9; 16 + 3 = 19

c. 2 + 5 = 7; 62 + 5 = 67

d. 3 + 5 = 8; 33 + 5 = 38

Part 4 **Independent Work**

a. 7 − 5 = 2 b. 7 − 4 = 3 c. 9 − 2 = 7 d. 8 − 4 = 4

e. 10 − 9 = 1 f. 7 − 6 = 1 g. 8 − 4 = 4 h. 6 − 2 = 4

i. 7 − 4 = 3 j. 9 − 1 = 8 k. 7 − 4 = 3 l. 3 − 1 = 2

m. 7 − 5 = 2 n. 8 − 4 = 4 o. 6 − 2 = 4 p. 6 − 1 = 5

Do the independent work for Lesson 47 of your textbook.

Lesson 47 Textbook

Part 1

a. 76 − 49 = 27

b. 15 − 5 = 10

c. 28 + 172 = 200

d. 9 − 8 = 1

e. 156 + 28 = 184

f. 280 − 19 = 261

Part 2

a. 31 H 609 → 8; 609 − 31 = 578

b. 39 T 158 → 8; 158 − 39 = 119

c. 41 403 → T; 41 + 403 = 444

d. 81 490 → F; 81 + 490 = 571

Part 3

			Total
	14	42	56
	7	2	9
	7	5	12
Total	28	49	

56 − 14 = 42; 9 − 2 = 7; 7 + 5 = 12

14 + 7 + 7 = 28; 42 + 2 + 5 = 49

Part 4

a. 12
b. 6
c. 9
d. Oak Street

Part 5

a. 3, 5 — 5 x 3 = 15 15 square miles

b. 4, 9 — 9 x 4 = 36 36 square feet

Part 6

a. 190
b. 0, 18

Part 7

a. 825 − 519 = 306

b. 666 − 297 = 369

c. 485 − 374 = 111

d. 39 + 9 + 12 + 1 = 61

e. 56 + 19 + 5 + 5 = 85

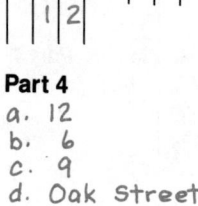

Lesson 48

Part 1

a. 12 – 4 = 8 b. 7 – 2 = 5 c. 7 – 4 = 3 d. 7 – 3 = 4
e. 9 – 4 = 5 f. 9 – 7 = 2 g. 13 – 4 = 9 h. 8 – 4 = 4
i. 8 – 3 = 5 j. 8 – 8 = 0 k. 6 – 4 = 2 l. 14 – 4 = 10
m. 14 – 5 = 9 n. 5 – 5 = 0 o. 14 – 0 = 14

Part 2

	hundreds	tens	ones
a. 13 tens	1	3	0
b. 6 tens		6	0
c. 71 tens	7	1	0
d. 17 tens	1	7	0

Part 3

a. 6 + 2 = 8; 36 + 2 = 38
b. 1 + 4 = 5; 51 + 4 = 55
c. 3 + 5 = 8; 23 + 5 = 28
d. 2 + 7 = 9; 82 + 7 = 89

Part 4 **Independent Work**

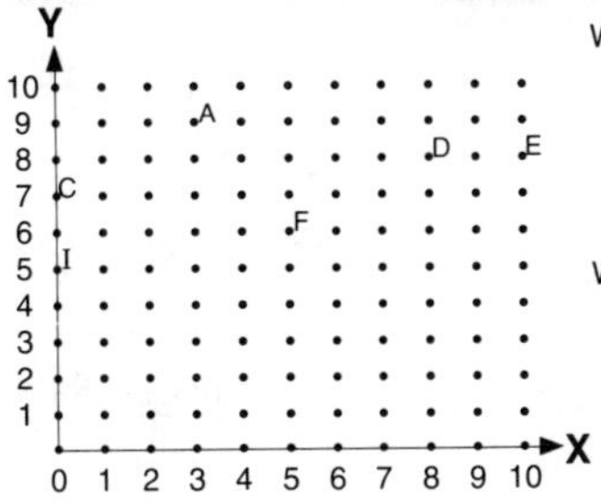

Write the letter for each description.

- Letter E (X = 10, Y = 8)
- Letter C (X = 0, Y = 7)
- Letter F (X = 5, Y = 6)

Write the X and Y values.

- Letter A. (X = 3, Y = 9)
- Letter D. (X = 8, Y = 8)
- Letter I. (X = 0, Y = 5)

Do the independent work for Lesson 48 of your textbook.

Lesson 49

Part 1

a. 12 – 4 = 8 b. 10 – 4 = 6 c. 11 – 7 = 4 d. 12 – 9 = 3
e. 12 – 8 = 4 f. 9 – 5 = 4 g. 10 – 5 = 5 h. 13 – 4 = 9
i. 11 – 4 = 7 j. 10 – 4 = 6 k. 10 – 6 = 4 l. 10 – 8 = 2

Part 2

a. 36 + 2 = 38 b. 34 + 5 = 39 c. 83 + 2 = 85 d. 51 + 6 = 57

Part 3

a. 3 —4→ 12; 3 x 4 = 12
b. 1 —4→ 4; 1 x 4 = 4
c. 4 —4→ 16; 4 x 4 = 16
d. 2 —4→ 8; 2 x 4 = 8

Part 4

	thousands	hundreds	tens	ones
a. 6 hundreds		6	0	0
b. 14 hundreds	1	4	0	0
c. 36 hundreds	3	6	0	0
d. 12 hundreds	1	2	0	0
e. 9 hundreds		9	0	0

Part 5 **Independent Work**

a. 5 x 10 = 50 b. 10 x 4 = 40 c. 2 x 6 = 12 d. 5 x 2 = 10
e. 7 x 10 = 70 f. 2 x 2 = 4 g. 7 x 2 = 14 h. 2 x 3 = 6
i. 10 x 9 = 90 j. 2 x 5 = 10 k. 10 x 3 = 30 l. 10 x 10 = 100
m. 2 x 4 = 8 n. 8 x 10 = 80 o. 3 x 2 = 6

Do the independent work for Lesson 49 of your textbook.

Lesson 48 Textbook

Part 1

a. 12 – 9 = 3
b. 406 + 120 = 526
c. 87 – 14 = 73
d. 16 – 2 = 14
e. 56 – 20 = 36
f. 490 + 12 = 502

Part 2

a. 47 —K→ 246 (B); 246 – 47 = 199
b. 103 —G→ 307 (H); 103 + 307 = 410
c. 29 —D→ 318 (F); 318 – 29 = 289
d. 400 —G→ 199 (B); 400 + 199 = 599

Part 5

a. 7 by 9

9 x 7 = 63 63 square feet

b. 5 by 7

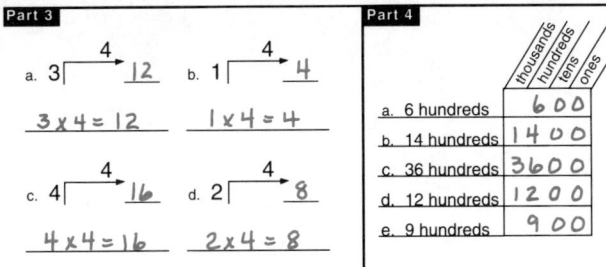

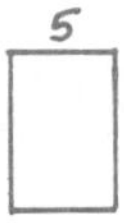

7 x 5 = 35 35 square inches

Part 6

a. 446 – 197 = 249
b. 4068 – 2019 = 2049
c. 29 + 18 + 13 + 15 = 75
d. 7 + 18 + 15 + 13 = 53

Part 7

			Total
	14	62	76
	20	39	59
Total	34	101	

14 + 20 = 34
62 + 39 = 101
76 – 14 = 62
20 + 39 = 59

Lesson 49 Textbook

Part 1

a. 356 – 241 = 115
d. 927 – 825 = 102
f. 35 – 21 = 14

Part 2

a. □ —S→ J
b. □ —D→ G
c. □ —J→ K
d. □ —F→ B
e. □ —B→ T

Part 3

a. 9 – 5 = 4
b. 10 – 6 = 4
c. 11 – 7 = 4
d. 12 – 8 = 4
e. 13 – 9 = 4

Part 4

a. 120 —H 730→ C; 120 + 730 = 850 pounds
b. 23 —T→ 32 (S); 32 – 23 = 9 inches
c. 17 —S 35→ C; 17 + 35 = 52 feet

Part 5

a. 7865 – 264 = 7601
b. 6389 – 1199 = 5152 (written 5152)
c. 572 – 364 = 208
d. 227 – 83 = 144

Lesson 50

Part 1

a. 10 − 4 = 6   b. 10 − 6 = 4   c. 10 − 8 = 2   d. 10 − 9 = 1

e. 12 − 8 = 4   f. 12 − 10 = 2   g. 11 − 7 = 4   h. 12 − 4 = 8

i. 13 − 9 = 4   j. 11 − 4 = 7   k. 13 − 4 = 9   l. 14 − 10 = 4

m. 10 − 6 = 4   n. 11 − 7 = 4   o. 12 − 8 = 4

Part 2

	thousands	hundreds	tens	ones
a. 12 hundreds	1	2	0	0
b. 19 hundreds	1	9	0	0
c. 9 hundreds		9	0	0
d. 41 hundreds	4	1	0	0

Part 3

a. 4⌐→ 16   b. 2⌐→ 8

4 x 4 = 16   4 x 2 = 8

c. 1⌐→ 4   d. 3⌐→ 12

4 x 1 = 4   4 x 3 = 12

Part 4

a. 25 + 3 = 28   b. 74 + 1 = 75   c. 83 + 6 = 89   d. 44 + 5 = 49

Part 5

a. 2 x 5 = 10   b. 1 x 7 = 7   c. 8 x 10 = 80   d. 3 x 2 = 6

e. 7 x 2 = 14   f. 7 x 10 = 70   g. 7 x 1 = 7   h. 5 x 2 = 10

i. 5 x 10 = 50   j. 5 x 1 = 5   k. 8 x 2 = 16   l. 10 x 8 = 80

81

34

Lesson 49 Textbook (Continued)

Part 6

a.
```
  1 0
  1 0
  1 0
+ 1 0
  4 0
```

b.
```
    8
  + 8
  1 6
```

c.
```
    9
    9
  + 9
  2 7
```

d.
```
    2
    2
    2
    2
  + 2
  1 0
```

Part 8

		Total
4	7	11
8	3	11
5	2	7
Total	17	12

```
    4
    8
  + 5
  1 7

    7
    3
  + 2
  1 2
```

```
  1 1
  - 7
    4

    8
  + 3
  1 1

    7
  - 2
    5
```

Part 7

a. 3 x 5 = 15   15 square inches
b. 4 x 8 = 32   32 square miles

Lesson 50 Textbook

Part 1

c.
```
  6 7 9
- 3 5 9
  3 2 0
```

e.
```
  3 6 4
- 2 5 1
  1 1 3
```

f.
```
    7 4
  - 6 2
    1 2
```

Part 2

a. ──T→ J
b. ──D→ F
c. ──D→ S
d. ──J→ R

Part 3

a.
```
1   6→ 7
2   5→ 7
3   4→ 7
```

b.
```
1   8→ 9
2   7→ 9
3   6→ 9
4   5→ 9
```

Part 4

a. 0, 31
b. 10, 99, 0

Part 5

a.
```
95    W  124
       →  B
   1 2 4
  -  9 5
     2 9
```

b.
```
110   F  208
       →  B
   2 0 8
  -1 1 0
     9 8
```

c.
```
44    R  193
       →  M
  1 9 3
  -  4 4
  1 4 9
```

Part 7

a.
```
24    T  43
       →  D
    4 3
  - 2 4
    1 9  years
```

b.
```
13    W  25
       →  B
    2 5
  - 1 3
    1 2  inches
```

c.
```
350   R  7380
       →  T
    3 5 0
  +7 3 8 0
  7 7 3 0  pounds
```

Part 6

a. P
b. N
c. Q

Part 8

a. 16
b. 23
c. Saturday
d. 12

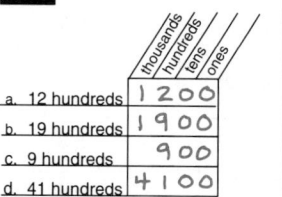

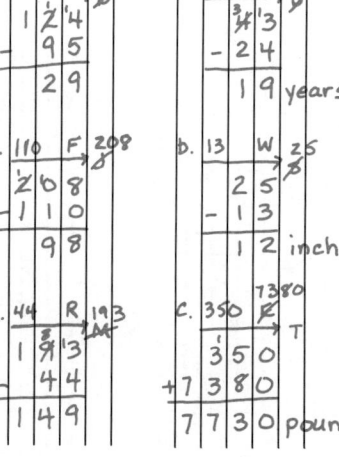

Test 5 Test Scoring Procedures begin on page 98.

Part 1

a. 10 – 4 = 6 b. 10 – 6 = 4 c. 10 – 8 = 2 d. 10 – 9 = 1

e. 12 – 8 = 4 f. 12 – 10 = 2 g. 11 – 7 = 4 h. 12 – 4 = 8

i. 13 – 9 = 4 j. 11 – 4 = 7 k. 13 – 4 = 9 l. 14 – 10 = 4

Part 2

a. 2 x 5 = 10 b. 1 x 7 = 7 c. 8 x 10 = 80 d. 3 x 2 = 6

e. 7 x 2 = 14 f. 7 x 10 = 70 g. 7 x 1 = 7 h. 5 x 2 = 10

i. 5 x 10 = 50 j. 5 x 1 = 5 k. 8 x 2 = 16 l. 10 x 8 = 80

Part 3 Write each numeral.

	thousands	hundreds	tens	ones
a. 6 hundreds		6	0	0
b. 14 hundreds	1	4	0	0

Part 4 Write both multiplication facts for each family.

a. 9 —10→ 90

9 x 10 = 90

10 x 9 = 90

b. 1 —7→ 7

1 x 7 = 7

7 x 1 = 7

Part 5 Write the complete number family. Then write the addition problem or subtraction problem and the answer. Remember the unit name.

a. Debby was 21 inches taller than Billy. Billy was 37 inches tall. How tall was Debby?

21 —37 B→ 58 D

21 + 37 = 58 inches

b. Reggie was 17 inches shorter than Billy. Billy was 37 inches tall. How tall was Reggie?

17 —20 R→ 37 B

37 – 17 = 20 inches

Part 6 Write the X and Y values for each letter.

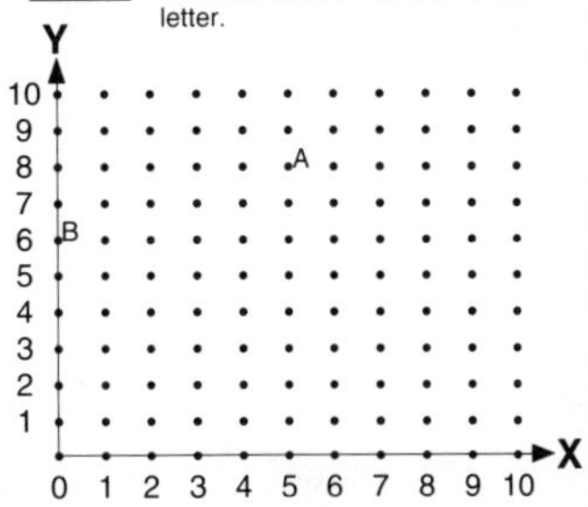

- Letter A. (X = 5, Y = 8)
- Letter B. (X = 0, Y = 6)

Part 7 Write the problems for each row and the answer. Then write the missing numbers in the table and figure out the total for the two columns.

a.

			Total
	4	7	11
	8	3	11
	5	2	7
Total	17	12	

11 – 7 = 4

8 + 3 = 11

7 – 2 = 5

End of Test 5

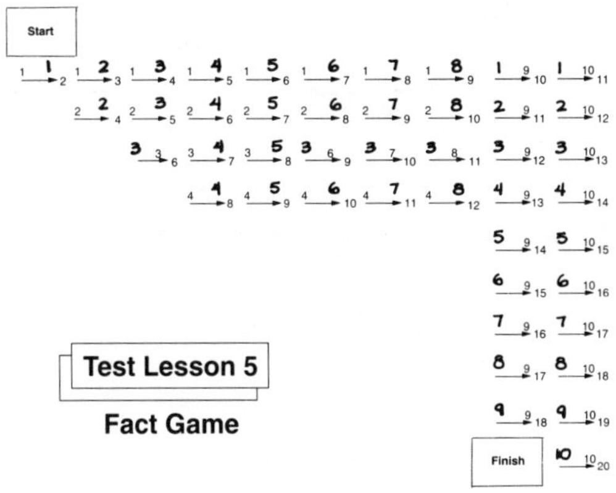

Test Lesson 5

Fact Game

Test 5/Extra Practice

Part 1

a. 10 – 4 = 6 b. 10 – 6 = 4 c. 10 – 8 = 2 d. 10 – 9 = 1

e. 12 – 8 = 4 f. 12 – 10 = 2 g. 11 – 7 = 4 h. 12 – 4 = 8

i. 13 – 9 = 4 j. 11 – 4 = 7 k. 13 – 4 = 9 l. 14 – 10 = 4

m. 10 – 6 = 4 n. 11 – 7 = 4 o. 12 – 8 = 4

Part 2

a. 2 x 5 = 10 b. 1 x 7 = 7 c. 8 x 10 = 80 d. 3 x 2 = 6

e. 7 x 2 = 14 f. 7 x 10 = 70 g. 7 x 1 = 7 h. 5 x 2 = 10

i. 5 x 10 = 50 j. 5 x 1 = 5 k. 8 x 2 = 16 l. 10 x 8 = 80

m. 8 x 1 = 8

Part 3

	thousands	hundreds	tens	ones
a. 12 hundreds	1	2	0	0
b. 19 hundreds	1	9	0	0
c. 9 hundreds		9	0	0
d. 41 hundreds	4	1	0	0

Part 4

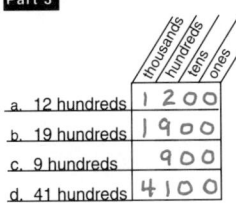

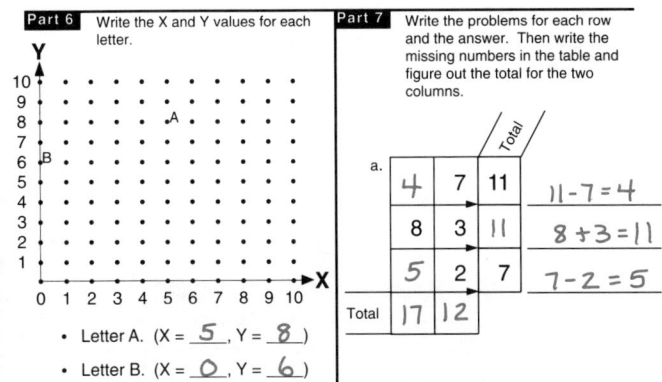

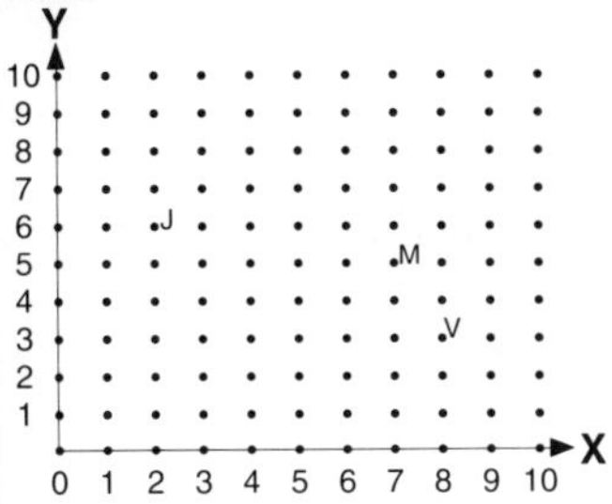

a. Letter J. (X = 2, Y = 6)

b. Letter M. (X = 7, Y = 5)

c. Letter V. (X = 8, Y = 3)

Lesson 51

Part 1

a. 8 – 4 = 4 b. 13 – 9 = 4 c. 7 – 3 = 4 d. 12 – 4 = 8
e. 9 – 4 = 5 f. 10 – 6 = 4 g. 6 – 4 = 2 h. 13 – 4 = 9
i. 7 – 4 = 3 j. 12 – 8 = 4 k. 11 – 7 = 4 l. 9 – 5 = 4
m. 11 – 4 = 7 n. 14 – 10 = 4 o. 10 – 4 = 6 p. 4 – 4 = 0

Part 2

	thousands	hundreds	tens	ones
a. 37 tens		3	7	0
b. 37 hundreds	3	7	0	0
c. 13 tens		1	3	0
d. 13 hundreds	1	3	0	0

Part 3

a. 35 + 2 = 37 c. 53 + 5 = 58
b. 64 + 4 = 68 d. 42 + 6 = 48

Part 4

a. 1 x 4 = 4 e. 3 x 4 = 12
b. 3 x 4 = 12 f. 1 x 4 = 4
c. 2 x 4 = 8 g. 4 x 4 = 16
d. 4 x 4 = 16 h. 2 x 4 = 8

Part 5 **Independent Work**

a. 10 x 3 = 30 b. 2 x 8 = 16 c. 6 x 2 = 12 d. 5 x 1 = 5
e. 7 x 2 = 14 f. 10 x 3 = 30 g. 2 x 6 = 12 h. 9 x 2 = 18
i. 2 x 7 = 14 j. 1 x 6 = 6 k. 8 x 2 = 16 l. 10 x 4 = 40
m. 5 x 2 = 10 n. 2 x 9 = 18

Lesson 51 Textbook

Part 1

a.
d.

b. 769 – 642 = 127

c. 459 – 327 = 132

Part 2

a. □ 79 → 85; 85 – 79 = 6 pounds

b. □ 18 → 26; 26 – 18 = 8 miles

c. □ 18 → 37; 37 – 18 = 19 years

d. □ 60 → 77; 77 – 60 = 17 inches

Part 4

a. 127 B → 311; 311 – 127 = 184

b. 48 N → 230; 230 – 48 = 182

c. 83 129 → J; 83 + 129 = 212 pounds

d. 217. 588. → S; $217.00 + $588.00 = $805.00

e. 450 69 → R; 450 + 69 = 519

f. 39 J → 148; 148 – 39 = 109

Part 5

a.
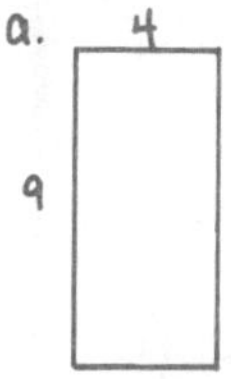

9x4=36 36 square miles

b.
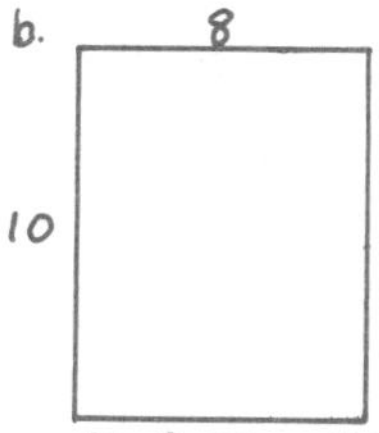

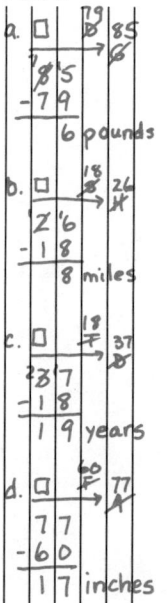

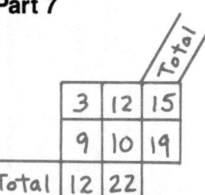

10x8=80 80 square inches

Part 6

a. X = 5, Y = 8
b. X = 0, Y = 6
c. X = 9, Y = 4

Part 7

			Total
	3	12	15
	9	10	19
Total	12	22	

Lesson 52

Part 1

a.	b.	c.	d.	e.	f.	g.	h.
4 x 3 = 12	4 x 2 = 8	4 x 1 = 4	4 x 4 = 16	2 x 4 = 8	2 x 8 = 16	3 x 4 = 12	1 x 4 = 4

i.	j.	k.	l.	m.	n.	o.	p.
6 x 2 = 12	3 x 2 = 6	3 x 4 = 12	2 x 4 = 8	4 x 4 = 16	2 x 3 = 6	2 x 9 = 18	1 x 4 = 4

Part 2

	thousands	hundreds	tens	ones
a. 12 tens		1	2	0
b. 31 hundreds	3	1	0	0
c. 15 hundreds	1	5	0	0
d. 15 tens		1	5	0
e. 5 tens			5	0
f. 79 hundreds	7	9	0	0

Part 3

a. 71 + 5 = 76

b. 26 + 3 = 29

c. 82 + 7 = 89

d. 43 + 3 = 46

e. 23 + 5 = 28

Part 4

a. ___ 6 → 7

b. ___ 6 → 8

c. ___ 6 → 9   9-6=3

d. ___ 6 → 10   10-6=4

e. ___ 6 → 11   11-6=5

f. ___ 6 → 12   12-6=6

Part 5 **Independent Work**

Write the number problem and the answer for each row. Then write the missing numbers in the table and figure out the total for the two columns.

			Total	
	1	11	12	12-1=11
	8	3	11	8+3=11
Total	9	14		

Lesson 52 Textbook

Part 1

a. □ 110 → 137 (B, K)
137 − 110 = 27 pounds

b. □ 45 → 235 (G, R)
235 − 45 = 190 nails

c. □ 11 → 46 (D, B)
46 − 11 = 35 years

d. □ 48 → 157 (E, M)
157 − 48 = 109 feet

Part 2

a. 21 J → 56 subtract

b. 26 J → 95 (M) subtract

c. 21 56 → M add

d. 28 91 (F) → P add

e. 18 90 → J add

Part 4

a. 99 F → 274
274 − 99 = 175

b. 377 248 (W) → R
377 + 248 = 625

c. 117 M → 521 (P)
521 − 117 = 404

Part 3

a. 8, 10

10x8=80   80 square feet

b. 2, 9

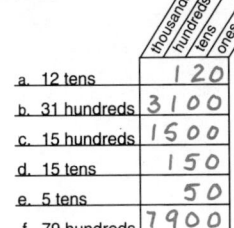

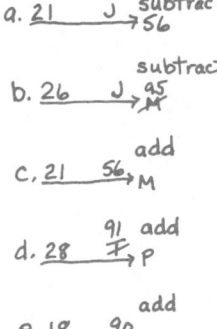

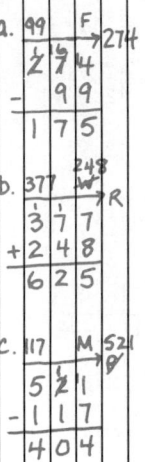

9x2=18   18 square inches

Part 5

a. 1x7=7   b. 6x10=60   c. 2x6=12   d. 2x4=8
e. 8x10=80   f. 2x4=8   g. 1x9=9   h. 2x8=16

Part 6

a. 10 + 10 + 10 + 10 = 40

b. 4 + 4 + 4 = 12

Lesson 53

Part 1

a. 3 6 → 9
b. 4 6 → 10
c. 5 6 → 11
d. 6 6 → 12
e. 4 6 → 10
f. 6 6 → 12
g. 3 6 → 9
h. 5 6 → 11
i. 6 6 → 12 12 - 6 = 6
j. 3 6 → 9 9 - 6 = 3
k. 5 6 → 11 11 - 6 = 5
l. 4 6 → 10 10 - 6 = 4

Part 2

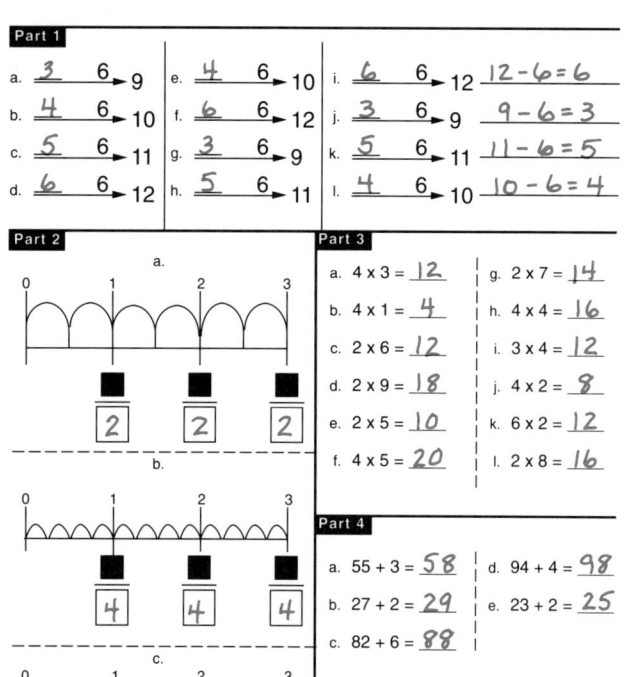

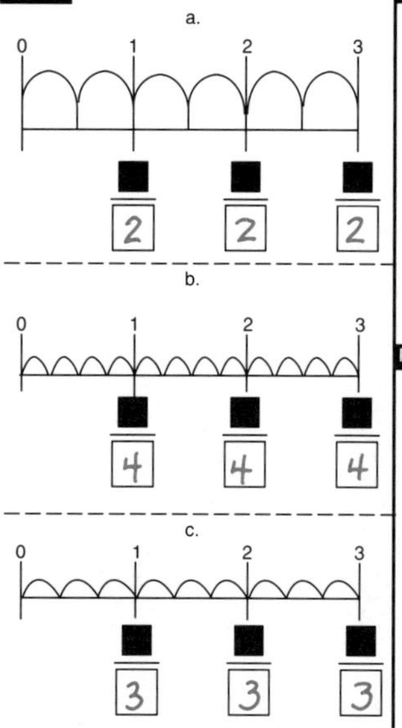

Part 3

a. 4 x 3 = 12
b. 4 x 1 = 4
c. 2 x 6 = 12
d. 2 x 9 = 18
e. 2 x 5 = 10
f. 4 x 5 = 20
g. 2 x 7 = 14
h. 4 x 4 = 16
i. 3 x 4 = 12
j. 4 x 2 = 8
k. 6 x 2 = 12
l. 2 x 8 = 16

Part 4

a. 55 + 3 = 58
b. 27 + 2 = 29
c. 82 + 6 = 88
d. 94 + 4 = 98
e. 23 + 2 = 25

Lesson 53 Textbook

Part 1

a.	1	7	0	0
b.		1	4	0
c.		4	1	0
d.	4	1	0	0
e.	1	4	0	0

Part 2

a. 11 → J 9
11 + 9 = 20 miles

b. □ 36 → 52
52 - 36 = 16 miles

c. 11 F → 73
73 - 11 = 62 inches

d. □ 110 → 135
135 - 110 = 25 pounds

Part 3

a. 18 B → 90 subtract
b. 45 B → T 70 add
c. 17 B → 59 subtract
d. 90 B → J 175 add
e. 12 R → 96 subtract

Part 4

a. 7x2=14 b. 10x1=10 c. 3x2=6
d. 5x2=10 e. 10x6=60 f. 2x1=2

Part 5

a. F
b. B
c. E

Part 6

a. 172 + 98 = 270
b. 47 + 936 + 702 = 1685
c. 26 + 9 + 25 + 4 = 64

Part 7

a. 1000, 10, 7
b. 99, 0

Part 8

a. 927 - 649 = 278
b. 280 - 174 = 106
c. 1609 - 390 = 1219
d. 765 - 196 = 569

Part 9

			Total
	4	7	11
	2	9	11
Total	6	16	

Lesson 54

Part 1

a. 5 6 → 11
b. 3 6 → 9
c. 6 6 → 12
d. 4 6 → 10
e. 3 6 → 9
f. 5 6 → 11
g. 6 6 → 12
h. 4 6 → 10
i. 4 6 → 10   10 − 6 = 4
j. 6 6 → 12   12 − 6 = 6
k. 3 6 → 9   9 − 6 = 3
l. 5 6 → 11   11 − 6 = 5

Part 2

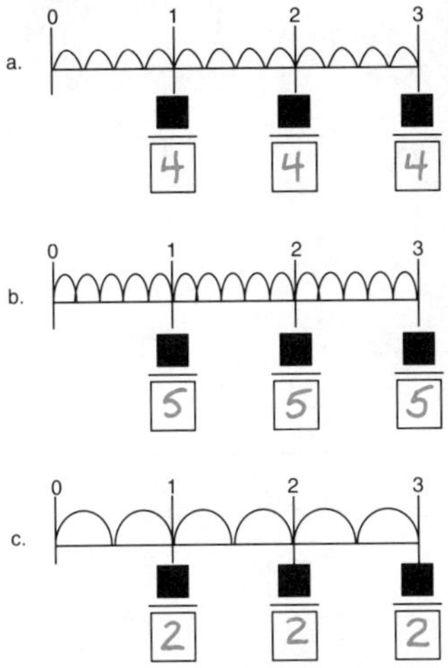

Part 3 Independent Work

Figure out the missing numbers in the table. Start with any row or column that has two numbers.

			Total
	1	8	9
	5	3	8
Total	6	11	

Part 4

	thousands	hundreds	tens	ones
a. 56 hundreds	5	6	0	0
b. 65 tens		6	5	0
c. 35 ones			3	5
d. 34 hundreds	3	4	0	0
e. 7 tens			7	0
f. 79 hundreds	7	9	0	0

Lesson 55

Part 1

a. 2 → 5 → 10   2 x 5 = 10
b. 5 → 5 → 25   5 x 5 = 25
c. 3 → 5 → 15   3 x 5 = 15
d. 1 → 5 → 5   1 x 5 = 5
e. 4 → 5 → 20   4 x 5 = 20

Part 2

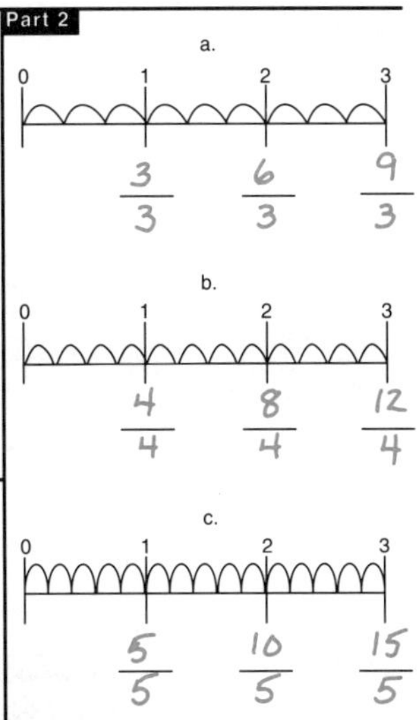

Part 3

a. 10 − 6 = 4
b. 12 − 6 = 6
c. 9 − 6 = 3
d. 11 − 6 = 5
e. 9 − 6 = 3
f. 11 − 6 = 5
g. 10 − 6 = 4
h. 11 − 6 = 5

Part 4 Independent Work

Write the X and Y values for each letter.

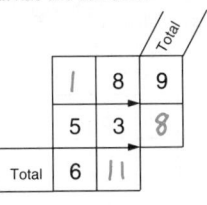

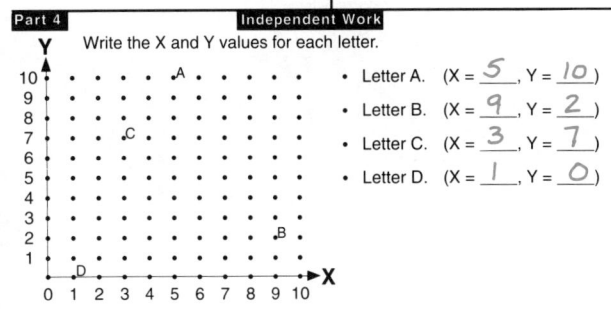

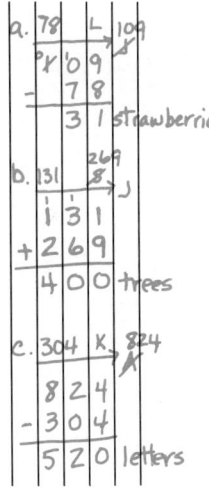

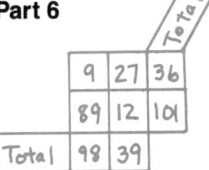

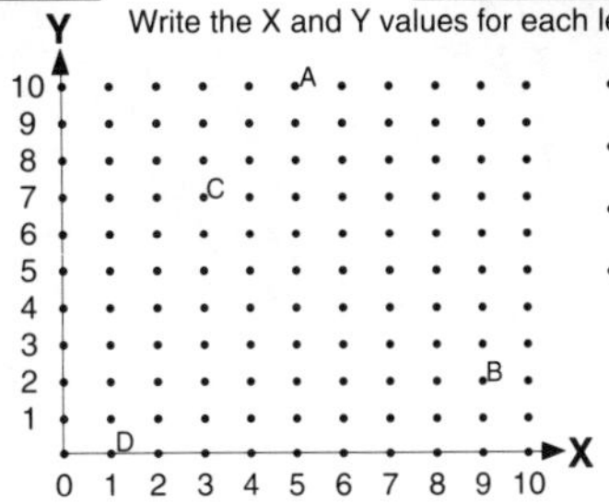

- Letter A. (X = 5, Y = 10)
- Letter B. (X = 9, Y = 2)
- Letter C. (X = 3, Y = 7)
- Letter D. (X = 1, Y = 0)

Lesson 54 Textbook

Part 1

a. 57 19 → □
b. □ 19 → 57
c. □ 19 → 80
d. 80 19 → □
e. □ 18 → 38

Part 2

a. 67
b. 37
c. 28
d. 49
e. 98

Part 3

a. 15 E 84   84 − 15 = 69 feet
b. 17 A   17 + 16 = 33 miles
c. 78 G 268   268 − 78 = 190 eggs
d. □ 6 17   17 − 6 = 11 miles
e. □ 15 84   84 − 15 = 69 feet

Part 5

a. 41 P 262 subtract
b. 46 87 K add
c. 12 T 39 subtract
d. 94 K 118 subtract
e. 90 R 200 subtract
f. 300 J 301 subtract

Part 6

a. X = 4, Y = 5
b. X = 1, Y = 9
c. X = 8, Y = 8
d. X = 9, Y = 0

Part 7

a. 287 + 594 = 881
b. 1685 + 8319 = 10004
c. 7425 − 1335 = 6090
d. 7589 − 1998 = 5591

Part 8

a. 12:30
b. 6:55
c. 9:15
d. 3:45

Part 9

a. 14
b. Tuesday
c. 7
d. 15

Lesson 55 Textbook

Part 1

a. □ 19 56   56 − 19 = 37 feet
b. 12 F   12 + 14 = 26 miles
c. 22 D 150   150 − 22 = 128 pounds
d. □ 24 59   59 − 24 = 35 feet

Part 2

a. 13 14 → □
b. □ 14 → 19
c. 13 □ → 18
d. □ 28 → 33
e. 33 28 → □

Part 3

a. 18
b. 12
c. 9
d. 14
e. 8
f. 50
g. 16
h. 7
i. 16
j. 18
k. 100
l. 12

Part 4

a. 65 W 124   124 − 65 = 59
b. 130 F 208   208 − 130 = 78

Part 5

a. 78 L 109   109 − 78 = 31 strawberries
b. 131 269 J   131 + 269 = 400 trees
c. 304 K 824   824 − 304 = 520 letters

Part 6

			Total
	9	27	36
	89	12	101
Total	98	39	

Lesson 56

Part 1

a. 4 → 5 → 20   5x4=20

b. 1 → 5 → 5   5x1=5

c. 3 → 5 → 15   5x3=15

d. 5 → 5 → 25   5x5=25

e. 2 → 5 → 10   5x2=10

Part 2

a. 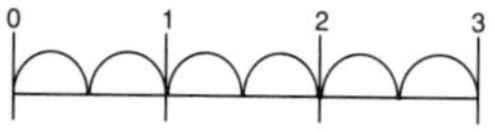

$\frac{2}{2}$ $\frac{4}{2}$ $\frac{6}{2}$

b. 

$\frac{5}{5}$ $\frac{10}{5}$ $\frac{15}{5}$

Part 3

a. 11 − 6 = 5   b. 9 − 6 = 3   c. 12 − 6 = 6   d. 10 − 6 = 4

e. 12 − 6 = 6   f. 10 − 6 = 4   g. 9 − 6 = 3   h. 11 − 6 = 5

Part 4 **Independent Work**

Write the missing letter for the X and Y values.
Write the missing X and Y values for each letter.

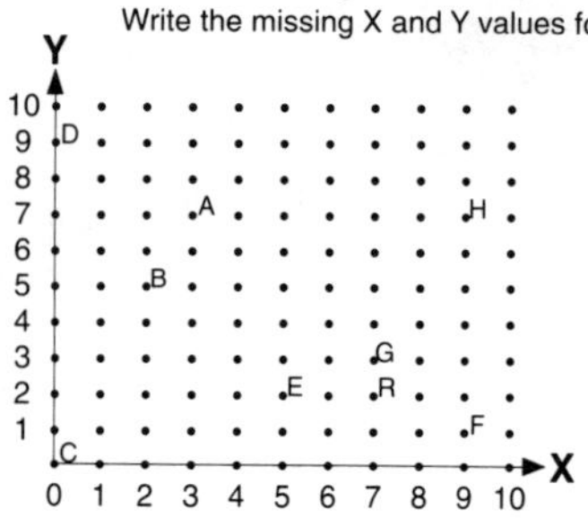

- Letter G (X = 7, Y = 3)
- Letter C (X = 0, Y = 0)
- Letter F (X = 9, Y =1)
- Letter C (X = 0, Y = 0)
- Letter E (X = 5, Y = 2)

Lesson 57

Part 1

a. 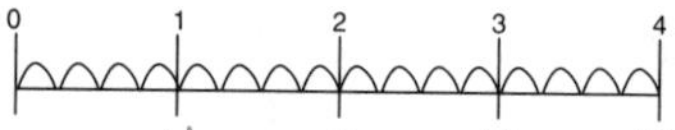

$\frac{4}{4}$ $\frac{8}{4}$ $\frac{12}{4}$ $\frac{16}{4}$

b. 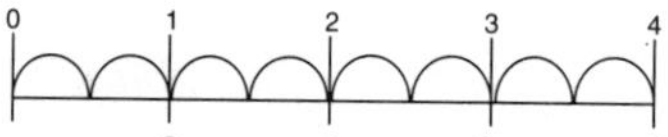

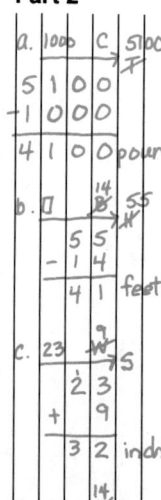

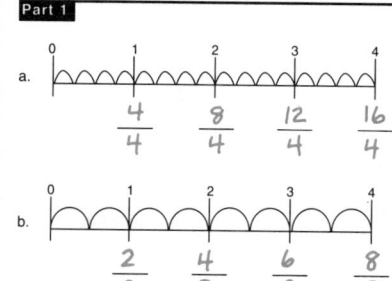

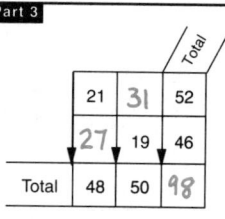

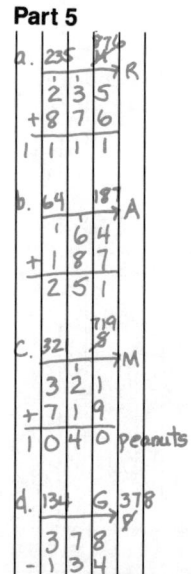

$\frac{2}{2}$ $\frac{4}{2}$ $\frac{6}{2}$ $\frac{8}{2}$

Part 2

a. 2 x 5 = 10   b. 3 x 5 = 15

c. 5 x 5 = 25   d. 4 x 5 = 20

e. 1 x 5 = 5

Part 3

			Total
	21	31	52
	27	19	46
Total	48	50	98

Part 4

a. 38   d. 64

b. 46   e. 67

c. 59   f. 73

Part 5

a. 11 − 6 = 5   b. 11 − 7 = 4   c. 12 − 6 = 6   d. 12 − 8 = 4

e. 10 − 6 = 4   f. 10 − 5 = 5   g. 9 − 6 = 3   h. 9 − 5 = 4

i. 12 − 6 = 6   j. 11 − 6 = 5   k. 12 − 4 = 8   l. 10 − 6 = 4

m. 9 − 6 = 3   n. 11 − 6 = 5   o. 8 − 6 = 2

Do the independent work for Lesson 57 of your textbook.

Lesson 56 Textbook

Part 1

a. □ 12 → 56; 56 − 12 = 44

b. 56 12 → □; 56 + 12 = 68

c. 15 13 → □; 15 + 13 = 28

d. □ 13 → 15; 15 − 13 = 2

Part 2

a. 1000 C → 5100; 5100 − 1000 = 4100 pounds

b. □ 14 → 55; 55 − 14 = 41 feet

c. 23 9 → S; 23 + 9 = 32 inches

d. □ 14 → 96; 96 − 14 = 82 years

Part 4

a. 127 B → 311; 311 − 127 = 184

b. 68 N → 280; 280 − 68 = 212

c. 83 129 → G; 83 + 129 = 212

d. 217 588 → S; 217 + 588 = 805

Part 3

a. 11-7=4
b. 8+8=16
c. 8-6=2
d. 17-10=7

Part 5

a. 20   e. 12   i. 100
b. 16   f. 4   j. 8
c. 9   g. 16   k. 27
d. 16   h. 14   l. 12

Lesson 57 Textbook

Part 1

a. 390 □ → 538; 538 − 390 = 148

b. 285 □ → 299; 299 − 285 = 14

c. 177 56 → □; 177 + 56 = 233

d. 19 □ → 56; 56 − 19 = 37

e. □ 231 → 738; 738 − 231 = 507

Part 2

a. 10+4=14
b. 10-6=4
c. 8+2=10
d. 13-4=9

Part 4

a. 99, 0, 10
b. 19, 100, 1000

Part 5

a. 235 876 → R; 235 + 876 = 1111

b. 64 187 → A; 64 + 187 = 251

c. 321 719 → M; 321 + 719 = 1040 peanuts

d. 134 G → 378; 378 − 134 = 244 pounds

Part 6

a. 875 − 396 = 479

b. 743 − 194 = 549

d. 127 + 182 + 339 + 102 = 650

e. 576 + 928 = 1504

Lesson 58

Part 1

a. 5 x 4 = 20　b. 5 x 3 = 15　c. 5 x 5 = 25　d. 5 x 2 = 10

e. 3 x 5 = 15　f. 5 x 1 = 5　g. 2 x 5 = 10　h. 4 x 5 = 20

i. 5 x 5 = 25　j. 5 x 3 = 15　k. 5 x 4 = 20　l. 5 x 2 = 10

Part 2

			Total
	15	16	31
	8	4	12
Total	23	20	43

Part 3

a. 77
b. 46
c. 57
d. 84
e. 99

Part 4 Write the fraction for each inch.

a.

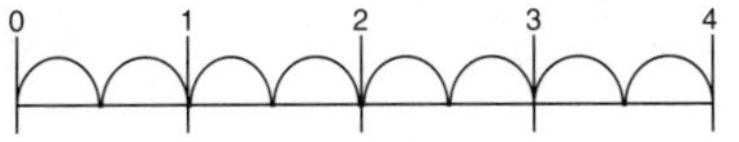

2/2　4/2　6/2　8/2

b.

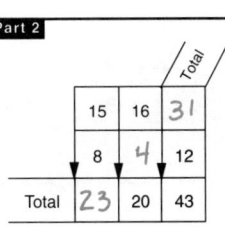

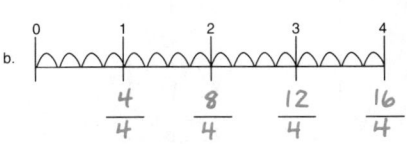

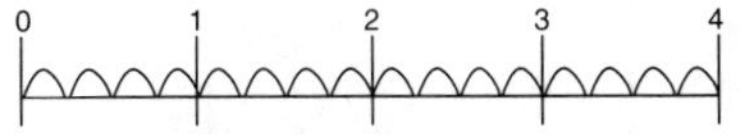

4/4　8/4　12/4　16/4

Part 5

a. 12 − 4 = 8
b. 12 − 6 = 6
c. 10 − 5 = 5
d. 10 − 6 = 4
e. 10 − 4 = 6
f. 11 − 6 = 5
g. 11 − 7 = 4
h. 12 − 8 = 4
i. 9 − 6 = 3
j. 9 − 7 = 2
k. 10 − 6 = 4
l. 10 − 8 = 2
m. 12 − 6 = 6
n. 9 − 6 = 3
o. 11 − 6 = 5

Do the independent work for Lesson 58 of your textbook.

Lesson 57 Textbook (Continued)

Part 7

a. 750
b. 4700
c. 13
d. 9000

Part 8

a. $4.17 − 2.09 = $2.08
b. $4.17 − 4.17 = $0
c. $14.00 − 7.00 = $7.00

Part 9

a. 9:15
b. 2:45
c. 12:30
d. 1:55

Lesson 58 Textbook

Part 1

a. 97, 59 → □; 97 + 59 = 156
b. 41, □ → 79; 79 − 41 = 38
c. 29, □ → 59; 59 − 29 = 30
d. □, 63 → 92; 92 − 63 = 29
e. 174, 9 → □; 174 + 9 = 183

Part 2

a. 4x4=16
b. 3x2=6
c. 10x9=90
d. 9x2=18
e. 4x3=12
f. 1x1=1
g. 5x1=5
h. 4x2=8
i. 4x1=4

Part 4

a. 491 + 530 = 1021
b. 530 − 491 = 39
e. 396 − 281 = 115
f. 427 + 400 = 827

Part 3

a. 51, 39 → P; 51 + 39 = 90 feet
b. □, 32 → 61; 61 − 32 = 29 feet
c. □, 195 → 234; 234 − 195 = 39 pounds
d. 293, T → 589; 589 − 293 = 296 miles

Part 5

a. 1400
b. 16
c. 130
d. 400
e. 3000

Lesson 59

Part 1

a. 46
b. 59
c. 67
d. 73
e. 35

Part 2

a.

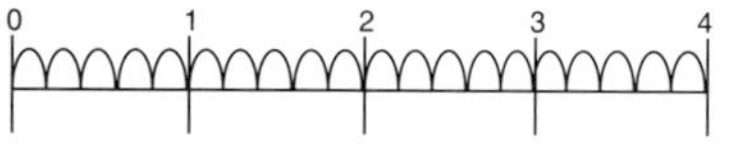

$\frac{5}{5}$ $\frac{10}{5}$ $\frac{15}{5}$ $\frac{20}{5}$

b.

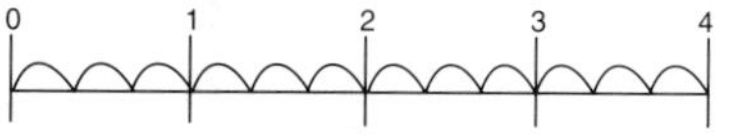

$\frac{3}{3}$ $\frac{6}{3}$ $\frac{9}{3}$ $\frac{12}{3}$

Part 3

a. 5 x 1 = 5
b. 5 x 4 = 20
c. 5 x 2 = 10
d. 5 x 3 = 15
e. 3 x 5 = 15
f. 5 x 5 = 25
g. 1 x 5 = 5
h. 5 x 4 = 20
i. 2 x 5 = 10
j. 3 x 5 = 15
k. 4 x 5 = 20
l. 5 x 5 = 25

Part 4

	hundreds	tens	ones
a. 5 tens		5	0
b. 15 tens	1	5	0
c. 30 tens	3	0	0
d. 10 tens	1	0	0
e. 4 tens		4	0

Part 5

			Total
	21	31	52
	27	19	46
Total	48	50	98

Lesson 60

Part 1

a. 5 x 3 = 15
b. 10 x 4 = 40
c. 2 x 5 = 10
d. 1 x 7 = 7
e. 5 x 5 = 25
f. 2 x 6 = 12
g. 4 x 5 = 20
h. 4 x 3 = 12
i. 1 x 5 = 5
j. 2 x 4 = 8
k. 3 x 4 = 12
l. 5 x 4 = 20
m. 5 x 5 = 25
n. 2 x 7 = 14
o. 5 x 1 = 5
p. 2 x 9 = 18
q. 3 x 5 = 15
r. 8 x 2 = 16
s. 5 x 2 = 10
t. 4 x 4 = 16

Part 2

a.

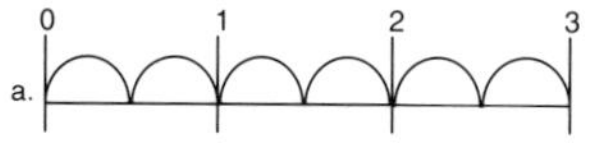

c.

$\frac{5}{5}$ $\frac{10}{5}$ $\frac{15}{5}$

b.

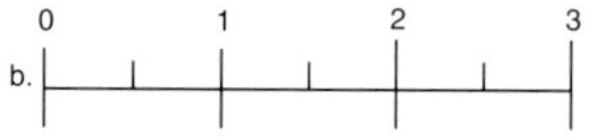

$\frac{2}{2}$ $\frac{4}{2}$ $\frac{6}{2}$

d.

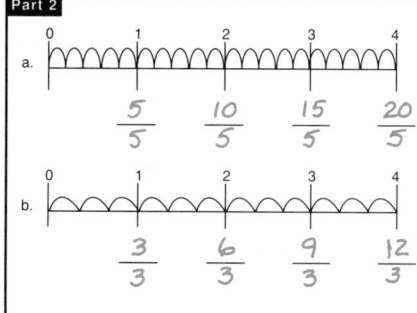

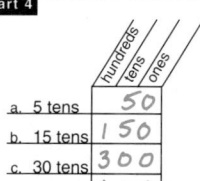

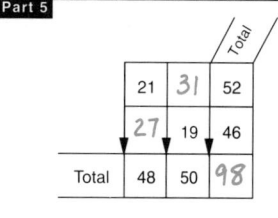

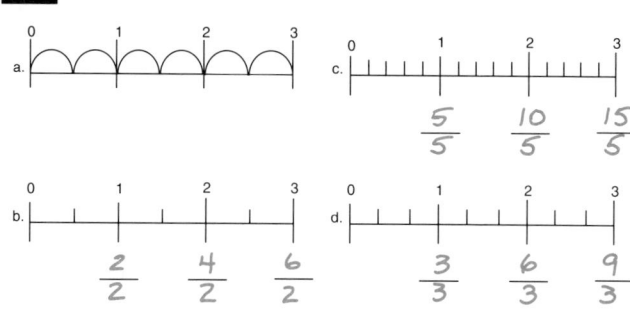

$\frac{3}{3}$ $\frac{6}{3}$ $\frac{9}{3}$

Part 3

a. 40 x 3 = 120
b. 20 x 7 = 140
c. 80 x 2 = 160
d. 30 x 5 = 150
e. 50 x 5 = 250

Lesson 59 Textbook

Part 1

a. 4 x 3 = 12; 40 x 3 = 120
b. 2 x 3 = 6; 20 x 3 = 60
c. 5 x 3 = 15; 50 x 3 = 150
d. 9 x 3 = 27; 90 x 3 = 270
e. 4 x 5 = 20; 40 x 5 = 200

Part 2

a. □ —45→ 184; 184 − 45 = 139
b. 426 —184→ □; 426 + 184 = 610
c. 79 —□→ 198; 198 − 79 = 119
d. 207 —□→ 229; 229 − 207 = 22
e. 52 —320→ □; 52 + 320 = 372

Part 4

A. X=10, Y=0
B. X=9, Y=6
C. X=1, Y=5
D. X=3, Y=4

Part 5

a. 742 + 10 + 189 = 941
b. 19 + 378 + 413 = 810
c. 4517 − 1327 = 3190
d. 634 − 595 = 39

Lesson 60 Textbook

Part 2

a. □ —36→ 56; 56 − 36 = 20
b. 79 —58→ □; 79 + 58 = 137
c. 29 —□→ 41; 41 − 29 = 12
d. □ —57→ 86; 86 − 57 = 29
e. 56 —49→ □; 56 + 49 = 105

Part 3

a. 167 —M→ 229; 229 − 167 = 62
b. □ —63→ 71 (P); 71 − 63 = 8 inches
c. 39 —168→ M; 39 + 168 = 207 pounds
d. 136 —59→ P; 136 + 59 = 195 pounds

Part 4

a. 100, 11
b. 69, 0
c. 10, 0, 3

Part 5

a. 16
b. 400
c. 5000
d. 800
e. 1700
f. 40

Part 6

a. 2:50
b. 5:10
c. 3:30
d. 4:45

Part 4

a. 3 → 6 → 9	d. 5 → 4 → 9	g. 4 → 5 → 9	j. 5 → 5 → 10
b. 3 → 5 → 8	e. 6 → 6 → 12	h. 3 → 6 → 9	k. 4 → 6 → 10
c. 5 → 5 → 10	f. 4 → 6 → 10	i. 5 → 6 → 11	l. 3 → 5 → 8

Part 5

a.

			Total
	48	12	60
	30	15	
Total	78	27	

$78 - 48 = 30$ $27 - 15 = 12$

b.

			Total
	48	12	60
	30	15	45
Total	78	27	105

$60 - 48 = 12$ $78 + 27 = 105$ $30 + 15 = 45$

Test 6

Test Scoring Procedures begin on page 99.

Part 1

a. 57   c. 56
b. 68   d. 39

Part 2

a. 7 – 6 = 1   c. 9 – 6 = 3   e. 9 – 6 = 3
b. 11 – 6 = 5   d. 12 – 6 = 6   f. 10 – 6 = 4

Part 3

a. 5 x 1 = 5   b. 3 x 5 = 15   c. 2 x 5 = 10   d. 5 x 4 = 20   e. 5 x 5 = 25   f. 5 x 2 = 10   g. 4 x 5 = 20   h. 5 x 3 = 15

Part 4 Write the numerals.

	thousands	hundreds	tens	ones
a. 32 hundreds	3	2	0	0
b. 7 tens			7	0
c. 7 hundreds		7	0	0
d. 35 hundreds	3	5	0	0
e. 36 tens		3	6	0
f. 15 tens		1	5	0

Part 5 Write the addition or subtraction problem and the answer for each column. Then write the missing numbers in the table.

			Total
	48	12	60
	10	15	25
Total	58	27	85

$58 - 48 = 10$ $27 - 15 = 12$ $60 + 25 = 85$

Part 6 Make a number family for each problem. Write the addition or subtraction problem and answer for each family.

a. You have □.
You find 23.
You end up with 97.
□ 23 → 97 $97 - 23 = 74$

b. You have 206.
You lose 13.
You end up with □.
□ 13 → 206 $206 - 13 = 193$

Part 7 Write the fractions.

a.
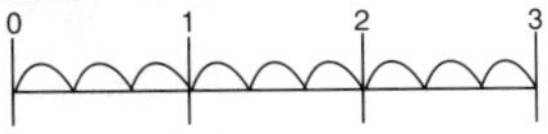
$\frac{3}{3}$ $\frac{6}{3}$ $\frac{9}{3}$

b.
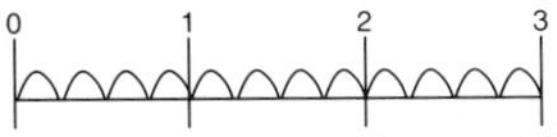
$\frac{4}{4}$ $\frac{8}{4}$ $\frac{12}{4}$

Part 8 Write the numbers you say when you count by nines.

9 18 27 36 45 54 63 72 81 90

Test 6/Extra Practice

Part 1

a. 38   b. 46   c. 59   d. 64   e. 67   f. 73

Part 2

a. 11 – 6 = 5   b. 9 – 6 = 3   c. 12 – 6 = 6   d. 10 – 6 = 4
e. 12 – 6 = 6   f. 10 – 6 = 4   g. 9 – 6 = 3   h. 11 – 6 = 5

Part 3

a. 5 x 4 = 20   b. 5 x 3 = 15   c. 5 x 5 = 25   d. 5 x 2 = 10
e. 3 x 5 = 15   f. 5 x 1 = 5   g. 2 x 5 = 10   h. 4 x 5 = 20
i. 5 x 5 = 25   j. 5 x 3 = 15   k. 5 x 4 = 20   l. 5 x 2 = 10

Part 4

			Total
	15	16	31
	8	4	12
Total	23	20	43

$15 + 8 = 23$ $20 - 16 = 4$ $43 - 12 = 31$

Part 5 Write the fraction for each inch.

a.
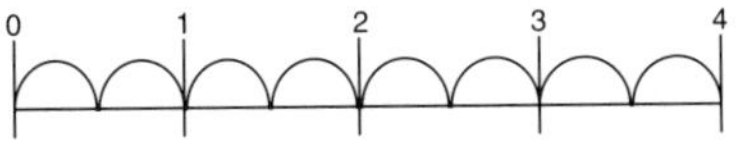
$\frac{2}{2}$ $\frac{4}{2}$ $\frac{6}{2}$ $\frac{8}{2}$

b.
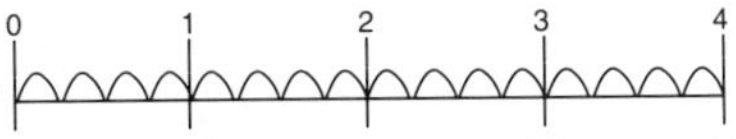
$\frac{4}{4}$ $\frac{8}{4}$ $\frac{12}{4}$ $\frac{16}{4}$

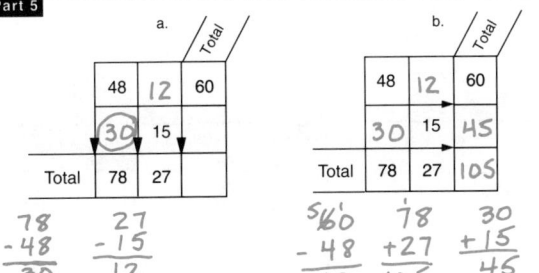

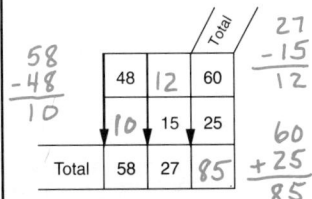

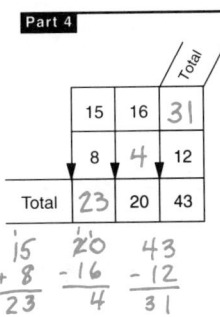

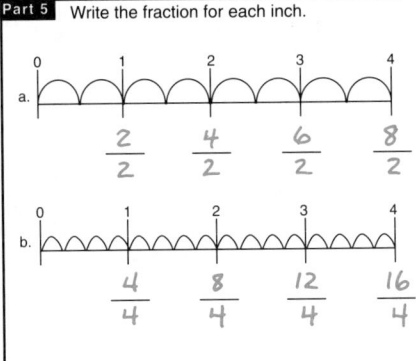

Lesson 61

Part 1

a.

3/3 5/3 6/3

b.

4/4 8/4 10/4

c.
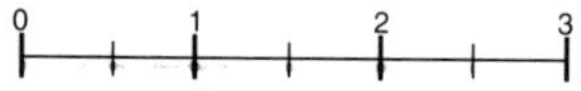

2/2 4/2 5/2

Part 2

a.

			Total
		32	
	53	15	68
Total	81	47	128

b.

			Total
	28	32	60
	53	15	68
Total	81	47	128

Part 3

a. 300 × 4 = 1200
b. 500 × 4 = 2000
c. 900 × 2 = 1800
d. 600 × 2 = 1200
e. 500 × 3 = 1500

Part 4

a. 8 – 2 = 6
b. 11 – 5 = 6
c. 10 – 5 = 5
d. 10 – 4 = 6
e. 9 – 3 = 6
f. 9 – 4 = 5
g. 11 – 5 = 6
h. 8 – 3 = 5
i. 8 – 2 = 6
j. 9 – 3 = 6
k. 8 – 3 = 5
l. 10 – 4 = 6

Part 2

a. 68 – 15 = 53   128 – 81 = 47
b. 32 + 15 = 47   81 – 53 = 28   128 – 68 = 60

Lesson 62

Part 1

a. 400 × 5 = 2000
b. 500 × 5 = 2500
c. 400 × 3 = 1200
d. 200 × 7 = 1400
e. 200 × 8 = 1600

Part 2

a.

3/5 5/5 10/5

b.

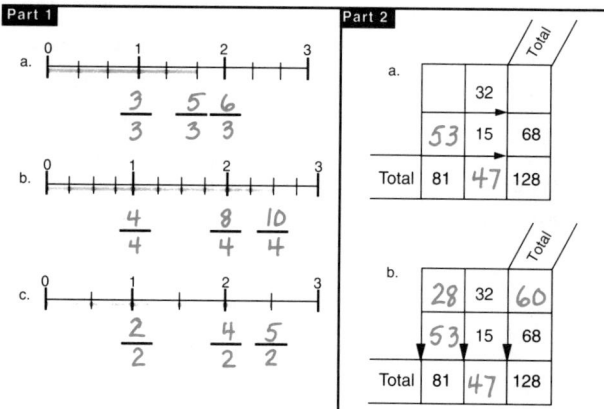

2/2 3/2 4/2

Part 3

a. 54
b. 81
c. 36
d. 63
e. 45
f. 72
g. 27
h. 18

Part 4

a. 10 – 5 = 5
b. 8 – 3 = 5
c. 11 – 5 = 6
d. 9 – 4 = 5
e. 10 – 4 = 6
f. 8 – 3 = 5
g. 9 – 3 = 6
h. 9 – 4 = 5
i. 12 – 6 = 6
j. 8 – 2 = 6
k. 10 – 4 = 6
l. 9 – 4 = 5
m. 11 – 5 = 6
n. 9 – 3 = 6

Part 5

a. 6 → 9 → 54
b. 3 → 9 → 27
c. 8 → 9 → 72
d. 4 → 9 → 36
e. 2 → 9 → 18
f. 5 → 9 → 45

Part 6

a.

			Total
	13	31	44
	20	35	55
Total		66	

b.

			Total
	13	31	44
	20	35	55
Total	33	66	99

44 – 13 = 31   20 + 35 = 55   13 + 20 = 33   66 – 35 = 31   44 + 55 = 99

Lesson 61 Textbook

Part 1

a. □ → 56 (19); 56 – 19 = 37 feet
b. 12 → F; 12 + 14 = 26 miles
c. 22 → 150; 150 – 22 = 128 pounds
d. □ → 59 (24); 59 – 24 = 35 feet

Part 2

a. 68 → 18 → □; 68 + 18 = 86
b. 7 → □ → 166; 166 – 7 = 159
c. 232 → 169 → □; 232 + 169 = 401
d. 406 → □ → 488; 488 – 406 = 82

Part 5

a. 507 – 426 = 81
b. 76 + 138 + 18 = 232
c. 11 + 119 + 480 = 610
d. 741 – 295 = 446

Part 4

a. 25
b. 16
c. 12
d. small cars

Part 6

A. X=0, Y=8
B. X=4, Y=10
C. X=10, Y=2
D. X=2, Y=6

Part 7

a. 10:40
b. 7:15
c. 9:30

Lesson 62 Textbook

Part 1

a. 36 → □ → 89; 89 – 36 = 53 dimes
b. 99 → 48 → □; 99 + 48 = 147 fleas
c. 16 → □ → 99; 99 – 16 = 83 feet
d. 64 → □ → 154; 154 – 64 = 90 buttons

Part 2

9 18 27 36 45 54 63 72 81 90

Part 4

a. 3:50
b. 4:10
c. 7:20

Part 5

a. 262
b. 106
c. 312
d. 160

Part 6

a. 5 × 3 = 15
b. 10 × 4 = 40
c. 2 × 5 = 10
d. 1 × 7 = 7
e. 5 × 5 = 25
f. 2 × 6 = 12
g. 4 × 5 = 20
h. 4 × 3 = 12
i. 1 × 5 = 5
j. 2 × 4 = 8
k. 3 × 4 = 12
l. 5 × 4 = 20
m. 5 × 5 = 25
n. 2 × 4 = 8
o. 5 × 1 = 5
p. 2 × 9 = 18
q. 3 × 5 = 15
r. 8 × 2 = 16
s. 5 × 2 = 10
t. 4 × 4 = 16

Lesson 63

Part 1

a. 7 —9→ 63 b. 4 —9→ 36 c. 2 —9→ 18 d. 6 —9→ 54

e. 3 —9→ 27 f. 5 —9→ 45 g. 9 —9→ 81 h. 8 —9→ 72

Part 2

a. 1 —8→ 8
b. 1 —10→ 10
c. 2 —4→ 8
d. 2 —5→ 10
e. 1 —6→ 6
f. 1 —4→ 4
g. 2 —3→ 6
h. 2 —2→ 4
i. 1 —4→ 4
j. 1 —6→ 6
k. 1 —8→ 8
l. 1 —10→ 10
m. 2 —5→ 10
n. 2 —4→ 8
o. 2 —3→ 6
p. 2 —2→ 4

Part 3

a.

$\frac{4}{4}$ $\frac{6}{4}$ $\frac{8}{4}$

b.

$\frac{2}{2}$ $\frac{3}{2}$ $\frac{4}{2}$

Part 4

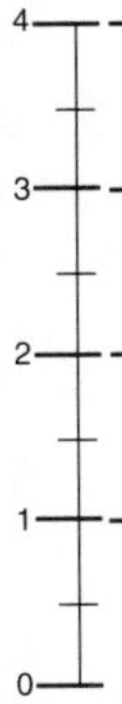

$\frac{8}{2}$ $\frac{6}{2}$ $\frac{4}{2}$ $\frac{2}{2}$

Part 5

a.

40	25	65
14	7	
54	32	

b.

40	25	65
14	7	21
54	32	86

Part 6

a. 600 × 2 = 1200 b. 50 × 5 = 250 c. 200 × 9 = 1800 d. 200 × 4 = 800 e. 50 × 3 = 150 f. 40 × 5 = 200

100

Lesson 64

Part 1

a. 5 —9→ 45
b. 7 —9→ 63
c. 3 —9→ 27
d. 8 —9→ 72
e. 6 —9→ 54
f. 4 —9→ 36
g. 2 —9→ 18
h. 9 —9→ 81

Part 2

a. 3 —4→ 12
b. 2 —10→ 20
c. 4 —4→ 16
d. 2 —6→ 12
e. 2 —5→ 10
f. 4 —5→ 20
g. 2 —8→ 16
h. 4 —5→ 20
i. 2 —8→ 16
j. 2 —5→ 10
k. 2 —6→ 12
l. 4 —4→ 16
m. 2 —10→ 20
n. 3 —4→ 12

Part 3

a. $\frac{3}{4}$ b. $\frac{1}{6}$

Part 5

$\frac{9}{3}$ $\frac{6}{3}$ $\frac{3}{3}$

Part 4

a.

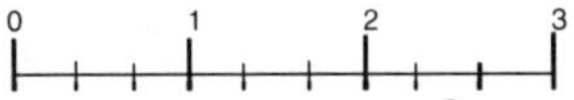

$\frac{8}{3}$

b.

$\frac{4}{5}$

c.

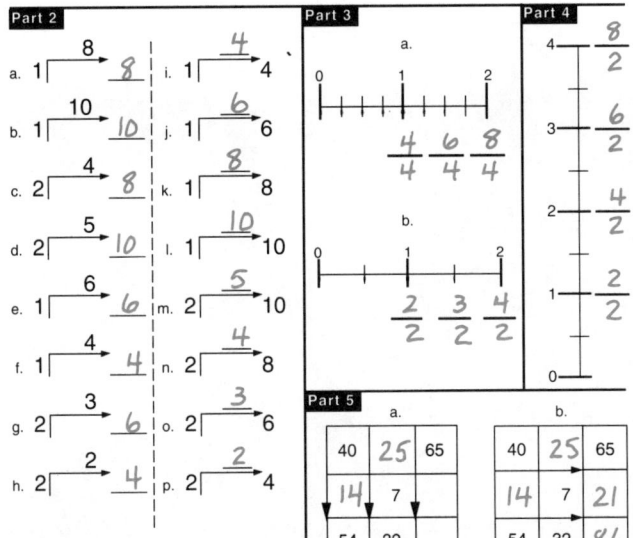

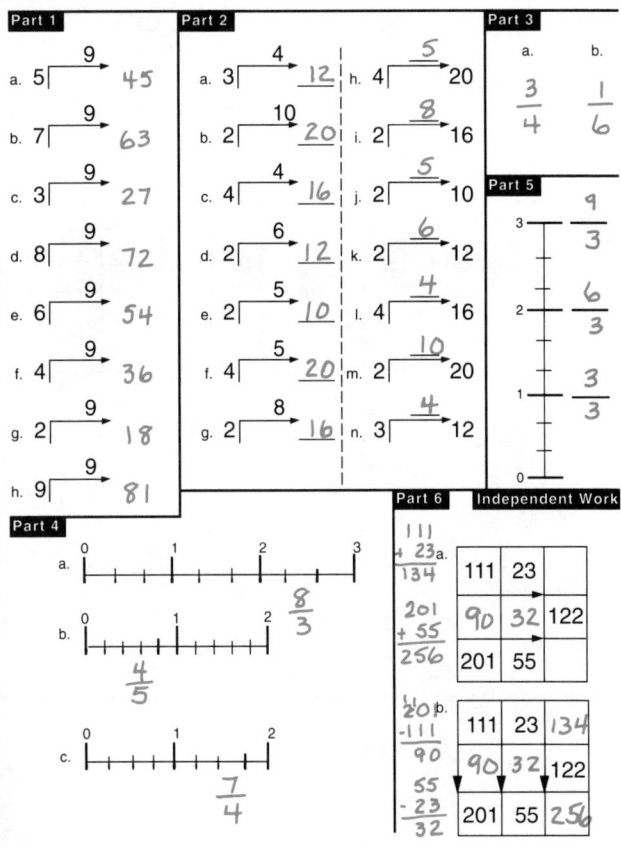

$\frac{7}{4}$

Part 6 **Independent Work**

a. 111 + 23 = 134; 201 + 55 = 256

111	23	
90	32	122
201	55	

b. 201 − 111 = 90; 55 − 23 = 32

111	23	134
90	32	122
201	55	256

101

45

Lesson 63 Workbook

Part 5

a. 54 − 40 = 14; 32 − 7 = 25

b. 65 − 40 = 25; 54 + 32 = 86; 14 + 7 = 21

Lesson 63 Textbook

Part 1

a. □ 36 → 58; 58 − 36 = 22 cans

b. 330 □ → 430; 430 − 330 = 100 bolts

c. □ 130 → 520; 520 − 130 = 390 bolts

d. 14 95 → R; 14 + 95 = 109 cans

e. 150 J → 561; 561 − 150 = 411 bolts

Part 2

a. 9 − 3 = 6
b. 10 − 5 = 5
c. 8 − 3 = 5
d. 9 − 5 = 4
e. 12 − 6 = 6
f. 10 − 4 = 6
g. 9 − 4 = 5
h. 11 − 5 = 6
i. 9 − 3 = 6
j. 10 − 4 = 6
k. 8 − 3 = 5
l. 10 − 5 = 5

Part 3

a. 100, 73, 702
b. 0
c. 7

Part 4

A. X = 3, Y = 0
B. X = 7, Y = 9
C. X = 0, Y = 6
D. X = 6, Y = 4

Lesson 64 Textbook

Part 1

a. 37 G → 148; 148 − 37 = 111 carrots

b. 101 137 → H; 101 + 137 = 238 pounds

c. 50 □ → 146; 146 − 50 = 96 rocks

d. 51 37 → □; 51 + 37 = 88 rocks

Part 2

a. 700 × 2 = 1400
b. 70 × 2 = 140
c. 60 × 5 = 300
d. 600 × 5 = 3000
e. 900 × 2 = 1800
f. 90 × 2 = 180

Part 4

a. 1
b. 9
c. 16
d. 10

Part 5

a. 7 × 1 = 7 b. 6 × 5 = 30 c. 10 × 4 = 40

d. 3 × 4 = 12 e. 9 × 2 = 18 f. 8 × 5 = 40

g. 10 × 1 = 10 h. 2 × 3 = 6 i. 4 × 7 = 28

j. 5 × 4 = 20

Part 6

a. 597 − 596 = 1

b. 272 − 196 = 76

c. 11 + 742 + 167 = 920

d. 400 + 72 + 939 = 1411

Lesson 65

Part 1

a. 7 → 9 → 63
b. 4 → 9 → 36
c. 3 → 9 → 27
d. 2 → 9 → 18
e. 9 → 9 → 81
f. 5 → 9 → 45
g. 8 → 9 → 72
h. 6 → 9 → 54

Part 2

49	13	62
18	51	69
67	64	131

Part 3

a. $\frac{5}{3}$
b. $\frac{4}{2}$
c. $\frac{7}{4}$
d. $\frac{1}{3}$

Part 4

a. 2 → 5 → 10
b. 1 → 7 → 7
c. 4 → 5 → 20
d. 3 → 10 → 30
e. 5 → 10 → 50
f. 4 → 10 → 40
g. 7 → 10 → 70
h. 1 → 5 → 5
i. 8 → 10 → 80
j. 1 → 9 → 9
k. 7 → 10 → 70 $7 \times 10 = 70$
l. 1 → 3 → 3 $1 \times 3 = 3$
m. 1 → 8 → 8 $1 \times 8 = 8$
n. 9 → 10 → 90 $9 \times 10 = 90$
o. 1 → 6 → 6 $1 \times 6 = 6$

Part 5

a. $\frac{8}{3}$
b. $\frac{7}{3}$
c. $\frac{6}{5}$

Lesson 65 Workbook

Part 2

$49 + 13 = 62$

$131 - 64 = 67$

$64 - 13 = 51$

$131 - 62 = 69$

Lesson 65 Textbook

Part 1

a. 69, 95 → □
$69 + 95 = 164$ books

b. 319, J, 507
$507 - 319 = 188$ stamps

c. 185, 246 → S
$185 + 246 = 431$ sticks

d. 46, □ → 192
$192 - 46 = 146$ pieces

Part 4

a. $200 \times 7 = 1400$
b. $70 \times 5 = 350$
c. $80 \times 2 = 160$
d. $200 \times 9 = 1800$
e. $500 \times 9 = 4500$

Part 6

a. 808, 184 → H
$808 + 184 = 992$ pounds

b. 314, B, 510
$510 - 314 = 196$ nuts

c. 381, 374 → □
$381 + 374 = 755$

Part 7

a. $12 - 6 = 6$
b. $9 - 4 = 5$
c. $9 - 3 = 6$
d. $11 - 5 = 6$
e. $11 - 6 = 5$
f. $8 - 3 = 5$
g. $10 - 6 = 4$
h. $10 - 5 = 5$
i. $8 - 5 = 3$
j. $10 - 4 = 6$
k. $9 - 4 = 5$
l. $9 - 5 = 4$

Part 5

a. 2:35
b. 2:15
c. 2:50
d. 2:30

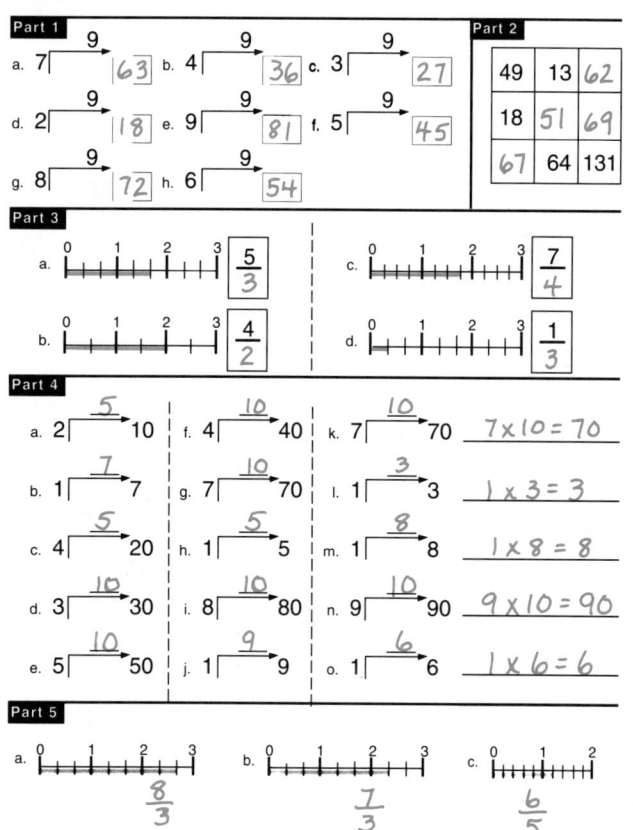

Lesson 66

Part 1

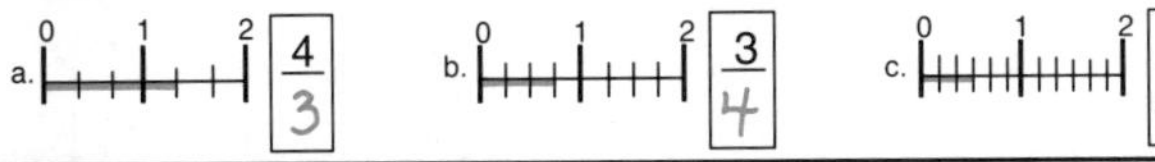
a. $\frac{4}{3}$ b. $\frac{3}{4}$ c. $\frac{3}{6}$

Part 2

a. 6 x 9 = 54 b. 2 x 9 = 18 c. 4 x 9 = 36 d. 8 x 9 = 72

e. 9 x 9 = 81 f. 7 x 9 = 63 g. 3 x 9 = 27 h. 5 x 9 = 45

Part 3

a. 50 x 6 = 300 b. 300 x 2 = 600 c. 300 x 5 = 1500 d. 800 x 2 = 1600 e. 80 x 5 = 400

Part 4

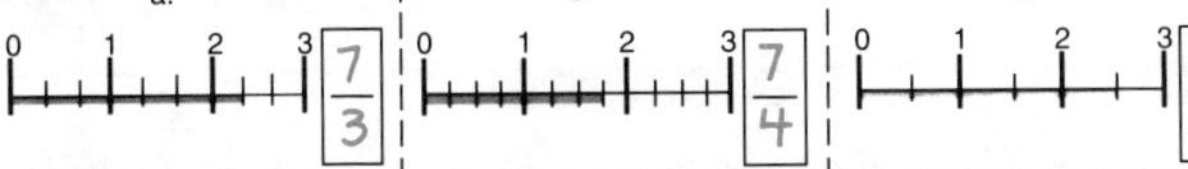
a. $\frac{7}{3}$ b. $\frac{7}{4}$ c. $\frac{5}{2}$

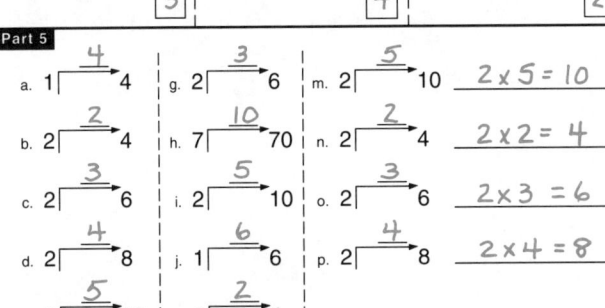

Part 5

a. 1 —4→ 4
b. 2 —2→ 4
c. 2 —3→ 6
d. 2 —4→ 8
e. 2 —5→ 10
f. 5 —10→ 50
g. 2 —3→ 6
h. 7 —10→ 70
i. 2 —5→ 10
j. 1 —6→ 6
k. 2 —2→ 4
l. 2 —4→ 8
m. 2 —5→ 10 2 x 5 = 10
n. 2 —2→ 4 2 x 2 = 4
o. 2 —3→ 6 2 x 3 = 6
p. 2 —4→ 8 2 x 4 = 8

Lesson 66 Textbook

Part 1

a. $2
b. $6
c. $4
d. $9

Part 2

a. 36 —C→ 199
199 − 36 = 163 miles

b. 130 —56→ B
130 + 56 = 186 hours

c. □ —16→ 55
55 − 16 = 39 trucks

d. 41 —L→ 141
141 − 41 = 100 miles

Part 3

15	30	45
10	25	35
25	55	80

45 − 30 = 15
35 − 10 = 25
30 + 25 = 55
45 + 35 = 80

Part 4

a. 2:45
b. 4:35
c. 9:35
d. 1:50

Part 5

a. 12 − 6 = 6
b. 16 − 10 = 6
c. 10 − 5 = 5
d. 9 − 3 = 6
e. 11 − 6 = 5
f. 7 − 1 = 6
g. 9 − 4 = 5
h. 11 − 5 = 6
i. 14 − 9 = 5
j. 10 − 6 = 4
k. 15 − 6 = 9
l. 8 − 5 = 3

Part 6

a. 14 b. 27 c. 16 d. 70
e. 15 f. 10 g. 12 h. 36
i. 10 j. 25 k. 18 l. 70
m. 30 n. 12 o. 45

Part 7

a. 40
b. Tuesday
c. 24
d. 53

Lesson 67

Part 1

a. 0 1 2 — 5/3

b. 0 1 2 — 3/4

c. 0 1 2 — 3/5

Part 2

a. 2 → 8 : 4

b. 2 → 10 : 5

c. 2 → 12 : 6

d. 2 → 4 : 2

e. 2 → 20 : 10

f. 2 → 18 : 9

g. 1 → 9 : 9 — 1 x 9 = 9

h. 7 → 70 : 10 — 7 x 10 = 70

i. 2 → 12 : 6 — 2 x 6 = 12

j. 2 → 8 : 4 — 2 x 4 = 8

k. 1 → 10 : 10 — 1 x 10 = 10

l. 6 → 60 : 10 — 6 x 10 = 60

Part 3

a. 0 1 2 — 3/5

b. 0 1 2 — 5/3

c. 0 1 2 — 2/4

d. 0 1 2 — 4/2

Part 4

a. 20 x 8 = 160

b. 600 x 5 = 3000

c. 600 x 2 = 1200

d. 20 x 7 = 140

e. 900 x 5 = 4500

Part 5 **Independent Work**

a. 5 x 9 = 45 b. 7 x 9 = 63 c. 9 x 9 = 81 d. 3 x 9 = 27

e. 8 x 9 = 72 f. 6 x 9 = 54 g. 4 x 9 = 36 h. 2 x 9 = 18

Lesson 68

Part 1

a. 1 → 8 : 8

b. 3 → 30 : 10

c. 5 → 50 : 10

d. 2 → 10 : 5

e. 2 → 12 : 6

f. 2 → 14 : 7

g. 2 → 8 : 4 — 2x4=8

h. 2 → 4 : 2 — 2x2=4

i. 7 → 70 : 10 — 7 x 10 = 70

j. 10 → 100 : 10 — 10x10=100

k. 1 → 7 : 7 — 1x7=7

l. 2 → 6 : 3 — 2x3=6

Part 2

a. 2/3

b. 5/3

c. 6/4

Part 3 **Independent Work**

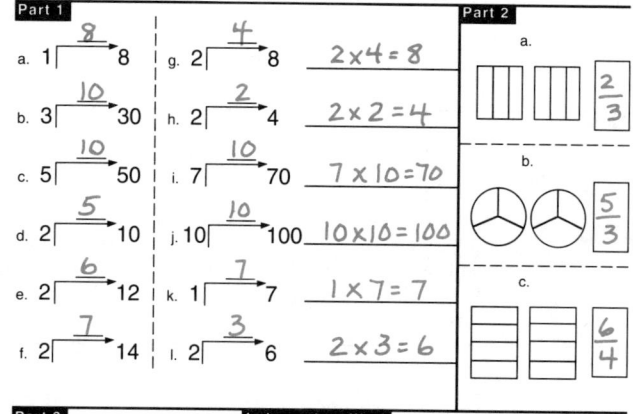

Write the bottom number for each fraction. Then shade the number of parts.

a. 0 1 2 — 3/4

b. 0 1 2 — 4/2

c. 0 1 2 — 6/5

Lesson 67 Textbook

Part 1

a. $2
b. $6
c. $4
d. $9
e. $13
f. $31
g. $26
h. $16

Part 2

a. 196, 141 → H; 196 + 741 = 937 pounds

b. 37, B → 219; 219 − 37 = 182 inches

c. 986, 16 → □; 986 + 16 = 1002 tons

d. 109, □ → 525; 525 − 109 = 416 dolls

Part 3

			Total
	22	44	66
	11	33	44
Total	33	77	110

66 − 22 = 44
33 + 77 = 110
33 − 22 = 11
110 − 66 = 44

Part 4

a. X=8, Y=7
b. X=1, Y=3
c. X=6, Y=0
d. X=4, Y=5

Part 5

a. 6-6=0 b. 12-4=8 c. 14-10=4 d. 9-5=4

e. 5-4=1 f. 8-4=4 g. 13-4=9 h. 10-6=4

i. 11-5=6 j. 6-4=2 k. 10-4=6 l. 12-8=4

Lesson 68 Textbook

Part 1

a. $3 + $3 + $1 = $7
b. $3 + $1 + $8 = $12
c. $3 + $8 + $6 = $17
d. $1 + $8 + $6 = $15

Part 2

a. 63
b. 36
c. 72
d. 54
e. 81
f. 45
g. 27
h. 18

Part 3

			Total
	161	66	227
	96	33	129
Total	257	99	356

227 − 66 = 161
129 − 96 = 33
66 + 33 = 99
227 + 129 = 356

Part 4

a. 118, □ → 142; 142 − 118 = 24 pounds

b. 718, 83 → P; 718 + 83 = 801 miles

c. 147, J → 228; 228 − 147 = 81 dollars

d. □, 406 → 906; 906 − 406 = 500 dollars

Part 6

a. 700 x 2 = 1400
b. 10 x 9 = 90
c. 50 x 6 = 300
d. 2 x 8 = 16
e. 400 x 4 = 1600

Part 7

a. 1:20
b. 3:40
c. 7:30

Part 8

4 8 12
16 20 24
28 32
36 40

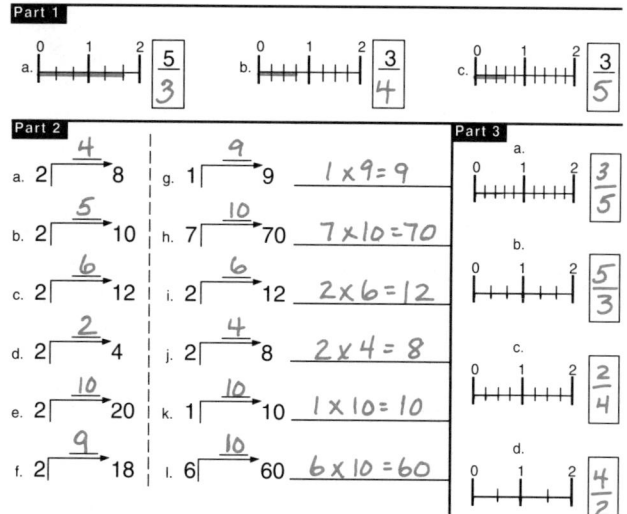

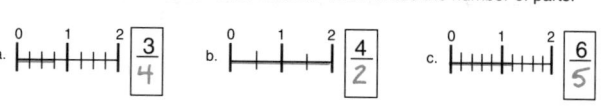

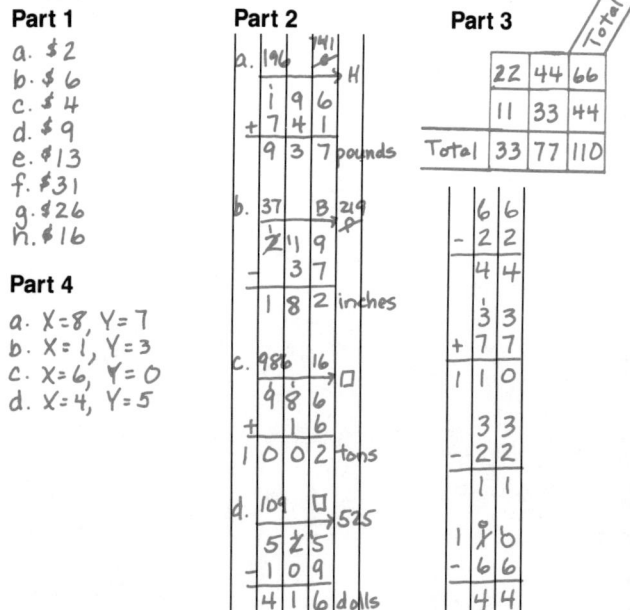

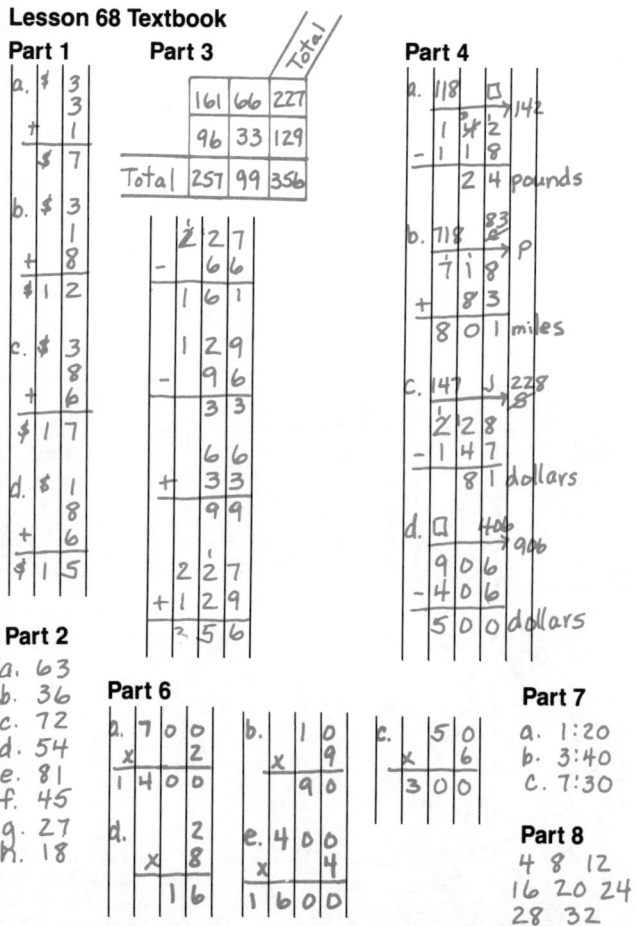

Lesson 69

Part 1

a. 6 ⟶ 60: **10**	g. 2 ⟶ 16: **8**	2 x 8 = 16
b. 1 ⟶ 4: **4**	h. 2 ⟶ 20: **10**	2 x 10 = 20
c. 5 ⟶ 50: **10**	i. 2 ⟶ 18: **9**	2 x 9 = 18
d. 1 ⟶ 10: **10**	j. 2 ⟶ 14: **7**	2 x 7 = 14
e. 2 ⟶ 10: **5**	k. 2 ⟶ 6: **3**	2 x 3 = 6
f. 2 ⟶ 12: **6**	l. 2 ⟶ 8: **4**	2 x 4 = 8

Part 2

	Monday	Tuesday	Total for both days
Red birds	21	78	99
Yellow birds	54	31	85
Total birds	75	109	184

99 − 21 = 78; 54 + 31 = 85; 21 + 54 = 75; 78 + 31 = 109

a. How many yellow birds were seen on Tuesday? 31

b. How many total birds were seen on Monday? 75

c. How many red birds were seen on Monday? 21

d. How many total birds were seen on Tuesday? 109

Part 3 **Independent Work**

Write the bottom number for each fraction. Then shade the number of parts.

a. 0 1 2 — $\frac{1}{2}$ b. 0 1 2 — $\frac{2}{3}$ c. 0 1 2 — $\frac{8}{6}$

Lesson 70

Part 1

a. 4 ⟶ 16: **4**	h. 4 ⟶ 20: **5**	4 x 5 = 20
b. 4 ⟶ 20: **5**	i. 4 ⟶ 24: **6**	4 x 6 = 24
c. 4 ⟶ 24: **6**	j. 4 ⟶ 32: **8**	4 x 8 = 32
d. 4 ⟶ 28: **7**	k. 4 ⟶ 36: **9**	4 x 9 = 36
e. 4 ⟶ 32: **8**	l. 4 ⟶ 28: **7**	4 x 7 = 28
f. 4 ⟶ 36: **9**	m. 4 ⟶ 16: **4**	4 x 4 = 16
g. 4 ⟶ 40: **10**	n. 4 ⟶ 40: **10**	4 x 10 = 40

Part 2

	Sunday	Monday	Total for both days
Big clouds	35	17	52
Small clouds	16	75	91
Total clouds	51	92	143

a. How many big clouds and small clouds were seen on both days? 143

b. Were there more big clouds or more small clouds seen on Monday? small clouds

c. How many total clouds were seen on Monday? 92

d. Were there more total clouds on Sunday or Monday? Monday

35 + 17 = 52; 143 − 51 = 92; 51 − 35 = 16; 92 − 17 = 75

Part 3

a. 2 ⟶ 20: **10**	g. 5 ⟶ 50: **10**	5 x 10 = 50
b. 2 ⟶ 10: **5**	h. 2 ⟶ 6: **3**	2 x 3 = 6
c. 2 ⟶ 12: **6**	i. 1 ⟶ 5: **5**	1 x 5 = 5
d. 2 ⟶ 14: **7**	j. 5 ⟶ 25: **5**	5 x 5 = 25
e. 2 ⟶ 18: **9**	k. 2 ⟶ 8: **4**	2 x 4 = 8
f. 2 ⟶ 16: **8**	l. 2 ⟶ 14: **7**	2 x 7 = 14

Lesson 69 Textbook

Part 1

a. $\frac{6}{4}$
b. $\frac{1}{4}$
c. $\frac{2}{3}$
d. $\frac{3}{2}$
e. $\frac{3}{4}$

Part 2

a. 38
b. 49
c. 32
d. 18
e. 43

Part 3

a. $2 + $3 + $5 = $10
b. $2 + $1 = $3
c. $3 + $5 + $1 = $9
d. $2 + $3 + $5 = $10

Part 4

a. 36 ⟶ 48 (c); 36 + 48 = 84 miles
b. 47 ⟶ 56 (T); 56 − 47 = 9 hours
c. □ ⟶ 160 (255); 255 − 160 = 95 trucks
d. 41 ⟶ M (120); 120 − 41 = 79 miles

Part 6

a. 100, 702
b. 0
c. 7

Part 7

a. 700 x 2 = 1400
b. 10 x 4 = 40
c. 9 x 1 = 9
d. 2 x 8 = 16
e. 400 x 4 = 1600
f. 70 x 5 = 350
g. 80 x 4 = 320

Lesson 70 Textbook

Part 1

a. 36 ⟶ □ (296); 296 − 36 = 260 beans
b. 56 ⟶ 165 (M); 56 + 165 = 221 feet
c. 78 ⟶ M (120); 120 − 78 = 42 feet
d. □ ⟶ 36 (145); 145 − 36 = 109 pages
e. □ ⟶ .86 (6.90); $6.90 − .86 = $6.04

Part 2

a. 42
b. 54
c. 18
d. 26

Part 3

a. $\frac{2}{3}$
b. $\frac{5}{4}$
c. $\frac{4}{3}$
d. $\frac{1}{5}$
e. $\frac{2}{2}$

Test 7 Test Scoring Procedures begin on page 100.

Part 1

a. 2)8 = 4	f. 2)18 = 9
b. 2)10 = 5	g. 1)9 = 9
c. 2)12 = 6	h. 7)70 = 10
d. 2)4 = 2	i. 1)10 = 10
e. 2)20 = 10	j. 6)60 = 10

Part 2

a. 10 − 5 = 5	g. 10 − 1 = 9
b. 12 − 6 = 6	h. 9 − 4 = 5
c. 11 − 5 = 6	i. 8 − 2 = 6
d. 9 − 3 = 6	j. 8 − 1 = 7
e. 10 − 4 = 6	k. 8 − 3 = 5
f. 8 − 3 = 5	l. 7 − 1 = 6

Part 3 Write the fractions.

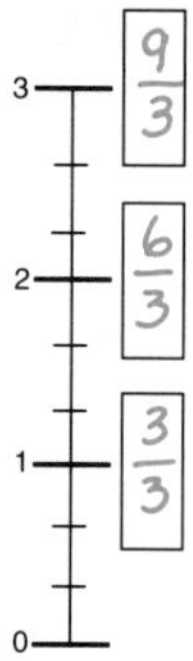

9/3, 6/3, 3/3

Part 4 Fill in all the missing numbers.

178 + 81 = 259; 299 − 178 = 121; 399 − 299 = 100; 100 − 81 = 19

178	81	259
121	19	140
299	100	399

Part 5 For each problem, complete the fraction and shade the line.

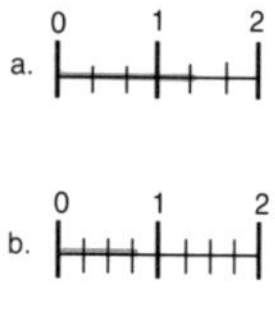

a. 4/3

b. 3/4

Part 6 Write the fractions.

a. 7/4 b. 3/5

Go to Test 7 in your textbook.

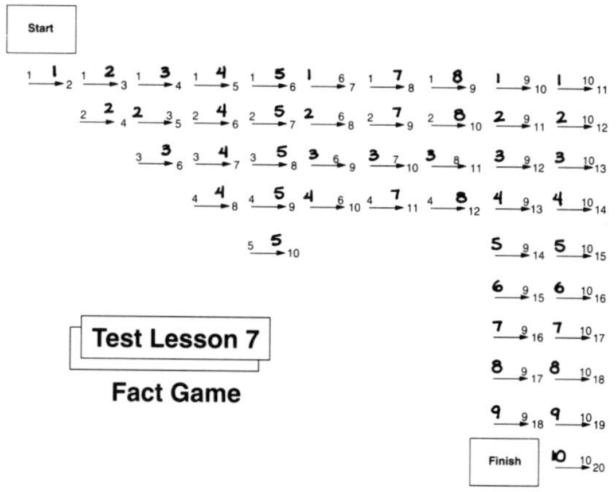

Test Lesson 7

Fact Game

Test 7 Textbook

Part 7

a. 45
b. 81
c. 72
d. 36
e. 63
f. 27
g. 54
h. 18

Part 8

a. 56, 65 → M; 56 + 65 = 121 feet

b. □, 410 → 860; $860 − 410 = $450

Part 9

a. 700 × 2 = 1400

b. 20 × 9 = 180

c. 50 × 6 = 300

d. 500 × 4 = 2000

Part 10

a. 49
b. 26

Part 11

a. $3 + 5 + 1 = $9

b. $2 + 3 + 5 = $10

Test 7/Extra Practice

Part 1

a. 1)4 = 4	g. 2)6 = 3	m. 2)10 = 5	2x5 = 10
b. 2)4 = 2	h. 7)70 = 10	n. 2)4 = 2	2x2 = 4
c. 2)6 = 3	i. 2)10 = 5	o. 2)6 = 3	2x3 = 6
d. 2)8 = 4	j. 1)6 = 6	p. 2)8 = 4	2x4 = 8
e. 2)10 = 5	k. 2)4 = 2		
f. 5)50 = 10	l. 2)8 = 4		

Part 2

a. 10 − 5 = 5	h. 9 − 4 = 5
b. 8 − 3 = 5	i. 12 − 6 = 6
c. 11 − 5 = 6	j. 8 − 2 = 6
d. 9 − 4 = 5	k. 10 − 4 = 6
e. 10 − 4 = 6	l. 9 − 4 = 5
f. 8 − 3 = 5	m. 11 − 5 = 6
g. 9 − 3 = 6	n. 9 − 3 = 6

Part 3

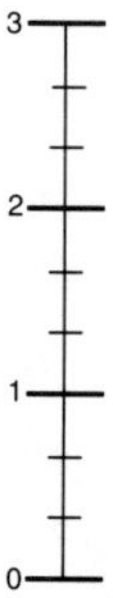

9/3, 6/3, 3/3

Part 4

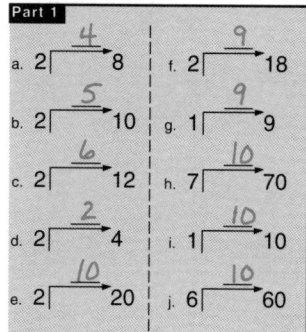

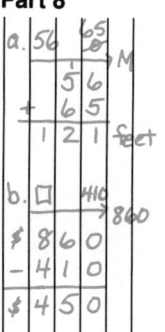

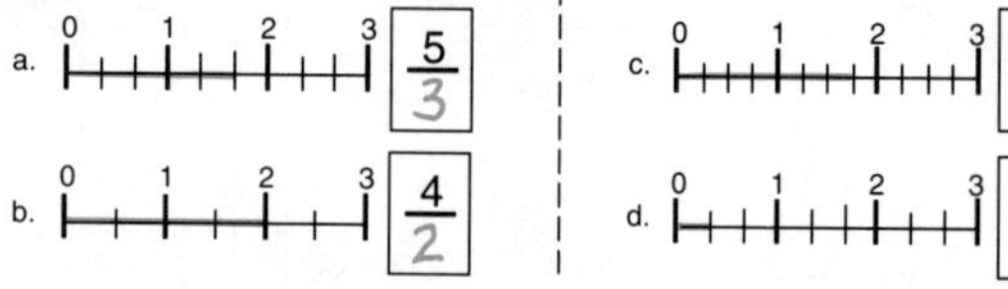

a. 5/3 b. 4/2 c. 7/4 d. 1/3

Lesson 71

Part 1

a. 4 ⟌ 28 → 7   28   7x4=28

b. 4 ⟌ 20 → 5   20   5x4=20

c. 4 ⟌ 32 → 8   32   8x4=32

d. 4 ⟌ 24 → 6   24   6x4=24

Part 2

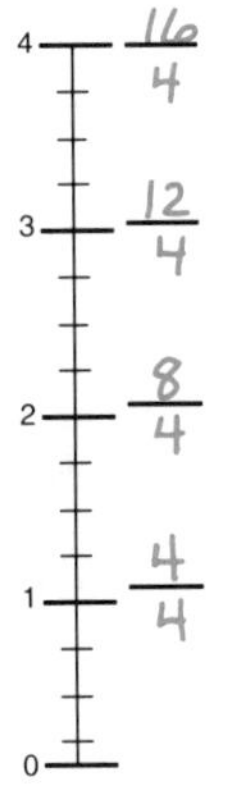

Part 3

a. 7 ⟌ 70 → 10

b. 2 ⟌ 20 → 10

c. 2 ⟌ 16 → 8

d. 2 ⟌ 12 → 6

e. 2 ⟌ 18 → 9

f. 3 ⟌ 30 → 10   3x10=30

g. 1 ⟌ 7 → 7   1x7=7

h. 2 ⟌ 10 → 5   2x5=10

i. 5 ⟌ 25 → 5   5x5=25

j. 2 ⟌ 6 → 3   2x3=6

Part 4

a. 10 – 5 = 5

b. 16 – 8 = 8

c. 6 – 3 = 3

d. 8 – 4 = 4

e. 14 – 7 = 7

f. 12 – 6 = 6

g. 4 – 2 = 2

h. 16 – 8 = 8

i. 18 – 9 = 9

j. 14 – 7 = 7

Part 5 **Independent Work**

472	93	565
137	259	396
609	352	961

111

Lesson 72

Part 1

a. 1 ⟌ 9 → 9

b. 2 ⟌ 8 → 4

c. 2 ⟌ 4 → 2

d. 2 ⟌ 12 → 6

e. 9 ⟌ 90 → 10

f. 2 ⟌ 18 → 9   2x9=18

g. 4 ⟌ 40 → 10   4x10=40

h. 1 ⟌ 3 → 3   1x3=3

i. 2 ⟌ 16 → 8   2x8=16

j. 2 ⟌ 14 → 7   2x7=14

Part 2 **Independent Work**

Write the bottom number for each fraction. Then shade the parts.

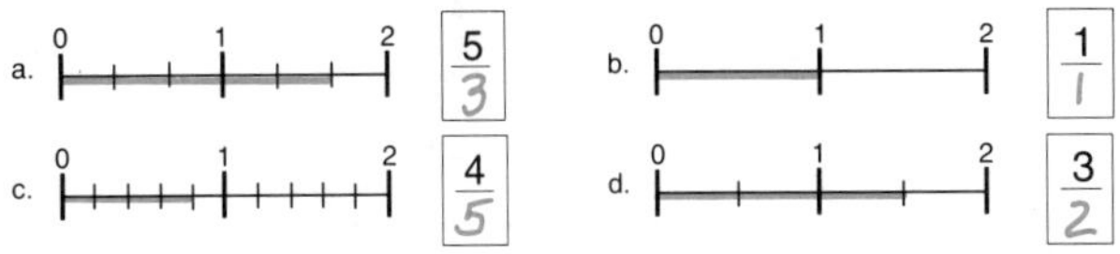

Part 3 Write each letter where it belongs on the grid.

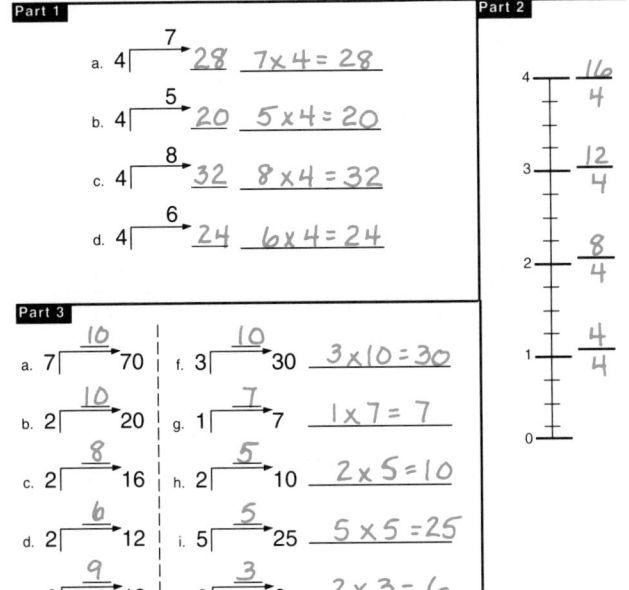

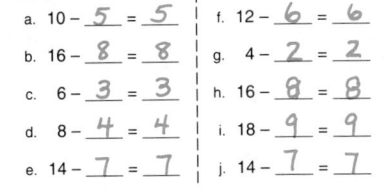

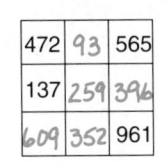

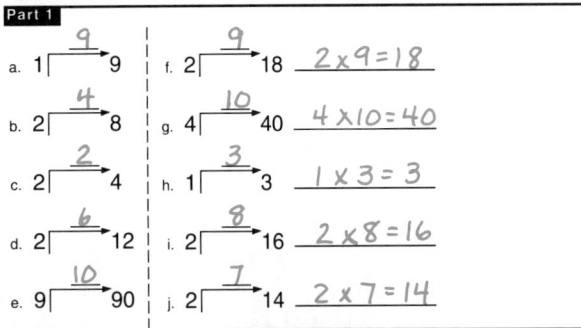

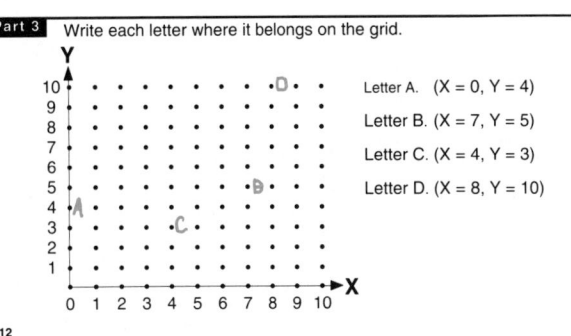

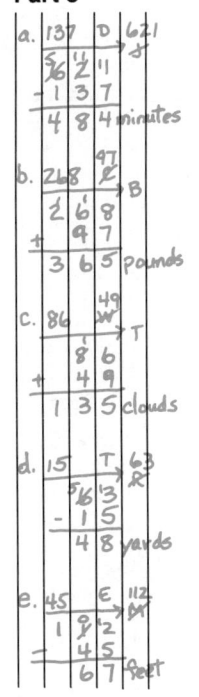

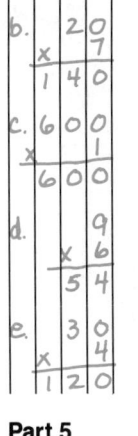

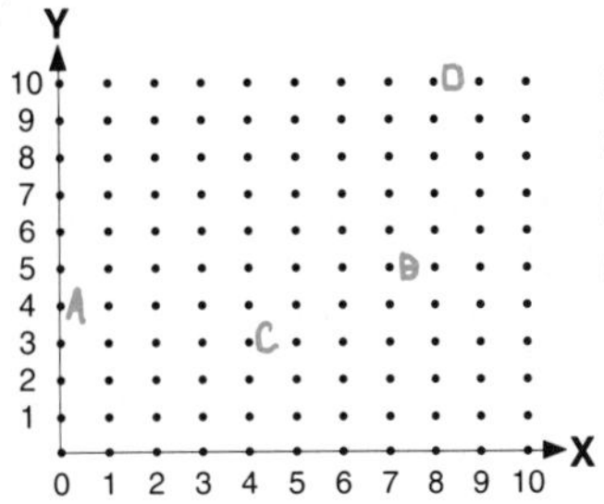

Letter A. (X = 0, Y = 4)

Letter B. (X = 7, Y = 5)

Letter C. (X = 4, Y = 3)

Letter D. (X = 8, Y = 10)

112

Lesson 71 Workbook

Part 5

565 – 472 = 93

472 + 137 = 609

961 – 565 = 396

396 – 137 = 259

961 – 609 = 352

Lesson 71 Textbook

Part 1

a. 33
b. 52
c. 12
d. 19
e. 41

Part 2

a. 6x9=54
b. 3x9=27
c. 8x9=72
d. 5x9=45
e. 9x9=81
f. 7x9=63
g. 4x9=36
h. 2x9=18

Part 3

a. 137 D 621 — 621 – 137 = 484 minutes

b. 268 97 B — 268 + 97 = 365 pounds

c. 86 49 T — 86 + 49 = 135 clouds

d. 15 T 63 — 63 – 15 = 48 yards

e. 45 E 112 — 112 – 45 = 67 feet

Part 4

a. 500 x 8 = 4000

b. 20 x 7 = 140

c. 600 x 1 = 600

d. 9 x 6 = 54

e. 30 x 4 = 120

Part 5

a. 41
b. small clouds
c. Saturday
d. 83
e. 51

Lesson 72 Textbook

Part 1

a. 27
b. 81
c. 18
d. 45
e. 63
f. 54
g. 72

Part 3

a. 24
b. 32
c. 20
d. 28
e. 12
f. 16
g. 36
h. 32
i. 24
j. 28
k. 20

Part 4

	Wednesday	Thursday	T
Big clouds	30	84	114
Small clouds	92	115	207
T	122	199	321

92 + 115 = 207

321 – 199 = 122

122 – 92 = 30

321 – 207 = 114

a. Thursday
b. Thursday
c. Thursday
d. 115
e. 30

Part 2

a. 67 □ 499 — 499 – 67 = 432 pieces

b. 499 67 □ — 499 + 67 = 566 pieces

c. 76 □ 499 — 499 – 76 = 423 pieces

d. □ 67 499 — 499 – 167 = 332 pieces

Part 6

a. $9 + 4 + 1 = $14

b. $1 + 4 + 1 = $6

c. $9 + 1 + 3 = $13

d. $9 + 3 + 1 = $13

a. $8.92 + 4.11 + .89 = $13.92

b. $1.07 + 4.11 + .89 = $6.07

c. $8.92 + 1.07 + 3.02 = $13.01

d. $8.92 + 3.02 + .89 = $12.83

Lesson 73

Part 1

a. 10 – 3 = 7 b. 11 – 3 = 8 c. 6 – 3 = 3 d. 9 – 3 = 6

e. 13 – 3 = 10 f. 11 – 3 = 8 g. 10 – 3 = 7 h. 12 – 3 = 9

i. 8 – 3 = 5

Part 2

a. $\frac{5}{3}$ (more than 1 unit) / less than 1 unit — 0 1 2 3 — $\frac{3}{3}$ $\frac{6}{3}$ $\frac{9}{3}$

b. $\frac{7}{4}$ (more than 1 unit) / less than 1 unit — 0 1 2 3 — $\frac{4}{4}$ $\frac{8}{4}$ $\frac{12}{4}$

c. $\frac{1}{2}$ more than 1 unit / (less than 1 unit) — 0 1 2 3 — $\frac{2}{2}$ $\frac{4}{2}$ $\frac{6}{2}$

d. $\frac{7}{5}$ (more than 1 unit) / less than 1 unit — 0 1 2 3 — $\frac{5}{5}$ $\frac{10}{5}$ $\frac{15}{5}$

Part 3

a. 2 → 10 → 20 f. 2 → 7 → 14 2 x 7 = 14

b. 1 → 10 → 10 g. 2 → 9 → 18 2 x 9 = 18

c. 2 → 8 → 16 h. 2 → 6 → 12 2 x 6 = 12

d. 1 → 8 → 8 i. 2 → 10 → 20 2 x 10 = 20

e. 7 → 10 → 70 j. 2 → 8 → 16 2 x 8 = 16

Do the independent work for Lesson 73 of your textbook.

Lesson 74

Part 1

a. 4 x 7 = 28 b. 4 x 9 = 36 c. 4 x 8 = 32 d. 4 x 6 = 24

e. 5 x 4 = 20 f. 7 x 4 = 28 g. 10 x 4 = 40 h. 8 x 4 = 32

i. 4 x 6 = 24 j. 8 x 4 = 32 k. 4 x 5 = 20 l. 4 x 9 = 36

Part 2

a. 5 → 5 → 25 f. 2 → 10 → 20 2 x 10 = 20

b. 2 → 6 → 12 g. 2 → 9 → 18 2 x 9 = 18

c. 1 → 6 → 6 h. 2 → 7 → 14 2 x 7 = 14

d. 8 → 10 → 80 i. 2 → 8 → 16 2 x 8 = 16

e. 2 → 9 → 18 j. 2 → 6 → 12 2 x 6 = 12

Part 3

Circle **more than 1 unit** or **less than 1 unit.** Then shade the parts.

a. $\frac{1}{2}$ more than 1 unit / (less than 1 unit)

b. $\frac{5}{3}$ (more than 1 unit) / less than 1 unit

c. $\frac{4}{2}$ (more than 1 unit) / less than 1 unit

d. $\frac{3}{4}$ more than 1 unit / (less than 1 unit)

Part 4 **Independent Work**

Write each letter where it belongs on the grid.

A. (X = 1, Y = 8) C. (X = 4, Y = 5)

B. (X = 6, Y = 3) D. (X = 10, Y = 0)

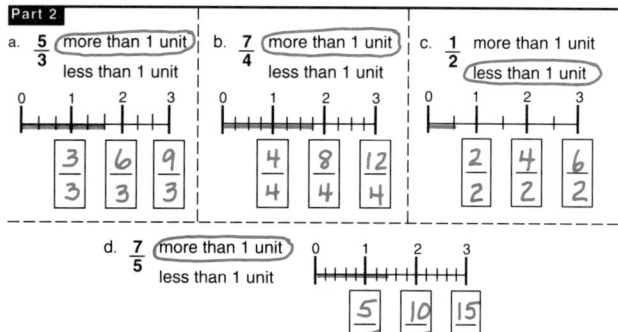

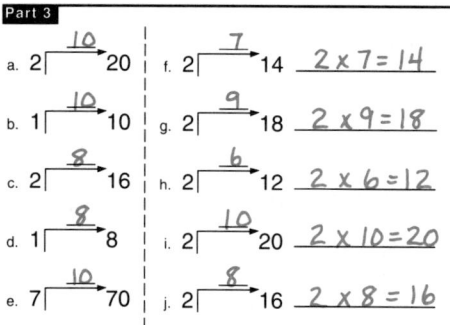

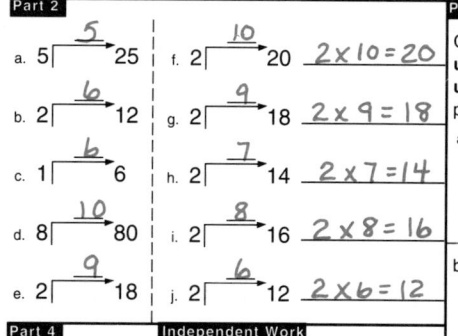

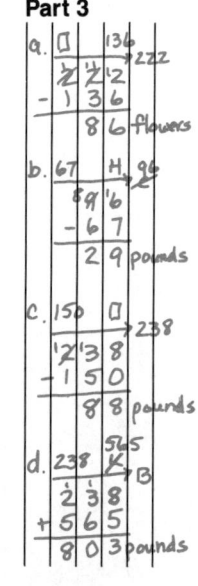

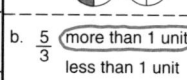

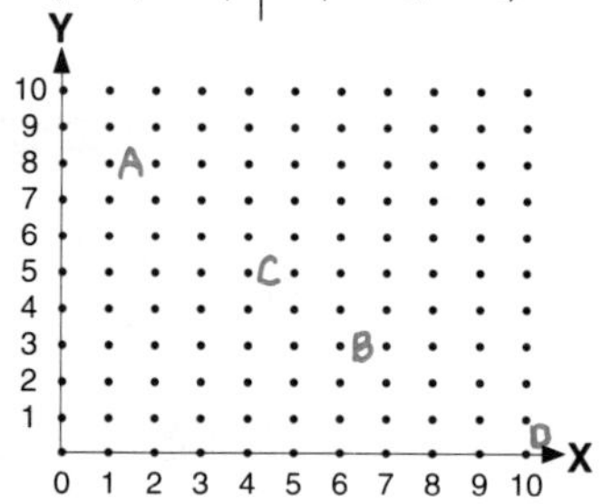

Lesson 73 Textbook

Part 1

a. 24 g. 32
b. 36 h. 40
c. 28 i. 28
d. 32 j. 20
e. 12 k. 36
f. 24 l. 12

Part 2

	Monday	Friday	T
Red birds	19	63	82
Blue birds	33	58	91
T	52	121	173

82 – 19 = 63; 52 + 121 = 173; 121 – 63 = 58; 173 – 82 = 91

a. Blue birds
b. Red birds
c. 173
d. 121

Part 3

a. 222 – 136 = 86 flowers
b. 96 – 67 = 29 pounds
c. 238 – 150 = 88 pounds
d. 238 + 565 = 803 pounds

Part 4

a. 700 x 4 = 2800
b. 80 x 2 = 160
c. 5 x 4 = 20

Part 5

a. 307 + 10 + 894 = 1211
b. 8 + 691 + 34 = 733

Part 6

a. $3 + $10 + $1 = $14
b. $2 + $3 + $3 = $8
c. $3 + $3 + $1 = $7
d. $2 + $3 + $10 = $15

Lesson 74 Textbook

Part 1

	Sunday	Monday	T
Old cars	40	29	69
New cars	44	46	90
T	84	75	159

44 + 46 = 90; 159 – 75 = 84; 84 – 44 = 40; 75 – 46 = 29

a. New cars
b. 159
c. New cars
d. 75

Part 2

A. 1. River City
2. 10
3. 16

B. 1. Mountain Street
2. 15
3. 9

C. 1. 70
2. Mountain Park
3. 30

Part 3

a. 5
b. 7
c. 4
d. 8
e. 3
f. 9
g. 7
h. 10
i. 8

Part 4

a. 54
b. 13
c. 36
d. 23

Part 5

a. 171 – 37 = 134 boxes
b. 131 – 41 = 90 marbles
c. 765 – 141 = 624 Men

Lesson 75

Part 1

a. 38 b. 59 c. 39 d. 82 e. 28

Part 2 Circle **more than 1, less than 1** or **equal to 1.** Then shade the parts in the picture.

a. $\frac{4}{4}$ more than 1 / less than 1 / (equal to 1)

b. $\frac{2}{2}$ more than 1 / less than 1 / (equal to 1)

c. $\frac{6}{5}$ (more than 1) / less than 1 / equal to 1

d. $\frac{4}{5}$ more than 1 / (less than 1) / equal to 1

e. $\frac{5}{5}$ more than 1 / less than 1 / (equal to 1)

Part 3

a. 9 x 4 = 36
b. 10 x 4 = 40
c. 6 x 4 = 24
d. 5 x 4 = 20
e. 8 x 4 = 32
f. 7 x 4 = 28
g. 4 x 4 = 16
h. 4 x 8 = 32
i. 4 x 6 = 24
j. 4 x 9 = 36

Part 4 Write the missing numbers.

a. 2 —8→ 16
b. 1 —7→ 7
c. 5 —4→ 20
d. 3 —10→ 30
e. 2 —5→ 10
f. 2 —4→ 8
g. 2 —2→ 4
h. 10 —7→ 70

Part 5 **Independent Work** Figure out the answers.

a. 50 x 7 = 350
b. 600 x 9 = 5400
c. 800 x 1 = 800
d. 3 x 4 = 12

Part 6 Complete the subtraction facts. Each fact has small numbers that are the same.

a. 10 – 5 = 5
b. 16 – 8 = 8
c. 6 – 3 = 3
d. 8 – 4 = 4
e. 14 – 7 = 7
f. 12 – 6 = 6

Lesson 76

Part 1

a. 10 – 3 = 7 10 – 7 = 3
b. 11 – 3 = 8 11 – 8 = 3
c. 13 – 3 = 10 13 – 10 = 3
d. 9 – 3 = 6 9 – 6 = 3

Part 2

a. 14 – 7 = 7
b. 16 – 8 = 8
c. 11 – 8 = 3
d. 12 – 6 = 6
e. 10 – 5 = 5
f. 10 – 7 = 3
g. 4 – 2 = 2
h. 11 – 8 = 3
i. 6 – 3 = 3
i. 10 – 7 = 3

Part 3 The table is supposed to show the cars that were on two different streets.

	Elm Street	Oak Street	Total for both streets
Small cars	29	20	49
Big cars	47	44	91
Total cars	76	64	140

Fact 1: On Elm Street there were 76 cars in all.
Fact 2: The total of all small cars was 49.
Fact 3: On Oak Street there were 20 small cars.
Fact 4: The total of all cars on both streets was 140.

a. Were there more big cars on Elm Street or Oak Street? Elm Street
b. How many big cars were on Oak Street? 44
c. How many total big cars were there? 91
d. Were there more big cars or small cars? Big cars
e. Were there more cars on Elm Street or on Oak Street? Elm Street

Part 4

a. 2 x 4 = 8
b. 2 x 9 = 18
c. 1 x 5 = 5
d. 2 x 7 = 14
e. 5 x 5 = 25
f. 2 x 5 = 10
g. 9 x 10 = 90
h. 2 x 8 = 16
i. 2 x 6 = 12
j. 2 x 10 = 20

Lesson 75 Textbook

Part 2

A. 1. $\frac{3}{4}$
2. $\frac{8}{4}$
B. 1. 3
2. 6
C. 1. $\frac{2}{10}$
2. $\frac{5}{10}$

Part 3

a. 4
b. 7
c. 9
d. 5
e. 8
f. 4
g. 6
h. 7
i. 3
j. 6
k. 5
l. 8
m. 10

Part 4

	Valley	Hill	T
Small rocks	30	115	145
Big rocks	29	36	65
T	59	151	210

29 + 36 = 65
59 – 29 = 30
210 – 59 = 151
151 – 36 = 115

a. 65
b. Hill
c. 210
d. Small rocks

Part 5

a. $ 1 9 + 3 = $1 3
b. $ 2 3 + 7 = $1 2
c. $ 1 2 + 3 = $6
d. $ 1 9 + 7 = $1 7

Lesson 76 Workbook

Part 3

49 – 20 = 29
140 – 76 = 64
76 – 29 = 47
64 – 20 = 44
140 – 49 = 91

Lesson 76 Textbook

Part 1

A. 1. 15
2. 12
B. 1. 6
2. 2
3. June

Part 5

a. 36
b. 18
c. 29
d. 53

Part 2

a. $3 + 16 = $10
b. $2.98 + .92 + 6.08 = $9.98
c. $1 + 6 + 4 = $11
d. $.92 + 6.08 + 4.10 = $11.10

Part 4

a. 451 —59→ □
451 + 59 = 510 fleas

b. 99 —B→ 148
148 – 99 = 49 hours

c. 194 —□→ 308
308 – 194 = 114 chickens

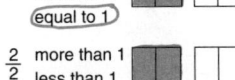

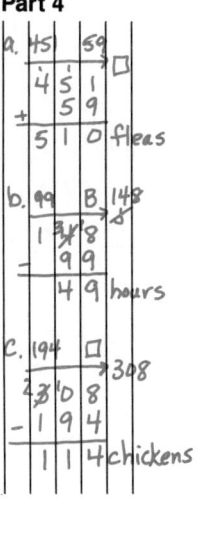

Part 5

a. $\frac{8}{6}$ (more than 1) less than 1 equal to 1

b. $\frac{6}{8}$ more than 1 (less than 1) equal to 1

c. $\frac{6}{6}$ more than 1 less than 1 (equal to 1)

d. $\frac{8}{8}$ more than 1 less than 1 (equal to 1)

e. $\frac{7}{6}$ (more than 1) less than 1 equal to 1

f. $\frac{5}{6}$ more than 1 (less than 1) equal to 1

g. $\frac{9}{7}$ (more than 1) less than 1 equal to 1

h. $\frac{7}{7}$ more than 1 less than 1 (equal to 1)

Lesson 77

Part 1

The table is supposed to show the number of rocks in different parks.

	Mountain Park	Valley Park	Total for both parks
Small rocks	10	14	24
Large rocks	8	5	13
Total rocks	18	19	37

Fact 1: In Mountain Park, there are 18 rocks in all.

Fact 2: In Mountain Park, there are 10 small rocks.

Fact 3: The total number of rocks in both parks is 37.

Fact 4: In Valley Park, there are 5 large rocks.

a. Were there more large rocks in Mountain Park or Valley Park? Mountain Park

b. How many large rocks were there in both parks? 13

c. Were there more large rocks or small rocks? Small rocks

d. Were there more rocks in Mountain Park or Valley Park? Valley Park

Part 2

a. 9 x 3 = 27 b. 9 x 5 = 45 c. 3 x 9 = 27 d. 9 x 4 = 36 e. 2 x 9 = 18 f. 4 x 9 = 36 g. 9 x 6 = 54 h. 5 x 9 = 45

Part 3

a. $1 = \frac{3}{3}$ b. $1 = \frac{6}{6}$ c. $1 = \frac{4}{4}$ d. $1 = \frac{7}{7}$

Part 4

a. $1 = \frac{5}{5}$ b. $1 < \frac{6}{5}$ c. $1 > \frac{4}{5}$ d. $1 < \frac{10}{5}$

Part 5

a. $1 = \frac{7}{7}$ b. $1 > \frac{5}{7}$ c. $1 > \frac{1}{7}$ d. $1 < \frac{8}{7}$

Do the independent work for Lesson 77 of your textbook.

Lesson 78

Part 1

a. $1 = \frac{2}{2}$ b. $1 < \frac{3}{2}$ c. $1 > \frac{1}{2}$ d. $1 < \frac{5}{2}$

Part 2

a. $1 = \frac{10}{10}$ b. $1 > \frac{9}{10}$ c. $1 < \frac{20}{10}$ d. $1 > \frac{1}{10}$

Part 3

a. 2 → [5] 10; [5] → [2] 10

b. 2 → [9] 18; [9] → [2] 18

c. 2 → [4] 8; [4] → [2] 8

d. 2 → [10] 20; [10] → [2] 20

Lesson 77 Workbook

Part 1

10 + 14 = 24

37 − 18 = 19

18 − 10 = 8

37 − 24 = 13

Lesson 77 Textbook

Part 2

a. 5x2=10
b. 4x2=8
c. 10x2=20
d. 10x7=70
e. 8x2=16
f. 6x2=12
g. 9x2=18

Part 3

a. 3 b. 3 c. 5 d. 7 e. 3 f. 10
g. 8 h. 3 i. 4 j. 4 k. 3 l. 4

Part 4

a. \$ .94 + 6.08 + 4.10 = \$11.12

b. \$1 + 1 + 4 = \$6

c. \$2.98 + .94 + 6.08 = \$10.00

d. \$1 + 6 + 4 = \$11

Part 5

a. 56, □, 115: \$115 − 56 = \$59

b. 454, 130, □: 454 + 130 = 584 stamps

c. 137, 64, S: 137 + 64 = 201 bugs

Lesson 78 Workbook

Part 4

31 + 18 = 49

90 − 65 = 25

31 + 65 = 96

18 + 25 = 43

49 + 90 = 139

Lesson 78 Textbook

Part 4

a. □, 34, 97: 97 − 34 = 63 trees

b. 45, F, 124: 124 − 45 = 79 trees

c. 32, 135, S: 32 + 135 = 167 pounds

Part 5

a. 600 x 4 = 2400

b. 90 x 4 = 360

c. 300 x 4 = 1200

Part 6

a. 48
b. 13
c. 26
d. 39

Part 7

a. \$1.06 + 6.01 + 2.48 = \$9.55

b. \$3 + 1 + 5 = \$9

c. \$3 + 1 + 6 = \$10

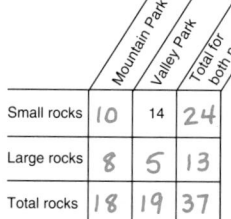

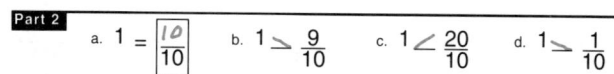

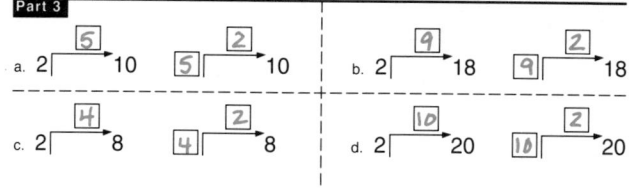

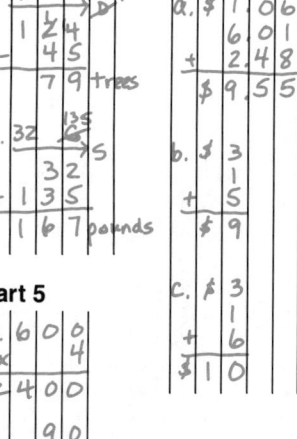

Part 4

The table is supposed to show the number of small and big boats that were on two different lakes.

	Clear Lake	Swan Lake	Total for both lakes
Small boats	31	18	49
Big boats	65	25	90
Total boats	96	43	139

Fact 1: There were 90 big boats on both lakes.
Fact 2: There were 31 small boats on Clear Lake.
Fact 3: There were 65 big boats on Clear Lake.
Fact 4: There were 18 small boats on Swan Lake.

a. How many small boats were on both lakes? 49
b. How many big boats were on Swan Lake? 25
c. Were there more big boats or small boats on Swan Lake? Big boats

Part 5

a. 9 x 7 = 63 b. 6 x 9 = 54 c. 5 x 9 = 45 d. 9 x 8 = 72
e. 9 x 6 = 54 f. 8 x 9 = 72 g. 9 x 10 = 90 h. 7 x 9 = 63

Do the independent work for Lesson 78 of your textbook.

Lesson 79

Part 1

a. 9 x 2 = 18 b. 4 x 9 = 36 c. 9 x 6 = 54 d. 9 x 5 = 45
e. 9 x 3 = 27 f. 5 x 9 = 45 g. 3 x 9 = 27 h. 9 x 4 = 36
i. 2 x 9 = 18 j. 6 x 9 = 54

Part 2

The table is supposed to show the number of ducks and geese seen on two different lakes.

	Clear Lake	Swan Lake	Total for both lakes
Ducks	149	20	169
Geese	19	37	56
Total birds	168	57	225

Fact 1: The total geese seen on both lakes was 56.
Fact 2: 20 ducks were seen on Swan Lake.
Fact 3: 19 geese were seen on Clear Lake.
Fact 4: The total birds seen on Clear Lake was 168.

a. Were there more ducks seen on Clear Lake or on Swan Lake? Clear Lake
b. How many total ducks were seen on both lakes? 169
c. How many total birds were seen on both lakes? 225

Part 3

a. 3 —5→ 15   5 —3→ 15
b. 2 —9→ 18   9 —2→ 18
c. 4 —5→ 20   5 —4→ 20
d. 2 —7→ 14   7 —2→ 14
e. 2 —5→ 10   5 —2→ 10

Part 4

a. $\frac{4}{4} = 1$ $\frac{1}{4} < 1$ $1 > \frac{3}{4}$ $1 < \frac{7}{4}$

b. $1 = \frac{5}{5}$ $1 > \frac{4}{5}$ $1 < \frac{6}{5}$ $1 = \frac{5}{5}$

Lesson 79 Workbook

Part 2

168 + 57 = 225
56 − 19 = 37
168 − 19 = 149
225 − 56 = 169

Lesson 79 Textbook

Part 1

a. 3:23
b. 5:37
c. 1:59
d. 11:16

Part 3

a. 9
b. 8
c. 5
d. 10
e. 6
f. 7
g. 8
h. 9
i. 10
j. 7

Part 4

a. 24 □ 71: 71 − 24 = 47 pages
b. 29 71 □: 29 + 71 = 100 pages
c. 121 72 □: 121 + 72 = 193 bird houses
d. 245 □ 340: 340 − 245 = 95 nails

Part 5

a. 7 x 4 = 28
b. 400 x 2 = 800
c. 60 x 4 = 240
d. 90 x 4 = 360
e. 500 x 3 = 1500

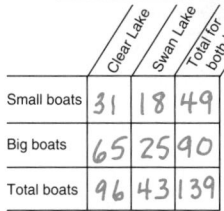

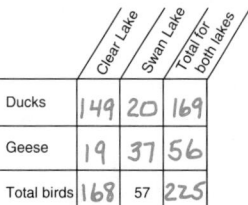

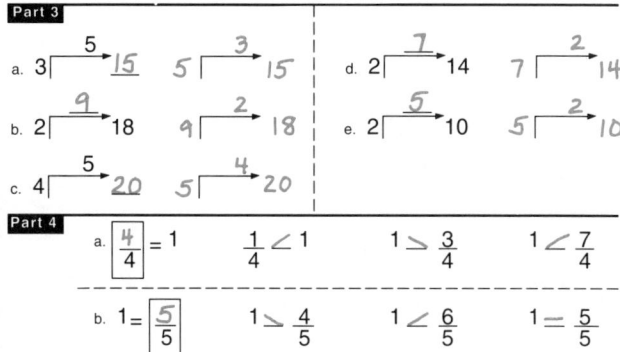

Lesson 80

Part 1

a. 9 x 6 = 54 b. 5 x 9 = 45 c. 9 x 9 = 81 d. 9 x 7 = 63

e. 6 x 9 = 54 f. 9 x 3 = 27 g. 9 x 8 = 72 h. 10 x 9 = 90

i. 9 x 5 = 45 j. 7 x 9 = 63 k. 8 x 9 = 72 l. 9 x 4 = 36

Part 2

a. $1 > \frac{4}{5}$ b. $1 < \frac{6}{4}$ c. $\frac{9}{8} > 1$ d. $\frac{7}{7} = 1$ e. $\frac{5}{8} < 1$

Part 3

a. 2 —5→ 10 5 —2→ 10

b. 3 —4→ 12 4 —3→ 12

c. 4 —4→ 16 4 —4→ 16

d. 3 —5→ 15 5 —3→ 15

e. 2 —6→ 12 6 —2→ 12

Part 4

a. $\frac{6+3}{4} = \frac{9}{4}$ b. $\frac{6-5}{7} = \frac{1}{7}$ c. $\frac{9-4}{3} = \frac{5}{3}$

d. $\frac{10-8}{5} = \frac{2}{5}$ e. $\frac{5+6}{10} = \frac{11}{10}$ f. $\frac{12-9}{2} = \frac{3}{2}$

g. $\frac{9+9}{7} = \frac{18}{7}$

Lesson 80 Textbook

Part 1

a. 400 + 400 = 800

b. 200 + 700 = 900

c. 600 − 400 = 200

d. 700 − 200 = 500

e. 400 + 300 = 700

Part 2

	Elm Street	Oak Street	T
Blue birds	6	23	29
Black birds	32	37	69
T	38	60	98

29 − 6 = 23

32 + 37 = 69

23 + 37 = 60

29 + 69 = 98

Part 3

a. 5
b. 7
c. 8
d. 10
e. 9
f. 6
g. 7
h. 8
i. 6

Part 4

a. 11:37
b. 4:12
c. 6:42

Part 5

a. □ 36 → 324; 3/8 2 4 − 3 6 = 2 8 8 nails

b. 19 □ → 46; 3/4 6 − 1 9 = 2 7 inches

c. 99 □ → 368; 3/8 6/6 8 − 9 9 = 2 6 9 toys

d. 384 5 → 432; 4/3 3/2 2 − 3 8 4 = 4 8 ounces

Part 6

a. 8 9 + 8 1 1 + 1 9 1 = $1 0 9 1

b. $8 + 2 + 6 = $16

c. $1 + 6 = $7

Test 8

Test Scoring Procedures begin on page 101.

Part 1

a. 16 – 8 = 8 b. 6 – 3 = 3 c. 12 – 6 = 6 d. 4 – 2 = 2

e. 10 – 5 = 5 f. 18 – 9 = 9 g. 14 – 7 = 7 h. 2 – 1 = 1

Part 2

a. 3 x 4 = 12 b. 8 x 4 = 32 c. 4 x 9 = 36 d. 4 x 10 = 40

e. 5 x 4 = 20 f. 6 x 4 = 24 g. 4 x 6 = 24 h. 4 x 7 = 28

i. 7 x 4 = 28 j. 4 x 4 = 16 k. 4 x 8 = 32 l. 4 x 2 = 8

m. 9 x 4 = 36 n. 10 x 4 = 40 o. 4 x 3 = 12 p. 4 x 5 = 20

Part 3

a. 2 x 4 = 8 b. 2 x 7 = 14 c. 9 x 10 = 90 d. 2 x 6 = 12

e. 2 x 9 = 18 f. 5 x 5 = 25 g. 2 x 8 = 16 h. 2 x 10 = 20

i. 1 x 5 = 5 j. 2 x 5 = 10

Part 4

a. 8 − 3 = 5 b. 10 − 7 = 3 c. 11 − 8 = 3 d. 11 − 3 = 8 e. 12 − 8 = 4

f. 6 − 3 = 3 g. 10 − 3 = 7 h. 13 − 3 = 10 i. 11 − 7 = 4 j. 7 − 3 = 4

Part 5 Complete the sign.

a. $\frac{1}{4} < 1$ b. $\frac{3}{4} < 1$ c. $\frac{7}{7} = 1$

Part 6 Complete the table. Then answer the questions.

The table is supposed to show the number of rocks in two different parks.

	Mountain Park	Valley Park	Total for both parks
Small rocks	10	14	24
Large rocks	8	5	13
Total rocks	18	19	37

Fact 1: In Mountain Park, there are 18 total rocks.

Fact 2: In Mountain Park, there are 10 small rocks.

Fact 3: The total number of rocks in both parks is 37.

Fact 4: In Valley Park, there are 5 large rocks.

a. Were there more large rocks in Mountain Park or Valley Park? Mountain Park

b. How many large rocks were there in both parks? 13

c. Were there more large rocks or small rocks? Small rocks

d. Were there more rocks in Mountain Park or Valley Park? Valley Park

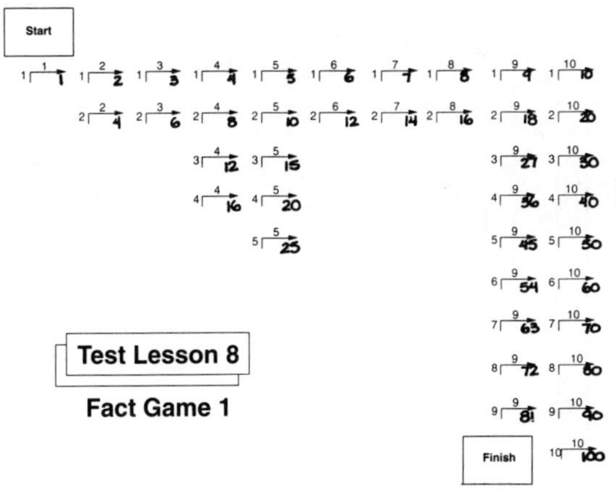

Test Lesson 8

Fact Game 1

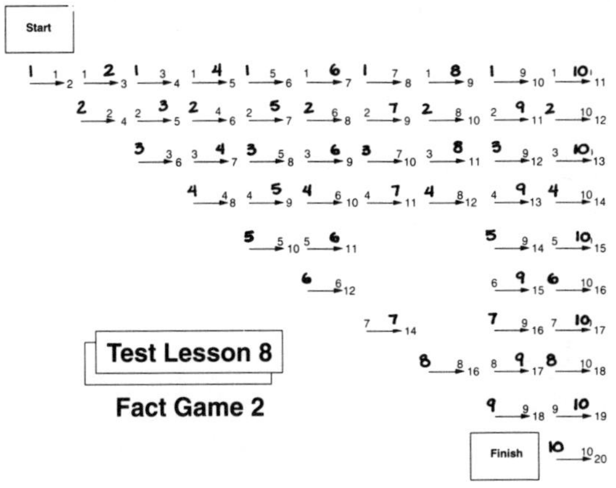

Test Lesson 8

Fact Game 2

Test 8/Extra Practice

Part 1

a. 10 – 5 = 5
b. 16 – 8 = 8
c. 6 – 3 = 3
d. 8 – 4 = 4
e. 14 – 7 = 7
f. 12 – 6 = 6
g. 4 – 2 = 2
h. 16 – 8 = 8
i. 18 – 9 = 9
j. 14 – 7 = 7

Part 2

a. 9 x 4 = 36
b. 10 x 4 = 40
c. 6 x 4 = 24
d. 5 x 4 = 20
e. 8 x 4 = 32
f. 7 x 4 = 28
g. 4 x 4 = 16
h. 4 x 8 = 32
i. 4 x 6 = 24
j. 4 x 9 = 36

Part 3

a. 2 x 4 = 8
b. 2 x 9 = 18
c. 1 x 5 = 5
d. 2 x 7 = 14
e. 5 x 5 = 25
f. 2 x 5 = 10
g. 9 x 10 = 90
h. 2 x 8 = 16
i. 2 x 6 = 12
j. 2 x 10 = 20

Part 4

a. $1 > \frac{4}{5}$ b. $1 < \frac{6}{4}$ c. $\frac{9}{8} > 1$ d. $\frac{7}{7} = 1$ e. $\frac{5}{8} < 1$

Part 5

	Elm Street	Oak Street	Total for both streets
Small cars	29	20	49
Big cars	47	44	91
Total cars	76	64	140

Fact 1: On Elm Street there were 76 cars in all.

Fact 2: The total of all small cars was 49.

Fact 3: On Oak Street there were 20 small cars.

Fact 4: The total of all cars on both streets was 140.

a. Were there more big cars on Elm Street or Oak Street? Elm Street

b. How many big cars were on Oak Street? 44

c. How many total big cars were there? 91

d. Were there more big cars or small cars? Big cars

e. Were there more cars on Elm Street or on Oak Street? Elm Street

Lesson 81

a. 13 $10 - \boxed{4} = \underline{6}$ c. 11 $10 - \boxed{7} = \underline{3}$
    – 7   – 8

b. 12 $10 - \boxed{3} = \underline{7}$ d. 14 $10 - \boxed{2} = \underline{8}$
    – 5   – 6

Part 2

a. $2\overset{9}{\longrightarrow}18$ $9\overset{2}{\longrightarrow}18$ d. $3\overset{4}{\longrightarrow}12$ $4\overset{3}{\longrightarrow}12$

b. $4\overset{5}{\longrightarrow}20$ $5\overset{4}{\longrightarrow}20$ e. $2\overset{8}{\longrightarrow}16$ $8\overset{2}{\longrightarrow}16$

c. $2\overset{7}{\longrightarrow}14$ $7\overset{2}{\longrightarrow}14$ f. $3\overset{5}{\longrightarrow}15$ $5\overset{3}{\longrightarrow}15$

Part 3 Independent Work

Complete the sign for each equation.

a. $\frac{8}{7} > 1$ b. $1 > \frac{5}{7}$ c. $\frac{1}{7} < 1$ b. $1 = \frac{7}{7}$

Part 4 For each problem, complete the fraction and shade the parts.

a. $\frac{5}{3}$ b. $\frac{4}{5}$

c. $\frac{4}{4}$ d. $\frac{1}{2}$

126   Do the independent work for Lesson 81 of your textbook.

58

Lesson 81 Textbook

Part 1
a. 7
b. 3
c. 5
d. 6
e. 2
f. 8
g. 10
h. 7
i. 9
j. 2
k. 4
l. 8

Part 3
a. 10
b. 45
c. 28
d. 15
e. 20
f. 32
g. 27
h. 54
i. 12
j. 63
k. 25
l. 72

Part 2

	Boys	Girls	T
Elm Street	37	23	60
Oak Street	74	19	93
T	111	42	153

```
   1
   3 7
 + 2 3
   6 0

  1 5 3
 -  4 2
  1 1 1

   3
   4 2
 - 2 3
   1 9

  1 5 3
 -  6 0
    9 3
```

Part 4
```
a.   8 0 0 0
   - 3 0 0 0
     5 0 0 0

b.   7 0 0 0
   - 6 0 0 0
     1 0 0 0

c. 1 0 0 0 0
 +   3 0 0 0
   1 3 0 0 0

d.   8 0 0 0
   + 2 0 0 0
   1 0 0 0 0

e.   9 0 0 0
   - 5 0 0 0
     4 0 0 0
```

Part 5
a. $\frac{7}{5}$ b. $\frac{6}{7}$ c. $\frac{12}{10}$ d. $\frac{2}{5}$ e. $\frac{8}{8}$ f. $\frac{8}{9}$

Part 7
```
a. 7 0 0
 ×     9
 6 3 0 0

b.     8
   ×   4
     3 2

c.   3 0
   ×   4
   1 2 0

d.   1 0
   ×   7
     7 0

e. 9 0 0
 ×     4
 3 6 0 0
```

Part 8
```
a. 273  J  381
        7
      3 8 11
    - 2 7 3
      1 0 8 minutes

b. 34     120
          6  → A
      3 4
    + 1 2 0
    1 5 4 miles

c. 223  85
        1  → □
      2 2 3
    +   8 5
      3 0 8 bubbles
```

Part 9
a. 10   g. 4
b. 5   h. 3
c. 3   i. 3
d. 3   j. 6
e. 9   k. 8
f. 6   l. 0

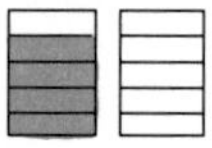

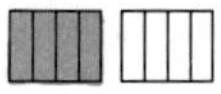

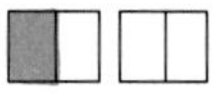

Lesson 82

Part 1

a. 13 − 5 = 8 13 − 8 = 5 | b. 12 − 5 = 7 12 − 7 = 5

Part 2

a. 13 − 9 = 4 b. 13 − 8 = 5 c. 12 − 9 = 3 d. 12 − 8 = 4

e. 12 − 7 = 5 f. 12 − 6 = 6 g. 12 − 5 = 7 h. 13 − 5 = 8

i. 14 − 7 = 7 j. 12 − 7 = 5 k. 16 − 8 = 8 l. 11 − 8 = 3

m. 12 − 8 = 4 n. 13 − 8 = 5

Part 3

a. 5 → 15 (3) b. 5 → 10 (2) c. 10 → 60 (6)

d. 7 → 14 (2) e. 10 → 90 (9) f. 8 → 16 (2)

Part 4

a. $\frac{2+3}{5} = \frac{5}{5}$ b. $\frac{10-7}{3} = \frac{3}{3}$ c. $\frac{8+9}{10} = \frac{17}{10}$

d. $\frac{1+3}{5} = \frac{4}{5}$ e. $\frac{7-5}{5} = \frac{2}{5}$ f. $\frac{9-3}{8} = \frac{6}{8}$

Part 5

a. 13 − 7 = ■ 10 − 4 = 6

b. 14 − 8 = ■ 10 − 4 = 6

c. 15 − 9 = ■ 10 − 4 = 6

d. 13 − 8 = ■ 10 − 5 = 5

Lesson 82 Textbook

Part 1

	Mountain Park	Valley Park	T
Small buildings	29	56	85
Large buildings	49	31	80
T	78	87	165

29 + 56 = 85

80 − 49 = 31

29 + 49 = 78

80 + 85 = 165

a. small buildings
b. Valley Park
c. 165

Part 2

a. 40
b. 45
c. 28
d. 15
e. 20
f. 32
g. 27
h. 54
i. 12
j. 63
k. 25
l. 72

Part 3

a. 6000 + 2000 = 8000

b. 700 + 200 = 900

c. 6000 − 1000 = 5000

5968 − 992 = 4976

d. 4000 + 3000 = 7000

e. 7000 − 3000 = 4000

6982 − 2973 = 4009

Part 4

a. \$2.94 + 1.03 + 3.04 = \$7.01

b. \$9 + 4 + 3 = \$16

c. \$2.94 + 9.01 + 3.93 = \$15.88

Part 5

a. 66 → T → 135; 135 − 66 = 69 miles an hour

b. 128 → □ → 465; 465 − 128 = 337 golf balls

c. 170 → s → 199; 199 − 170 = 29 feet

d. 5.19 → 6.50 → □; \$5.19 + 6.50 = \$11.69

Part 6

a. 12:22
b. 1:54
c. 8:12
d. 6:46

Part 7

a. 900 × 4 = 3600

b. 10 × 7 = 70

c. 40 × 5 = 200

d. 700 × 4 = 2800

e. 6 × 4 = 24

Lesson 83

Part 1

a. 7 → 14: 2 b. 10 → 40: 4 c. 5 → 10: 2 d. 9 → 18: 2

e. 10 → 90: 9 f. 6 → 12: 2 g. 7 → 7: 1

Part 2

a. $\frac{5}{3} - \frac{2}{3} = \frac{5-2}{3} = \frac{3}{3}$

b. $\frac{6}{4} + \frac{1}{4} = \frac{6+1}{4} = \frac{7}{4}$

c. $\frac{7}{3} - \frac{1}{3} = \frac{7-1}{3} = \frac{6}{3}$

d. $\frac{6}{4} - \frac{5}{4} = \frac{6-5}{4} = \frac{1}{4}$

e. $\frac{3}{4} + \frac{5}{4} = \frac{3+5}{4} = \frac{8}{4}$

f. $\frac{10}{3} - \frac{7}{3} = \frac{10-7}{3} = \frac{3}{3}$

g. $\frac{12}{5} - \frac{8}{5} = \frac{12-8}{5} = \frac{4}{5}$

Part 3

a. 13 − 6 = [redacted] 10 − 3 = 7

b. 15 − 8 = [redacted] 10 − 3 = 7

c. 16 − 9 = [redacted] 10 − 3 = 7

d. 14 − 6 = [redacted] 10 − 2 = 8

Part 4

a. $1 > \frac{5}{6}$ b. $1 < \frac{4}{3}$ c. $1 = \frac{7}{7}$ d. $1 < \frac{9}{8}$

e. $1 < \frac{8}{7}$ f. $1 > \frac{7}{8}$ g. $1 = \frac{2}{2}$

Do the independent work for Lesson 83 of your textbook.

Lesson 84

Part 1

a. 47 × 5 = 235 (carry 3)
b. 53 × 6 = 318 (carry 1)
c. 43 × 9 = 387 (carry 2)
d. 45 × 5 = 225 (carry 2)

Part 2

a. 7 → 14: 2 b. 4 → 8: 2 c. 5 → 15: 3 d. 5 → 5: 1

e. 10 → 80: 8 f. 10 → 20: 2 g. 2 → 18: 9 h. 7 → 7: 1

i. 6 → 12: 2 j. 2 → 6: 3

Part 3

a. $\frac{6}{4} + \frac{1}{4} = \frac{6+1}{4} = \frac{7}{4}$

b. $\frac{8}{5} - \frac{1}{5} = \frac{8-1}{5} = \frac{7}{5}$

c. $\frac{3}{9} + \frac{7}{9} = \frac{3+7}{9} = \frac{10}{9}$

d. $\frac{9}{3} - \frac{7}{3} = \frac{9-7}{3} = \frac{2}{3}$

e. $\frac{17}{5} - \frac{9}{5} = \frac{17-9}{5} = \frac{8}{5}$

Part 4

a. $1 < \frac{7}{6}$ b. $1 < \frac{9}{8}$ c. $1 = \frac{7}{7}$ d. $1 > \frac{8}{9}$

e. $1 = \frac{12}{12}$ f. $1 < \frac{12}{11}$ g. $1 < \frac{11}{10}$ h. $1 > \frac{10}{12}$

Do the independent work for Lesson 84 of your textbook.

Lesson 83 Textbook

Part 1

a. 9
b. 8
c. 7
d. 5
e. 3
f. 4
g. 5
h. 6
i. 5
j. 6
k. 5
l. 5

Part 2

a. 10000 − 5000 = 5000
9976 − 4920 = 5056

b. 3000 + 6000 = 9000

c. 9000 − 8000 = 1000
9020 − 7920 = 1100

d. 5000 − 2000 = 3000

Part 3

	Mill pond	Star pond	T
Green ducks	75	105	180
Black ducks	90	210	300
T	165	315	480

300 − 210 = 90
480 − 165 = 315
315 − 210 = 105
480 − 300 = 180

a. Black ducks
b. Star pond
c. Mill pond
d. 180

Part 4

a. 9 × 6 = 54
b. 400 × 2 = 800
c. 50 × 6 = 300
d. 40 × 4 = 160
e. 2 × 10 = 20

Part 5

a. X = 7, Y = 5 b. X = 3, Y = 4
c. X = 8, Y = 0 d. X = 1, Y = 9

Lesson 84 Textbook

Part 1

a. 54
b. 28
c. 81
d. 25
e. 72
f. 24
g. 63
h. 36
i. 90
j. 32
k. 54
l. 72

Part 4

	Trucks	Cars	T
Oak Street	0	95	95
Maple Lane	76	211	287
T	76	306	382

95 − 95 = 0
76 + 211 = 287
382 − 76 = 306

a. 0
b. Maple Lane
c. Cars

Part 5

a. \$7.97 + 5.08 = \$13.05
b. \$7.97 + .89 + 2.93 = \$11.79
c. \$5 + 3 + 5 = \$13
d. \$8 + 5 + 3 = \$16

Part 6

a. 181, 106 → □: 181 + 106 = 287 pounds
b. 76, J → 330: 330 − 76 = 254 stamps
c. 78, R → 323: 323 − 78 = 245 nuts
d. 67, □ → 498: 498 − 67 = 431 stamps

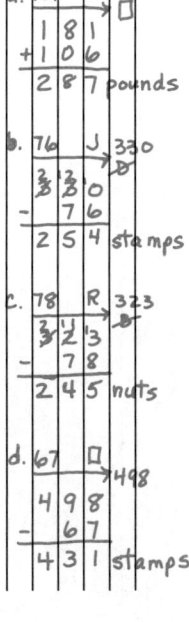

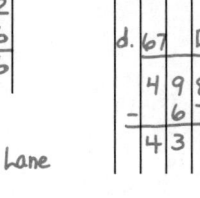

Lesson 85

Part 1

a. [1] 52 × 6 = 312

b. [2] 64 × 6 = 384

c. [4] 15 × 9 = 135

d. [3] 34 × 9 = 306

e. [1] 92 × 5 = 460

Part 2

a.	Street A	Street B	Total for both streets
Red cars	30	10	40
Blue cars	42	13	55
Total cars	72	23	95

On Street A there are 12 more blue cars than red cars.

b.	Street C	Street D	Total for both streets
Red cars	0	17	17
Blue cars	20	8	28
Total cars	20	25	45

On Street D there are 9 fewer blue cars than red cars.

c.	Street E	Street F	Total for both streets
Red cars	5	30	35
Blue cars	20	20	40
Total cars	25	50	75

On Street F there are 10 fewer blue cars than red cars.

Part 3

a. 9 → 36 (4) b. 9 → 45 (5) c. 6 → 12 (2) d. 5 → 15 (3)

e. 4 → 20 (5) f. 7 → 28 (4) g. 10 → 50 (5) h. 7 → 14 (2)

i. 9 → 18 (2) j. 6 → 60 (10)

Part 4

a. $\frac{12}{9} - \frac{3}{5} = \_\_\_ = \_\_$ (crossed out)

b. $\frac{12}{5} - \frac{9}{5} = \frac{12-9}{5} = \frac{3}{5}$

c. $\frac{5}{2} + \frac{7}{2} = \frac{5+7}{2} = \frac{12}{2}$

d. $\frac{8}{8} + \frac{5}{5} = \_\_\_ = \_\_$ (crossed out)

e. $\frac{8}{6} - \frac{5}{6} = \frac{8-5}{6} = \frac{3}{6}$

f. $\frac{10}{9} - \frac{9}{9} = \frac{10-9}{9} = \frac{1}{9}$

130

Lesson 86

Part 1

a. 15 B 17; 17 + 5 = 22; 21 − 2 = 19; 17 + 2 = 19; 22 + 21 = 43; 17 − 15 = 2

a.	Elm Street	Maple Street	Total for both streets
Yellow cars	17	5	22
Brown cars	2	19	21
Total cars	19	24	43

On Elm Street there are 15 more yellow cars than brown cars.

b. 18 Y 39; 39 − 18 = 21; 12 + 21 = 33; 12 + 18 = 30; 57 − 39 = 18; 21 + 39 = 60

b.	Pine Street	Fir Street	Total for both streets
Yellow cars	12	21	33
Brown cars	18	39	57
Total cars	30	60	90

On Fir Street there are 18 more brown cars than yellow cars.

Part 2

a. 5 → 20 (4) b. 5 → 15 (3) c. 10 → 70 (7) d. 9 → 9 (1)

e. 8 → 16 (2) f. 4 → 16 (4) g. 1 → 5 (5) h. 4 → 20 (5)

i. 5 → 10 (2) j. 2 → 14 (7)

Part 3

a. [6] 19 × 7 = 133

b. [2] 24 × 7 = 168

c. [4] 55 × 9 = 495

d. [2] 54 × 5 = 270

Part 4

a. $\frac{3}{4} + \frac{2}{3} = \_\_\_ = \_\_$ (crossed out)

b. $\frac{3}{10} + \frac{9}{10} = \frac{3+9}{10} = \frac{12}{10}$

c. $\frac{17}{5} - \frac{8}{9} = \_\_\_ = \_\_$ (crossed out)

d. $\frac{18}{3} - \frac{9}{3} = \frac{18-9}{3} = \frac{9}{3}$

e. $\frac{12}{4} - \frac{7}{7} = \_\_\_ = \_\_$ (crossed out)

f. $\frac{9}{9} + \frac{10}{9} = \frac{9+10}{9} = \frac{19}{9}$

131

Lesson 85 Workbook

Part 2

a. 12 R 42: 42 − 12 = 30; 30 + 10 = 40; 55 − 42 = 13; 30 + 42 = 72; 10 + 13 = 23

b. 9 → R 8: 9 + 8 = 17; 0 + 17 = 17; 28 − 8 = 20; 17 + 8 = 25; 17 + 28 = 45

c. 10 B 30: 30 − 10 = 20; 40 − 20 = 20; 75 − 25 = 50; 25 − 20 = 5; 75 − 40 = 35

Lesson 85 Textbook

Part 1

a. 9
b. 4
c. 7
d. 8
e. 6
f. 0
g. 10
h. 3

Part 2

a. $\frac{7}{6} > 1$

b. $\frac{8}{8} = 1$

c. $1 > \frac{3}{4}$

d. $\frac{5}{5} = 1$

e. $\frac{7}{8} < 1$

f. $\frac{4}{3} > 1$

Part 3

a. $6 + 1 + 5 = $12

b. $3.58 + .95 + 5.75 = $10.28

c. $6.03 + .95 + 5.75 = $12.73

d. $6 + 1 = $7

Lesson 86 Textbook

Part 1

a. 10 → 30 (3)
b. 10 → 60 (6)
c. 10 → 80 (8)
d. 10 → 20 (2)
e. 5 → 30 (6)
f. 5 → 20 (4)

Part 2

a. 9
b. 8
c. 7
d. 6
e. 3
f. 10
g. 7
h. 9
i. 8

Part 3

a. $\frac{8}{3} > \frac{7}{3}$

b. $\frac{9}{6} > \frac{5}{6}$

c. $\frac{3}{4} < \frac{4}{4}$

Part 4

a. 236, 49 □: 236 + 49 = 285 seeds

b. 211, 92 □: 211 + 92 = 303 toys

c. 35, 97 T: 35 + 97 = 132 feet

d. 330 G 520: 520 − 330 = 190 pounds

Part 5

a. $\frac{2}{3}$
b. $\frac{5}{4}$
c. $\frac{3}{2}$
d. $\frac{3}{4}$
e. $\frac{7}{5}$

Part 6

a. 12:37
b. 12:13
c. 12:50

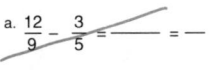

Lesson 87

Part 1

a. 1 —6→ 6 b. 10 —6→ 60 c. 2 —6→ 12 d. 7 —2→ 14

e. 9 —1→ 9 f. 9 —2→ 18 g. 4 —5→ 20 h. 5 —3→ 15

i. 5 —2→ 10 j. 10 —8→ 80

Part 2

a. 95 × 9 = 855 b. 43 × 5 = 215 c. 34 × 5 = 170 d. 35 × 5 = 175 e. 42 × 7 = 294 f. 97 × 2 = 194

Part 3 Work the problems you can work. Draw a line through the problems you cannot work.

a. $\frac{7}{2} + \frac{10}{2} = \frac{7+10}{2} = \frac{17}{2}$ b. $\frac{5}{12} + \frac{7}{12} = \frac{5+7}{12} = \frac{12}{12}$ c. ~~$\frac{13}{5} + \frac{9}{13}$~~ = ——— = —

Part 4

a. 18 —11→ 5 (18 + 11 = 29; 41 − 11 = 30; 29 + 20 = 49; 11 + 29 = 40; 30 + 20 = 50)

	A Street	B Street	Total for both streets
Big trees	11	30	41
Small trees	29	20	49
Total trees	40	50	90

On A Street there are 18 fewer big trees than small trees.

b. 10 —12→ 8 (10 + 12 = 22; 33 − 22 = 11; 14 + 12 = 26; 22 + 12 = 34; 33 + 26 = 59)

	C Street	D Street	Total for both streets
Big trees	11	22	33
Small trees	14	12	26
Total trees	25	34	59

On D Street there are 10 fewer small trees than big trees.

Lesson 88

Part 1

a. 4 —2→ 8 f. 4 —10→ 40

b. 3 —4→ 12 g. 5 —3→ 15

c. 2 —4→ 8 h. 4 —4→ 16

d. 4 —3→ 12 i. 2 —8→ 16

e. 8 —4→ 32 j. 5 —4→ 20

Part 2

a. 15 —11→ S (15 + 11 = 26; 20 − 11 = 9; 26 + 6 = 32; 11 + 26 = 37; 20 + 32 = 52)

	Elm Street	Maple Street	Total for both streets
Large trees	11	9	20
Small trees	26	6	32
Total trees	37	15	52

On Elm Street there are 15 more small trees than large trees.

b. 12 —32→ S (32 − 12 = 20; 30 − 20 = 10; 102 − 50 = 52; 50 − 10 = 40; 102 − 30 = 72)

	Pine Street	Fir Street	Total for both streets
Large trees	10	20	30
Small trees	40	32	72
Total trees	50	52	102

On Fir Street there are 12 more small trees than large trees.

Part 3

a. 13 − 6 = 7 13 − 7 = 6

b. 14 − 6 = 8 14 − 8 = 6

Part 4

a. $\frac{13}{2} + \frac{1}{2} = \frac{14}{2}$

b. $\frac{13}{5} - \frac{9}{5} = \frac{4}{5}$

c. $\frac{3}{12} + \frac{10}{12} = \frac{13}{12}$

d. $\frac{15}{10} - \frac{6}{10} = \frac{9}{10}$

e. $\frac{14}{8} - \frac{7}{8} = \frac{7}{8}$

f. $\frac{12}{3} - \frac{3}{3} = \frac{9}{3}$

Part 5

a. 50 5 —10 (N)→ 50 (¢)

b. 35 5 —7 (N)→ 35 (¢)

c. 40 10 —4 (D)→ 40 (¢)

d. 20 5 —4 (N)→ 20 (¢)

e. 60 10 —6 (D)→ 60 (¢)

Lesson 87 Textbook

Mental Addition

a. 86
b. 59
c. 29
d. 27
e. 68
f. 39

Part 1

a. 5 —8 (N)→ 40 (¢)
b. 10 —7 (D)→ 70 (¢)
c. 10 —4 (D)→ 40 (¢)
d. 5 —7 (N)→ 35 (¢)
e. 5 —3 (N)→ 15 (¢)

Part 4

a. X = 3, Y = 4
b. X = 0, Y = 2
c. X = 7, Y = 1
d. X = 5, Y = 8

Part 2

a. 6
b. 4
c. 8
d. 10
e. 7
f. 5
g. 3
h. 8
i. 7

Part 5

a. $\frac{2}{5}$
b. $\frac{4}{3}$
c. $\frac{6}{3}$
d. $\frac{6}{4}$

Part 3

a. $3.85 + 5.04 + .55 = $9.44
b. $5 + 8 + 5 = $18
c. $8
d. $4 + 5 + 5 = $14
e. $5.55 + 7.95 + 4.88 = $18.38

Lesson 88 Textbook

Part 1

a. 42 × 6 = 252 b. 27 × 4 = 108 c. 76 × 9 = 684 d. 95 × 2 = 190 e. 32 × 9 = 288

Part 2

a. 8
b. 6
c. 7
d. 9
e. 5
f. 6
g. 6
h. 6
i. 6
j. 10

Part 3

a. $6.95 + 5.17 + .98 = $13.10
b. $6.95 + 5.05 + 3.88 = $15.88
c. $5 + 5 = $10
d. $5.17 + 5.05 + 3.88 = $14.10

Part 4

b. $\frac{2}{6} + \frac{5}{6} = \frac{7}{6}$ c. $\frac{8}{2} - \frac{3}{2} = \frac{5}{2}$

d. $\frac{11}{4} + \frac{3}{4} = \frac{14}{4}$ f. $\frac{12}{9} - \frac{5}{9} = \frac{7}{9}$

Part 5

a. 185 —D→ 932 (M): 932 − 185 = 747 feet
b. 39 —M→ 114 (¢): 114 − 39 = 75 feet
c. 118 —R→ 167 (¢): 167 − 118 = 49 feet
d. □ —31→ 373: 373 − 31 = 342 stamps

Part 6

a. $\frac{4}{4}$
b. $\frac{5}{3}$
c. $\frac{2}{2}$
d. $\frac{2}{4}$

Lesson 89

Part 1

a. 5 → 8 → 40 5×8=40

b. 5 → 6 → 30 5×6=30

c. 5 → 9 → 45 5×9=45

d. 5 → 7 → 35 5×7=35

Part 2

a.

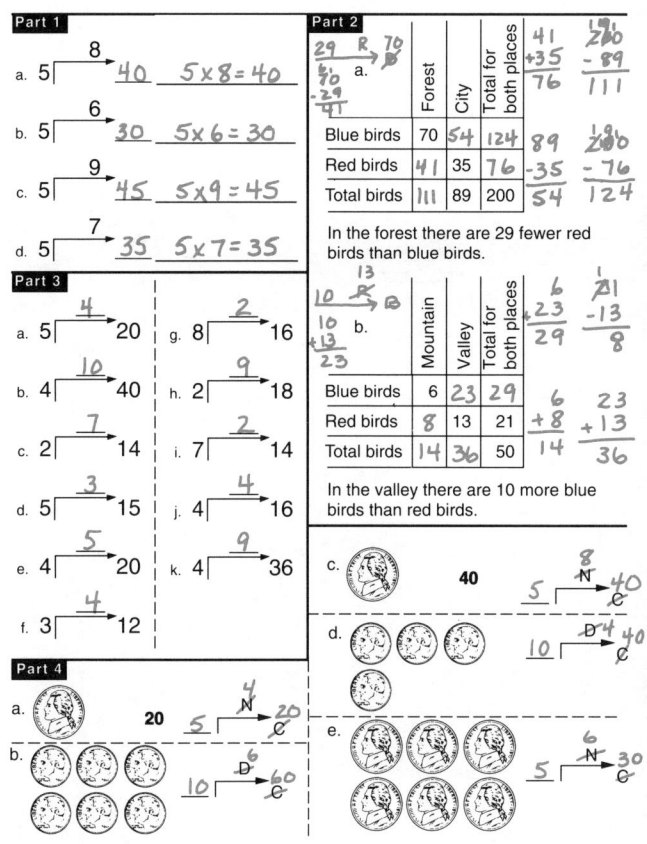

	Forest	City	Total for both places
Blue birds	70	54	124
Red birds	41	35	76
Total birds	111	89	200

In the forest there are 29 fewer red birds than blue birds.

b.

	Mountain	Valley	Total for both places
Blue birds	6	23	29
Red birds	8	13	21
Total birds	14	36	50

In the valley there are 10 more blue birds than red birds.

Part 3

a. 5 → 4 → 20

b. 4 → 10 → 40

c. 2 → 7 → 14

d. 5 → 3 → 15

e. 4 → 5 → 20

f. 3 → 4 → 12

g. 8 → 2 → 16

h. 2 → 9 → 18

i. 7 → 2 → 14

j. 4 → 4 → 16

k. 4 → 9 → 36

Part 4

a.  20 5 → N 4 → C 20

b. 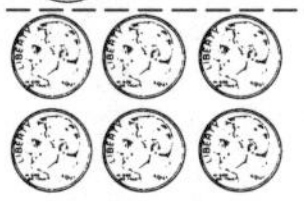 10 → D 6 → C 60

c.  40 5 → N 8 → C 40

d.  10 → D 4 → C 40

e.  5 → N 6 → C 30

Lesson 90

Part 1

a. 5 → 9 → 45 9×5=45

b. 5 → 6 → 30 6×5=30

c. 5 → 8 → 40 8×5=40

d. 5 → 7 → 35 7×5=35

Part 2

a. 5, 4 → 20

b. [5], 2 → 10

c. [7], 1 → 7

d. [5], 10 → 50

e. [9], 2 → 18

Part 3

a.

	Forest	City	Total for both places
Blue birds	9	51	60
Red birds	21	40	61
Total birds	30	91	121

In the forest there were 12 fewer blue birds than red birds.

b.

	Forest	City	Total for both places
Yellow birds	12	16	28
Green birds	7	33	40
Total birds	19	49	68

In the city there were 17 more green birds than yellow birds.

Part 4

a. 4 → 3 → 12 4×3=12

b. 4 → 5 → 20 4×5=20

c. 4 → 2 → 8 4×2=8

d. 4 → 4 → 16 4×4=16

e. 4 → 6 → 24 4×6=24

f. 4 → 9 → 36 4×9=36

Lesson 89 Textbook

Part 1

a. $\frac{17}{3} - \frac{9}{3} = \frac{8}{3}$ b. $\frac{13}{10} - \frac{4}{10} = \frac{9}{10}$ c. $\frac{12}{7} + \frac{3}{7} = \frac{15}{7}$

d. $\frac{2}{7} + \frac{14}{7} = \frac{16}{7}$ e. $\frac{3}{8} + \frac{10}{8} = \frac{13}{8}$ f. $\frac{18}{2} - \frac{9}{2} = \frac{9}{2}$

Part 2

a. 8
b. 10
c. 5
d. 6
e. 4
f. 9
g. 7
h. 7
i. 6
j. 6
k. 8
l. 9

Part 3

a. 49 × 3 = 147

b. 92 × 6 = 552

c. 37 × 4 = 148

d. 22 × 9 = 198

e. 54 × 5 = 270

Part 4

a. 4.50 → J 9.32: $9.32 − 4.50 = $4.82

b. 6.00 → 5.83: $6.00 + 5.83 = $11.83

Part 5

a. $\frac{5}{2}$ b. $\frac{2}{1}$ c. $\frac{3}{4}$ d. $\frac{4}{3}$

Part 6

a. $1 < \frac{7}{6}$ b. $\frac{4}{3} > \frac{4}{4}$

c. $\frac{5}{6} < \frac{6}{6}$ d. $\frac{5}{3} > 1$

Lesson 90 Textbook

Part 1

a. $\frac{2}{8} + \frac{3}{8} = \frac{5}{8}$ b. $\frac{1}{7} + \frac{6}{7} = \frac{7}{7}$ c. $\frac{3}{7} + \frac{4}{7} = \frac{7}{7}$

Part 2

a. 5 → N 6 → ¢ 30 b. 10 → D 4 → ¢ 40 c. 10 → D 9 → ¢ 90 d. 5 → N 4 → ¢ 20

Part 3

a. 12 × 5 = 60

b. 96 × 2 = 192

c. 52 × 9 = 468

d. 34 × 5 = 170

e. 27 × 4 = 108

f. 34 × 4 = 136

Part 5

a. $.96 + 4.88 + 2.92 = $8.76

b. $4 + 8 = $12

c. $5 + 4 + 8 = $17

d. $4.88 + 4.07 + 8.11 = $17.06

Part 6

a. $\frac{12}{5} - \frac{5}{5} = \frac{7}{5}$

b. $\frac{4}{8} + \frac{3}{8} = \frac{7}{8}$

c. $\frac{9}{2} - \frac{3}{2} = \frac{6}{2}$

d. $\frac{2}{3} + \frac{15}{3} = \frac{17}{3}$

Part 7

b. $\frac{6}{3} - \frac{5}{3} = \frac{1}{3}$

c. $\frac{12}{5} - \frac{5}{5} = \frac{7}{5}$

f. $\frac{2}{3} + \frac{15}{3} = \frac{17}{3}$

Test 9 Test Scoring Procedures begin on page 102.

Part 6 Write the missing small number.

a. $7 \overset{4}{\longrightarrow} 28$ b. $10 \overset{5}{\longrightarrow} 50$ c. $5 \overset{3}{\longrightarrow} 15$ d. $9 \overset{5}{\longrightarrow} 45$

e. $6 \overset{2}{\longrightarrow} 12$ f. $9 \overset{4}{\longrightarrow} 36$ g. $7 \overset{2}{\longrightarrow} 14$ h. $4 \overset{5}{\longrightarrow} 20$

Part 7 Write the complete number family for each problem.

a.  20 — 5 → N 4, C 20

c.  40 — 5 → N 8, C 40

b.  — 10 → D 6, C 60

d. 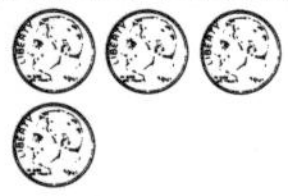 — 10 → D 4, C 40

Part 8 Complete the families.

a. $5 \overset{9}{\longrightarrow} 45$

b. $5 \overset{6}{\longrightarrow} 30$

c. $5 \overset{8}{\longrightarrow} 40$

d. $5 \overset{7}{\longrightarrow} 35$

Part 9 Fill in all the missing numbers in the table.

15 → 42 R; 15 + 42 = 57

	X Street	Y Street	Total for both streets
Red cars	57	10	67
Blue cars	42	86	128
Total cars	99	96	195

On Street X there are 15 fewer blue cars than red cars.

57 + 10 = 67   128 − 42 = 86   57 + 42 = 99   10 + 86 = 96

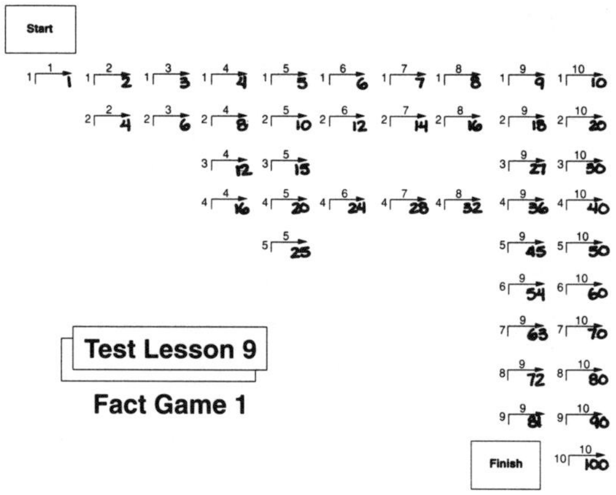

Test Lesson 9

Fact Game 1

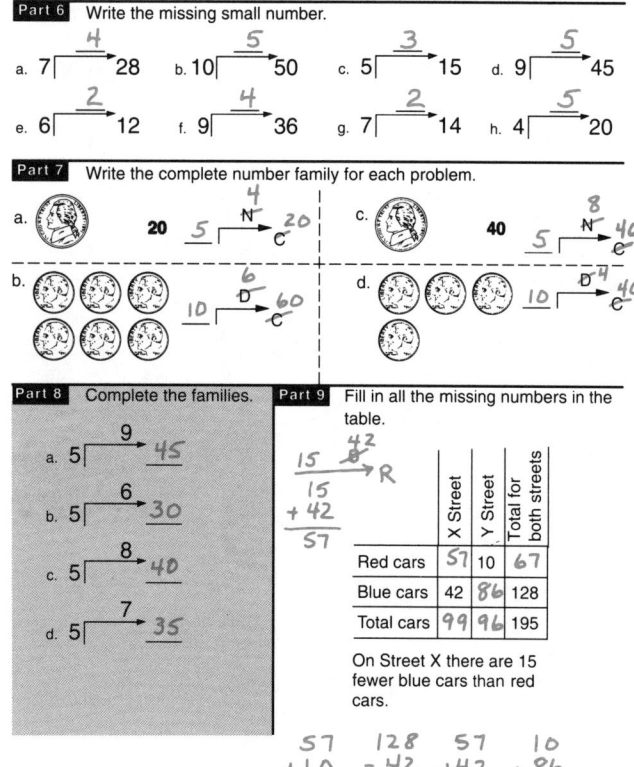

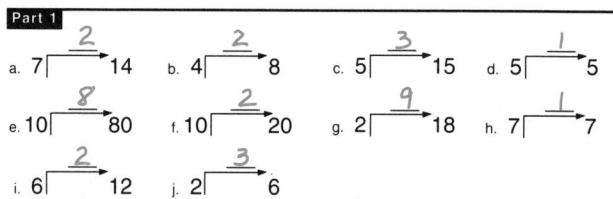

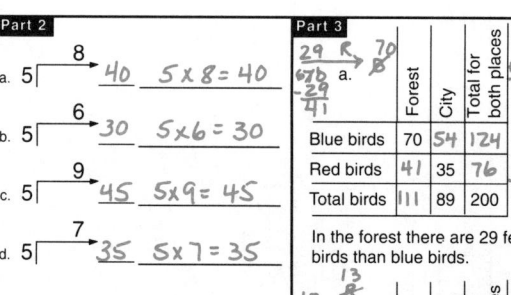

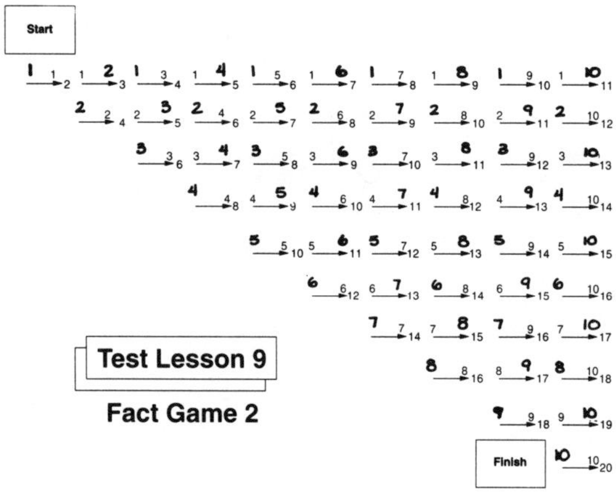

Test Lesson 9

Fact Game 2

Test 9 Textbook

Part 1

a. 63
b. 36
c. 81
d. 25
e. 72
f. 32
g. 54
h. 28
i. 90
j. 24
k. 72
l. 54

Part 2

a. 8
b. 6
c. 7
d. 9
e. 5
f. 6
g. 6
h. 6
i. 6
j. 10

Part 3

a. 10000 − 5000 = 5000

b. 3000 + 9000 = 12000

c. 16000 − 8000 = 8000

d. 13000 − 8000 = 5000

Part 4

a. 49 × 3 = 147

b. 92 × 6 = 552

c. 37 × 4 = 148

d. 22 × 9 = 198

Part 5

b. $\frac{3}{10} + \frac{9}{10} = \frac{12}{10}$

d. $\frac{10}{3} - \frac{9}{3} = \frac{1}{3}$

Test 9/Extra Practice

Part 1

a. $7 \overset{2}{\longrightarrow} 14$ b. $4 \overset{2}{\longrightarrow} 8$ c. $5 \overset{3}{\longrightarrow} 15$ d. $5 \overset{1}{\longrightarrow} 5$

e. $10 \overset{8}{\longrightarrow} 80$ f. $10 \overset{2}{\longrightarrow} 20$ g. $2 \overset{9}{\longrightarrow} 18$ h. $7 \overset{1}{\longrightarrow} 7$

i. $6 \overset{2}{\longrightarrow} 12$ j. $2 \overset{3}{\longrightarrow} 6$

Part 2

a. $5 \overset{8}{\longrightarrow} 40$ 5 × 8 = 40

b. $5 \overset{6}{\longrightarrow} 30$ 5 × 6 = 30

c. $5 \overset{9}{\longrightarrow} 45$ 5 × 9 = 45

d. $5 \overset{7}{\longrightarrow} 35$ 5 × 7 = 35

Part 3

a. 29 → 70 R B; 70 − 29 = 41

	Forest	City	Total for both places
Blue birds	70	54	124
Red birds	41	35	76
Total birds	111	89	200

41 + 35 = 76   200 − 89 = 111   89 − 35 = 54   200 − 76 = 124

In the forest there are 29 fewer red birds than blue birds.

b. 10 → 13 B; 10 + 13 = 23

	Mountain	Valley	Total for both places
Blue birds	6	23	29
Red birds	8	13	21
Total birds	14	36	50

6 + 23 = 29   21 − 13 = 8   6 + 8 = 14   23 + 13 = 36

In the valley there are 10 more blue birds than red birds.

Lesson 91

Part 1

a. 24 × 6 = 144
b. 49 × 8 = 392
c. 59 × 4 = 236
d. 36 × 3 = 108
e. 54 × 4 = 216
f. 42 × 7 = 294

Part 2

	Cars	Trucks	Total vehicles
Elm Street	25	75	100
Maple Street	35	0	35
Total for both streets	60	75	135

Fact 1: There were 25 cars on Elm Street.

Fact 2: There were 10 more cars on Maple Street than there were on Elm Street.

a. How many cars were on Maple Street? 35
b. How many trucks were there in all? 75
c. Were there more cars or trucks? trucks
d. Were there more trucks on Elm Street or on Maple Street? Elm Street

Part 3

a. 4 → 4 → 16 4x4=16
b. 4 → 6 → 24 4x6=24
c. 4 → 10 → 40 4x10=40
d. 4 → 8 → 32 4x8=32
e. 4 → 3 → 12 4x3=12
f. 4 → 2 → 8 4x2=8

Part 4

a. 5, 4, 20
b. 9, 4, 36
c. 4, 4, 16
d. 3, 4, 12
e. 6, 2, 12

139

Lesson 91 Workbook

Part 2

10 + 25 = 35
10 + 25 = 35
100 − 25 = 75
35 − 35 = 0
25 + 35 = 60
100 + 35 = 135

Lesson 91 Textbook

Part 1

a. 30
b. 40
c. 35
d. 45
e. 25
f. 15
g. 30
h. 50
i. 40
j. 35

Part 2

a. $\frac{8}{3} - \frac{2}{3} = \frac{6}{3}$ pounds
b. $\frac{9}{4} - \frac{5}{4} = \frac{4}{4}$ pound
c. $\frac{6}{4} - \frac{1}{4} = \frac{5}{4}$ feet
d. $\frac{4}{5} + \frac{3}{5} = \frac{7}{5}$ feet

Part 3

a. 8
b. 7
c. 6
d. 5
e. 7
f. 6
g. 5
h. 4
i. 7
j. 6
k. 7

Part 5

a. 10 → 6 → 60
b. 5 → 7 → 35
c. 5 → 4 → 20
d. 10 → 3 → 30

Part 6

b. $\frac{14}{3} - \frac{7}{3} = \frac{7}{3}$
c. $\frac{1}{2} - \frac{1}{2} = \frac{0}{2}$
d. $\frac{5}{6} + \frac{6}{6} = \frac{11}{6}$

Part 7

a. X = 4, Y = 7
b. X = 8, Y = 3
c. X = 7, Y = 0
d. X = 3, Y = 5

Part 8

a. $\frac{1}{3}$
b. $\frac{4}{4}$ or 1
c. $\frac{4}{2}$
d. $\frac{3}{5}$

Part 9

a. 8
b. 6
c. 9
d. 0
e. 4
f. 6
g. 5
h. 6
i. 10
j. 5
k. 6
l. 7

Part 10

a. $\frac{7}{6} > 1$
b. $\frac{9}{3} < \frac{10}{3}$
c. $1 > \frac{10}{11}$
d. $\frac{5}{4} > \frac{4}{5}$

Part 11

a. □ → 126 → 213
213 − 126 = 87 miles

b. 661 → 345 → □
661 + 345 = 1006 eggs

c. 3200 → 1560 → E
3200 + 1560 = 4760 pounds

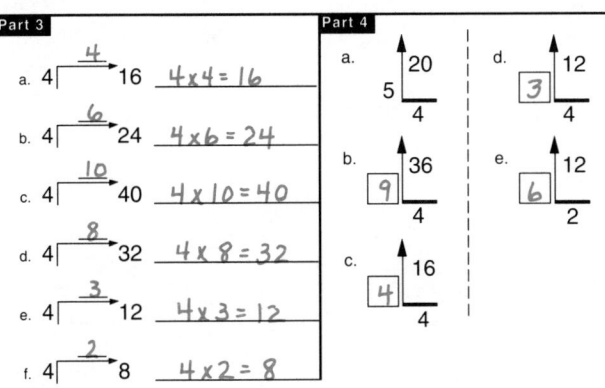

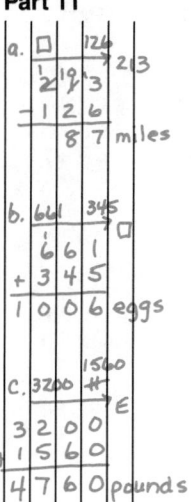

Lesson 92

Part 1

a. [3] 12 / 4   b. [4] 36 / 9   c. [8] 16 / 2   d. [6] 12 / 2   e. [6] 24 / 4   f. [9] 36 / 4

Part 2

a. 4 ⌐9⌐ 36   4 × 9 = 36

e. 4 ⌐7⌐ 28   4 × 7 = 28

b. 4 ⌐4⌐ 16   4 × 4 = 16

f. 4 ⌐5⌐ 20   4 × 5 = 20

c. 4 ⌐8⌐ 32   4 × 8 = 32

g. 4 ⌐3⌐ 12   4 × 3 = 12

d. 4 ⌐6⌐ 24   4 × 6 = 24

Part 3

a. You have nickels.
You have 30 cents in all.
How many nickels do you have?   5 →N(6)→ 30 ¢   **6**

d. You have quarters.
You have 3 quarters.   25
How many cents do you have in all?   **75**   25 →Q(3)→ 75 ¢

b. You have dimes.
You have 7 dimes.   10
How many cents do you have in all?   **70**   10 →D(7)→ 70 ¢

e. You have dimes.
You have 40 cents in all.
How many dimes do you have?   **4**   10 →D(4)→ 40 ¢

c. You have nickels.
You have 9 nickels.   5
How many cents do you have in all?   **45**   5 →N(9)→ 45 ¢

Do the independent work for Lesson 92 of your textbook.

Lesson 92 Textbook

Part 1

a.
```
  1
  2 4
x   3
-----
  7 2
```

b.
```
  9 4
x   2
-----
1 8 8
```

c.
```
  3 2
x   3
-----
  9 6
```

d.
```
  2
  5 7
x   4
-----
2 2 8
```

e.
```
  2
  2 5
x   5
-----
1 2 5
```

Part 2

a. 40
b. 40
c. 30
d. 20
e. 45
f. 35
g. 25
h. 15
i. 40
j. 30
k. 35
l. 50

Part 4

a. 7
b. 6
c. 6
d. 7
e. 5
f. 4
g. 3
h. 8
i. 7
j. 7
k. 9

Part 3

	Third Grade	Fourth Grade	T
Boys	42	35	77
Girls	28	52	80
T	70	87	157

```
    35
   3/ \
17/   \6
 '1 7
+ 3 5
-----
 5 2

 7 8 0
- 5 2
-----
 2 8

 4 2
+ 3 5
-----
 7 7

 3 5
+ 5 2
-----
 8 7

 7 7
+ 8 0
-----
1 5 7
```

a. 77
b. 28
c. Fourth grade
d. Third grade
e. 157

Part 6

a. $\frac{9}{4} - \frac{3}{4} = \frac{6}{4}$ cups

b. $\frac{9}{2} + \frac{1}{2} = \frac{10}{2}$ pounds

c. $\frac{8}{8} - \frac{3}{8} = \frac{5}{8}$ bottle

d. $\frac{7}{3} + \frac{6}{3} = \frac{13}{3}$ bag

Part 7

a. $\frac{3}{3}$ b. $\frac{1}{4}$

c. $\frac{11}{5}$ d. $\frac{6}{5}$

Part 9

a. $\frac{14}{2} + \frac{1}{2} = \frac{15}{2}$

c. $\frac{3}{12} + \frac{10}{12} = \frac{13}{12}$

d. $\frac{4}{8} + \frac{8}{8} = \frac{12}{8}$

Part 8

a.
```
  473    S
  8 13 1 →1931
1 X 3 1
------
  4 7 3
------
1 4 5 8 millimeters
```

b.
```
  26    P
  7 8 1 →781
- 1 2 6
------
  6 5 5 people
```

c.
```
  12    1 1 1
         →□
  1 2
+ 1 1 1
------
  1 2 3 sheets
```

d.
```
  1471   □
         →3820
  7  11
3 8 2 0
- 1 4 7 7
------
2 3 4 3 nails
```

Part 10

a.
```
  3
  1 4 4
-   2 8
------
  1 1 6
```

b.
```
  6 3 7
  1 0 3
+   2 6
------
  7 6 6
```

c.
```
  4 9
  5 0 3
- 4 5 5
------
    4 8
```

d.
```
  1 1
  7 3 8
+   6 8
------
  8 0 6
```

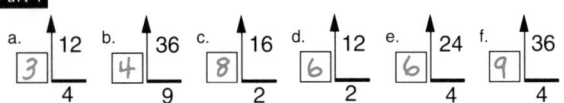

Lesson 93

Part 1

3, 6, 9

12, 15, 18

21, 24, 27

30

Part 2

a. 4 → 7 → 28
b. 2 → 6 → 12
c. 2 → 9 → 18
d. 4 → 6 → 24
e. 5 → 4 → 20
f. 2 → 8 → 16
g. 4 → 5 → 20
h. 5 → 3 → 15
i. 4 → 8 → 32
j. 4 → 3 → 12
k. 4 → 9 → 36
l. 5 → 2 → 10
m. 2 → 7 → 14
n. 4 → 7 → 28
o. 4 → 8 → 32

Part 3

a. You have dimes. You have 30 cents in all. How many dimes do you have? 3 (10 → D 3 → C 30)

b. You have nickels. You have 30 cents in all. How many nickels do you have? 6 (5 → N 6 → C 30)

c. You have nickels. You have 8 nickels. How many cents do you have in all? 40 (5 → N 8 → C 40)

d. You have dimes. You have 9 dimes. How many cents do you have in all? 90 (10 → D 9 → C 90)

Part 4

a. 4, 20, 5 — $5 \times 4 = 20$
b. 5, 15, 3 — $3 \times 5 = 15$
c. 2, 14, 7 — $7 \times 2 = 14$
d. 7, 28, 4 — $4 \times 7 = 28$

Do the independent work for Lesson 93 of your textbook.

Lesson 93 Textbook

Part 1

a. R 14, G 16 → All; marbles: $14 + 16 = 30$
b. G 14, L 35 All; jars: $35 - 14 = 21$

Part 2

a. 50
b. 40
c. 25
d. 35
e. 20
f. 10
g. 40
h. 45
i. 35
j. 30
k. 40
l. 30

Part 3

a. $678 \times 2 = 1356$
b. $435 \times 5 = 2175$
c. $938 \times 4 = 3752$
d. $735 \times 4 = 2940$

Part 4

a. 7
b. 7
c. 8
d. 9
e. 8
f. 7
g. 5
h. 6
i. 8
j. 8
k. 9
l. 10

Part 5

	Pond A	Pond B	T
Big fish	90	50	140
Small fish	200	440	640
T	290	490	780

$200 - 90 = 110$
$90 + 50 = 140$
$640 - 200 = 440$
$90 + 200 = 290$
$50 + 440 = 490$

a. 50
b. Pond B
c. 290
d. Pond A
e. Pond A

Part 7

a. $47 \times 5 = 235$
b. $300 \times 2 = 600$
c. $63 \times 2 = 126$
d. $24 \times 9 = 216$

Part 8

a. $\frac{7}{4} > \frac{6}{4}$
b. $\frac{3}{3} = 1$
c. $\frac{2}{2} < \frac{3}{2}$
d. $\frac{6}{6} = \frac{4}{4}$

Part 9

a. $\frac{7}{2} + \frac{3}{2} = \frac{10}{2}$
b. $\frac{4}{3} - \frac{1}{3} = \frac{3}{3}$ ton
c. $\frac{5}{7} + \frac{14}{7} = \frac{19}{7}$ bags
d. $\frac{19}{2} - \frac{8}{2} = \frac{11}{2}$ yards

Part 10

a. 803, □ → 839: $839 - 803 = 36$ pounds
b. 486, 508 → P: $486 + 508 = 994$ miles
c. 486, C → 808: $808 - 486 = 322$ miles
d. 1000, 2018 → □: $1000 + 2018 = 3018$ pounds

Lesson 94

Part 1

3 6 9

12 15 18

21 24 27

30

Part 2

a. 8, 2 — [4] — 2x4=8

b. 30, 5 — [6] — 5x6=30

c. 28, 4 — [7] — 4x7=28

d. 24, 4 — [6] — 4x6=24

Part 3

a. 259 x 4 = 1036

b. 472 x 5 = 2360

c. 897 x 2 = 1794

d. 446 x 4 = 1784

Part 4

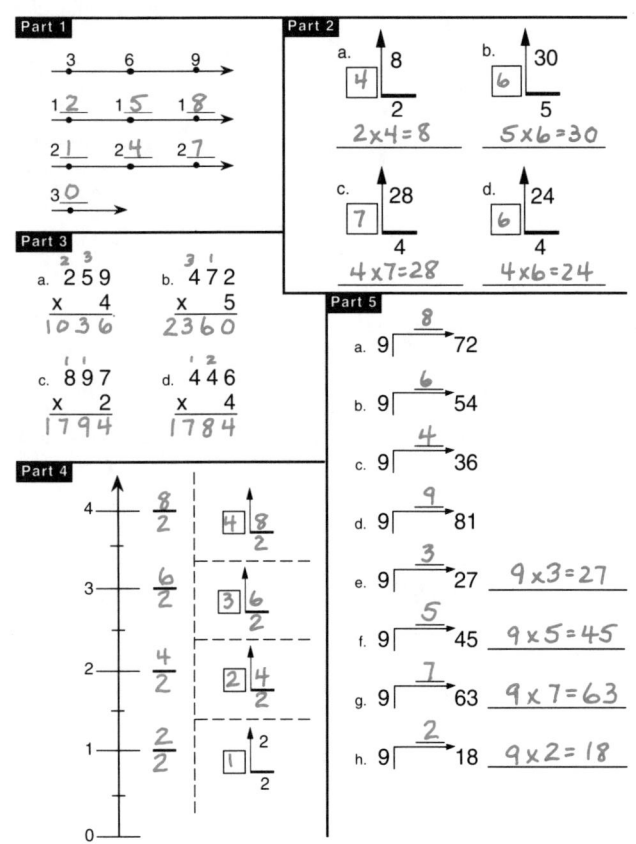

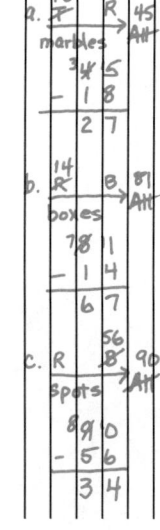

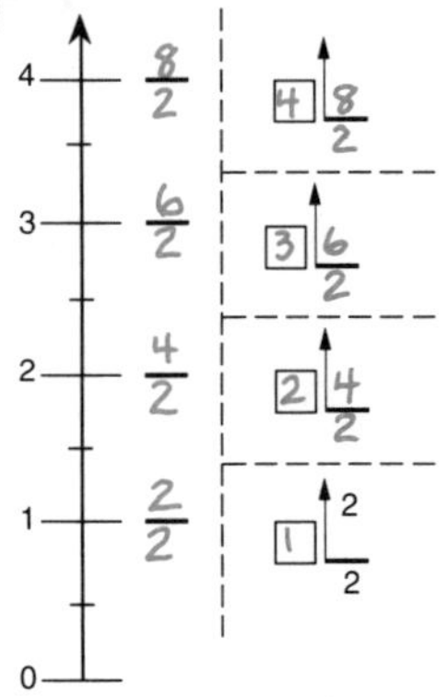

Part 5

a. 9 | 72 — 8

b. 9 | 54 — 6

c. 9 | 36 — 4

d. 9 | 81 — 9

e. 9 | 27 — 3 — 9x3=27

f. 9 | 45 — 5 — 9x5=45

g. 9 | 63 — 7 — 9x7=63

h. 9 | 18 — 2 — 9x2=18

142 Do the independent work for Lesson 94 of your textbook.

Lesson 94 Textbook

Part 1

a. 25 | Q → C

b. 100 | D → C

c. 17 | G → C

d. 9 | T → D

Part 2

a. 30
b. 45
c. 35
d. 25
e. 40
f. 20
g. 10
h. 40
i. 35

Part 3

a. 18 marbles, R, 45 All: 45 − 18 = 27

b. 14 boxes, B, 81 All: 81 − 14 = 67

c. R, 56 spots, 90 All: 90 − 56 = 34

Part 5

b. $\frac{8}{8} - \frac{2}{8} = \frac{6}{8}$

c. $\frac{16}{4} + \frac{4}{4} = \frac{20}{4}$

d. $\frac{4}{6} - \frac{4}{6} = \frac{0}{6}$

Part 6

a. 9
b. 8
c. 7
d. 7
e. 6
f. 6
g. 6
h. 5
i. 4
j. 8
k. 8
l. 8

Part 7

a. \$6.13 + 5.86 = \$11.99

b. \$6 + 1 + 3 = \$10

Part 8

a. 4x6=24
b. 5x4=20
c. 2x8=16
d. 4x9=36
e. 5x3=15
f. 4x7=28
g. 4x8=32
h. 5x2=10
i. 4x3=12
j. 4x9=36

Part 9

a. 38 x 2 = 76

b. 67 + 5 = 72

c. 84 − 8 = 76

d. 59 x 6 = 354

e. 904 − 852 = 52

f. 107 + 93 = 200

g. 32 x 4 = 128

Lesson 95

Part 1

a. $9\overline{)45}$ → 5
b. $9\overline{)36}$ → 4
c. $9\overline{)63}$ → 7
d. $9\overline{)27}$ → 3 9 x 3 = 27
e. $9\overline{)72}$ → 8 9 x 8 = 72
f. $9\overline{)54}$ → 6 9 x 6 = 54

Part 2

$\frac{12}{4}$ — 3
$\frac{8}{4}$ — 2
$\frac{4}{4}$ — 1

Part 3

a. 386 x 4 = 1544
b. 386 x 2 = 772
c. 386 x 5 = 1930
d. 665 x 9 = 5985

Part 4

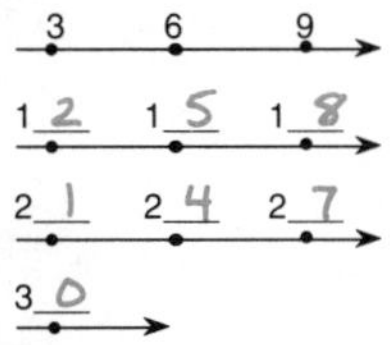

Part 5 **Independent Work**

Work each problem.

a. 42 + 8 = 50
b. 56 x 9 = 504
c. 61 x 9 = 549
d. 83 − 7 = 76
e. 94 + 387 + 705 = 1186
f. 107 + 93 = 200
g. 515 − 489 = 26

Lesson 96

Part 1

a. $9\overline{)18}$ → 2
b. $9\overline{)45}$ → 5
c. $9\overline{)81}$ → 9
d. $9\overline{)72}$ → 8 9 x 8 = 72
e. $9\overline{)54}$ → 6 9 x 6 = 54
f. $9\overline{)36}$ → 4 9 x 4 = 36

Part 2

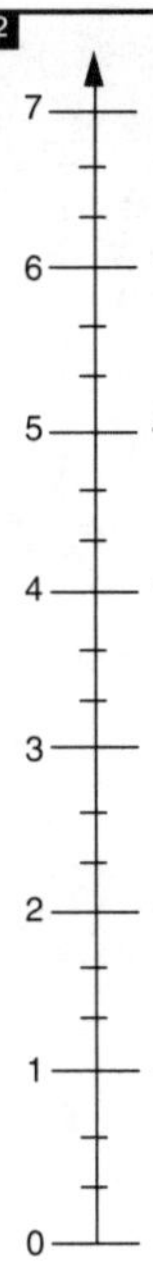

$\frac{21}{3}$ — 7
$\frac{18}{3}$ — 6
$\frac{15}{3}$ — 5
$\frac{12}{3}$ — 4
$\frac{9}{3}$ — 3
$\frac{6}{3}$ — 2
$\frac{3}{3}$ — 1

Part 3

a. 937 x 5 = 4685
b. 243 x 9 = 2187
c. 243 x 5 = 1215
d. 243 x 4 = 972

Part 4

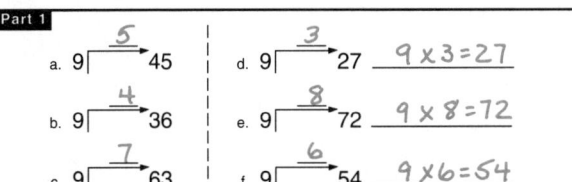

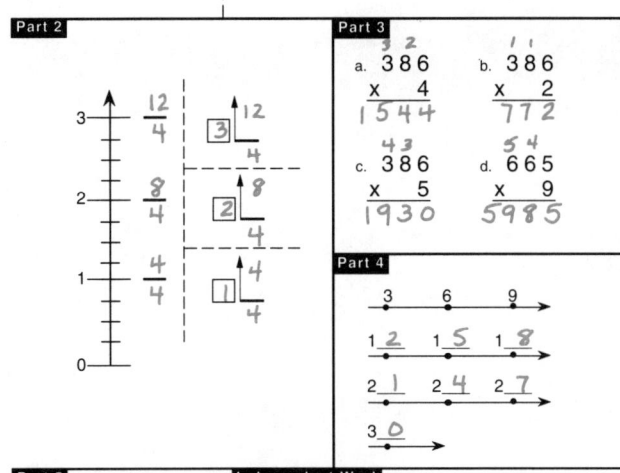

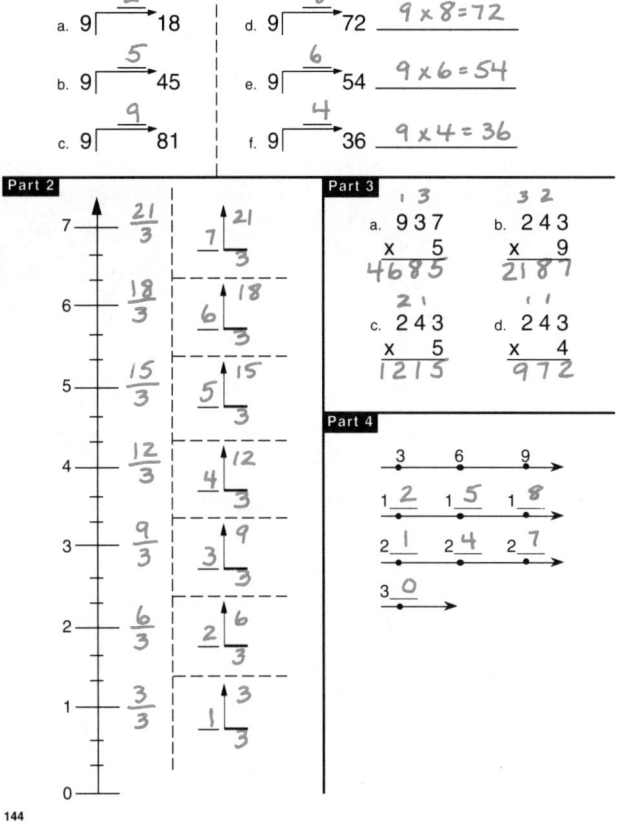

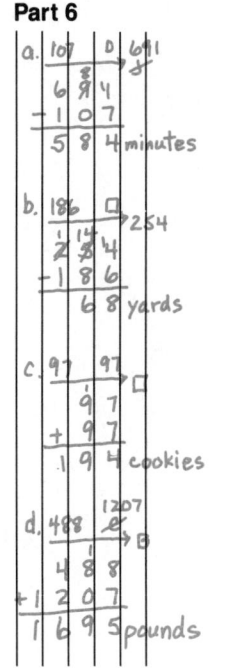

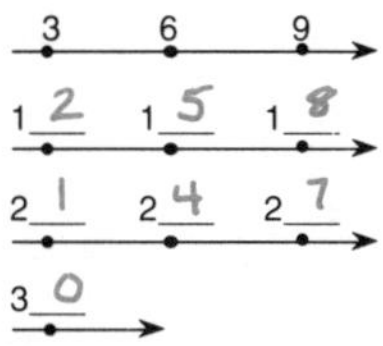

Lesson 95 Textbook

Part 2

a. $7\overline{)\ }$ T → D
b. $13\overline{)\ }$ R → G
c. $71\overline{)\ }$ G → B
d. $45\overline{)\ }$ W → A
e. $8\overline{)\ }$ B → C

Part 4

a. W 239 horses, T, 451 All: 451 − 239 = 212 horses
b. 33 stamps, 129 N, All: 33 + 129 = 162 stamps
c. 78 bugs, N 137 All: 137 − 78 = 59 bugs

Part 5

a. 9
b. 9
c. 7
d. 6
e. 8
f. 10
g. 4
h. 7
i. 5
j. 3
k. 1
l. 7

Part 7

a. $\frac{10}{3} - \frac{7}{3} = \frac{3}{3}$ bag
b. $\frac{19}{2} + \frac{3}{2} = \frac{22}{2}$ pounds
c. $\frac{7}{4} + \frac{2}{4} = \frac{9}{4}$ gallons

Part 6

	Pond A	Pond B	T
Bugs	69	150	219
Frogs	273	505	778
T	342	655	997

232 + 273 = 505
273 + 505 = 778
(342) − 273 = 69
150 + 505 = 655
69 + 150 = 219
219 + 778 = 997

Lesson 96 Textbook

Part 1

a. 40 cents, 70 B, All: 40 + 70 = 110 cents
b. 20 cents, Q 70 All: 70 − 20 = 50 cents
c. 20 cents, D 50 All: 50 − 20 = 30 cents
d. 17 cents, 30 All: 17 + 30 = 47 cents

Part 2

a. 120
b. 138
c. 26

Part 3

a. $9\overline{)\ }$ H → B
b. $9\overline{)\ }$ R → P
c. $34\overline{)\ }$ C → D
d. $4\overline{)\ }$ Y → G
e. $27\overline{)\ }$ C → F

Part 5

a. $\frac{12}{5} - \frac{9}{5} = \frac{3}{5}$
d. $\frac{8}{8} + \frac{5}{8} = \frac{13}{8}$
f. $\frac{8}{7} + \frac{10}{7} = \frac{18}{7}$

Part 6

a. 107, D, 691: 691 − 107 = 584 minutes
b. 186, □, 254: 254 − 186 = 68 yards
c. 97, 97, □: 97 + 97 = 194 cookies
d. 488, 1207, B: 488 + 1207 = 1695 pounds

Lesson 97

Part 1

a.
- 8 (circled) — $\frac{16}{2}$
- 7 — $\frac{14}{2}$
- 6 — $\frac{12}{2}$
- 5 — $\frac{10}{2}$
- 4 — $\frac{8}{2}$
- 3 — $\frac{6}{2}$
- 2 — $\frac{4}{2}$
- 1 — $\frac{2}{2}$
- 0

[8] 16 over 2

b.
- 8 — $\frac{24}{3}$
- 7 — $\frac{21}{3}$
- 6 — $\frac{18}{3}$
- 5 (circled) — $\frac{15}{3}$
- 4 — $\frac{12}{3}$
- 3 — $\frac{9}{3}$
- 2 — $\frac{6}{3}$
- 1 — $\frac{3}{3}$
- 0

[5] 15 over 3

c.
- 8 — $\frac{40}{5}$
- 7 — $\frac{35}{5}$
- 6 (circled) — $\frac{30}{5}$
- 5 — $\frac{25}{5}$
- 4 — $\frac{20}{5}$
- 3 — $\frac{15}{5}$
- 2 — $\frac{10}{5}$
- 1 — $\frac{5}{5}$
- 0

[6] 30 over 5

d.
- 8 — $\frac{32}{4}$
- 7 — $\frac{28}{4}$
- 6 — $\frac{24}{4}$
- 5 (circled) — $\frac{20}{4}$
- 4 — $\frac{16}{4}$
- 3 — $\frac{12}{4}$
- 2 — $\frac{8}{4}$
- 1 — $\frac{4}{4}$
- 0

[5] 20 over 4

Part 2

a. $4\overline{)20}$ = 5

b. $9\overline{)45}$ = 5

c. $3\overline{)15}$ = 5

d. $2\overline{)16}$ = 8

e. $4\overline{)16}$ = 4

Part 3

3, 6, 9

12, 15, 18

21, 24, 27

30

Lesson 97 Textbook

Part 1

a. 987 × 5 = 4935

b. 738 × 2 = 1476

c. 459 × 4 = 1836

d. 594 × 5 = 2970

Part 2

a. 7, B → 35 ¢: 5 boxes

b. 10, B = 8 → L: 10 × 8 = 80 lights

c. 9, B = 7 → B: 9 × 7 = 63 bugs

d. 4, C → 36 F: 9 cats

e. 2, B = 5 → H: 5 × 2 = 10 hotdogs

Part 3

a. 19

b. 136

c. 9

Part 4

a. D = 60 cents, All = 75: 60 + 75 = 135 cents

b. D, N = 40, All = 130 cents: 130 − 40 = 90 cents

c. P = 33, N, All = 98 cents: 98 − 33 = 65 cents

Part 6

a. $\frac{7}{3} + \frac{4}{3} = \frac{11}{3}$ carrots

b. $\frac{10}{2} - \frac{3}{2} = \frac{7}{2}$ yards

c. $\frac{3}{4} + \frac{6}{4} = \frac{9}{4}$ gallons

Part 7

a. $5 + 8 + 3 = $16

b. $4.97 + 7.87 + 3.06 = $15.90

c. $6 + 5 + 1 = $12

d. $6.11 + 4.97 + 7.87 = $18.95

Part 8

a. $\frac{3}{1} < \frac{5}{1}$

b. $\frac{7}{3} > \frac{6}{7}$

c. $1 = \frac{12}{12}$

d. $\frac{17}{3} > 1$

Part 9

a. 4
b. 7
c. 8
d. 4
e. 5
f. 10
g. 6
h. 7
i. 5
j. 7
k. 8

Part 10

	Pine Valley	Oak Park	T
Dogs	90	94	184
Cats	126	72	198
T	216	166	382

22 + 72 = 94

184 − 94 = 90

126 + 72 = 198

90 + 126 = 216

94 + 72 = 166

a. Dogs
b. 90
c. Pine Valley
d. 198

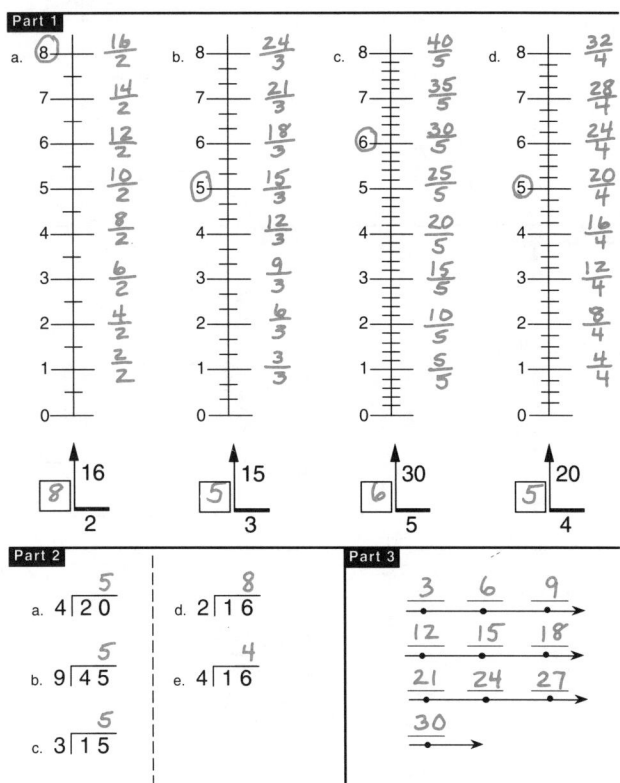

Lesson 98

Part 1

a. $5\overline{)45}$ = 9 b. $2\overline{)12}$ = 6 c. $4\overline{)24}$ = 6 d. $2\overline{)16}$ = 8

e. $4\overline{)36}$ = 9 f. $4\overline{)32}$ = 8 g. $8\overline{)72}$ = 9

Part 2

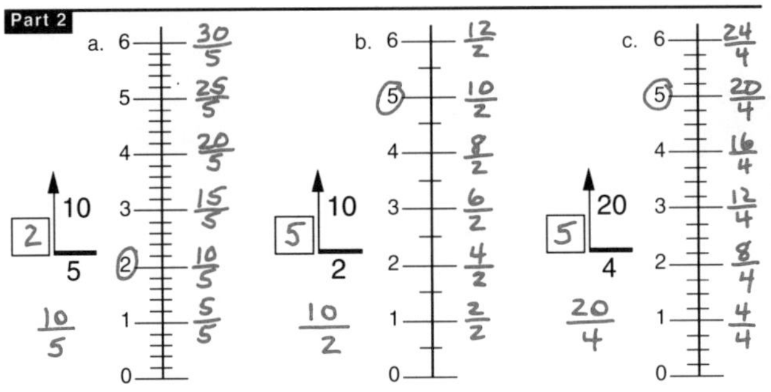

a. [2] 10 / 5 — $\frac{10}{5}$ (number line: $\frac{30}{5}, \frac{25}{5}, \frac{20}{5}, \frac{15}{5}, \frac{10}{5}, \frac{5}{5}$; 2 circled)

b. [5] 10 / 2 — $\frac{10}{2}$ (number line: $\frac{12}{2}, \frac{10}{2}, \frac{8}{2}, \frac{6}{2}, \frac{4}{2}, \frac{2}{2}$; 5 circled)

c. [5] 20 / 4 — $\frac{20}{4}$ (number line: $\frac{24}{4}, \frac{20}{4}, \frac{16}{4}, \frac{12}{4}, \frac{8}{4}, \frac{4}{4}$; 5 circled)

Part 3

3 6 9
12 15 18
21 24 27
30

Part 4

a. 984 × 4 = 3936
b. 689 × 5 = 3445
c. 182 × 9 = 1638
d. 789 × 2 = 1578
e. 456 × 5 = 2280

Part 5

a. 103 − 71 = 32
b. 76 + 67 = 143
c. 87 − 58 = 29

Lesson 99

Part 1

a. $10\overline{)30}$ = 3 b. $4\overline{)20}$ = 5 c. $9\overline{)72}$ = 8 d. $3\overline{)15}$ = 5

e. $9\overline{)63}$ = 7 f. $4\overline{)36}$ = 9 g. $6\overline{)54}$ = 9

Part 2

a. [5] 20 / 4

b. [9] = $\frac{45}{5}$ c. [4] = $\frac{16}{4}$

[5] = $\frac{20}{4}$ d. [8] = $\frac{32}{4}$ e. [2] = $\frac{14}{7}$

Part 3

a. 57 × 5 = 285
b. 96 × 5 = 480
c. 58 × 4 = 232
d. 94 × 9 = 846
e. 86 × 4 = 344

Part 4

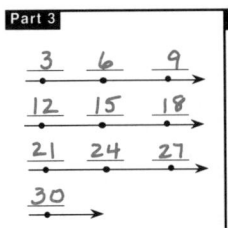

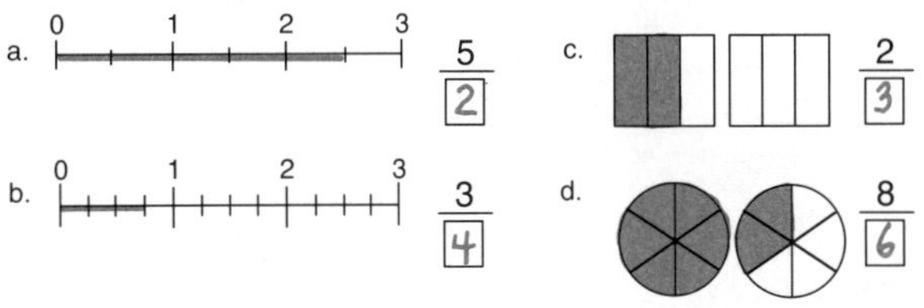

a. $\frac{5}{2}$ b. $\frac{3}{4}$ c. $\frac{2}{3}$ d. $\frac{8}{6}$

Lesson 98 Textbook

Part 1

a. ok
b. 649
c. 48
d. 816
e. 14

Part 2

a. 15 → L (9): 15 × 9 = 135 lights
b. 4 → S (24): 24 × 4 = 96 squares
c. 9 → R (72): 8 rows
d. 20 → S (5): 20 × 5 = 100 squares

Part 3

a. 36 E, F, 300 All bottles: 300 − 36 = 264 bottles
b. 13, □, 41: 41 − 13 = 28 miles
c. 120 L, 703 T: 703 − 120 = 583 pounds
d. 34 R (17) G: 34 + 17 = 51 miles

Part 5

a. X=0, Y=0
b. X=8, Y=2
c. X=6, Y=7
d. X=3, Y=6

Part 6

b. $\frac{1}{8} - \frac{1}{8} = \frac{0}{8}$
c. $\frac{7}{5} + \frac{10}{5} = \frac{17}{5}$
d. $\frac{7}{6} + \frac{5}{6} = \frac{12}{6}$

Lesson 99 Textbook

Part 1

a. 9 → R (8) T: 72 tables
b. 9, 14 C: 14 × 9 = 126 cents
c. 5 D, 45 F: 9 dogs
d. 36 F (4): 36 × 4 = 144 fleas
e. 4 T, 28: 7 tables

Part 2

a. 224
b. 224
c. 752

Part 3

a. 45 E (11) D: 45 + 11 = 56 pounds
b. 16, □, 51: 51 − 16 = 35 trees
c. □, 123, 145: 145 − 123 = 22 seashells
d. 34 B, 456: 456 − 34 = 422 trees

Part 4

a. 785 − 697 = 88
b. 513 − 96 = 417
c. 985 + 606 = 1591
d. 808 − 415 = 393
e. 386 + 308 = 694

Part 5

a. $\frac{11}{6} + \frac{9}{6} = \frac{20}{6}$ pies
b. $\frac{2}{5} + \frac{17}{5} = \frac{19}{5}$ tons
c. $\frac{15}{3} - \frac{11}{3} = \frac{4}{3}$ pounds

Lesson 100

Part 1

a. 5⟌35 → 7 b. 9⟌81 → 9 c. 6⟌54 → 9 d. 4⟌24 → 6 e. 4⟌32 → 8 f. 4⟌36 → 9

Part 2

a. 18 (arrow), 2, [9]

[9] $= \frac{18}{2}$

b. [3] $= \frac{27}{9}$

c. [2] $= \frac{18}{9}$

d. [2] $= \frac{10}{5}$

e. [10] $= \frac{40}{4}$

Part 3 **Independent Work**

Complete the fraction and shade the parts.

a. 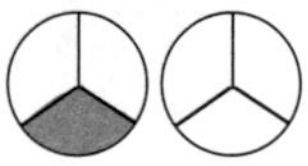 $\frac{1}{[3]}$

b. 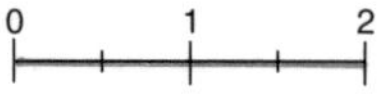

$\frac{4}{[2]}$

c. 

$\frac{1}{[1]}$

d. 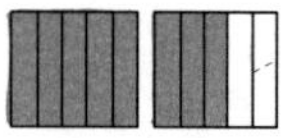 $\frac{8}{[5]}$

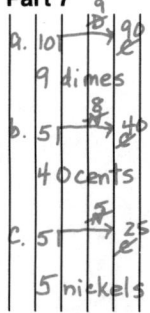

Lesson 100 Textbook

Part 1

□ → 160, 450; 450 − 160 = 290 years

a. □ → 19, 89; 89 − 19 = 70 miles

b. □ → 180, 300; 300 − 180 = 120 miles

Part 2

a. 3 → 9, 27; 9 dogs

b. 12 → 4, 48; 12 × 4 = 48 windows

c. 5 → 4, 20; 4 rooms

d. 6 → 91, 546; 91 × 6 = 546 logs

e. 6 → 2, 12; 2 bugs

Part 3

a. $4.88 + 6.03 + .89 = $11.80

b. $6 + 4 + 1 = $11

c. $5 + 4 + 2 = $11

d. $6.03 + 2.12 = $8.15

Part 4

a. 647 × 5 = 3235

b. 42 × 3 = 126

c. 147 × 9 = 1323

d. 59 × 6 = 354

e. 243 × 2 = 486

Part 5

a. 243 − 187 = 56

b. 642 + 308 = 950

c. 482 + 9 + 316 = 807

d. 505 − 57 = 448

Part 6

a. 2:53
b. 2:29
c. 2:04
d. 7:11

Part 7

a. 10 → 9, 90; 9 dimes

b. 5 → 8, 40; 40 cents

c. 5 → 5, 25; 5 nickels

Test 10   Test Scoring Procedures begin on page 103.

Test Scoring Procedures begin on page 103.

Part 1

a. $13 - 7 = \underline{6}$ b. $15 - 7 = \underline{8}$ c. $15 - 8 = \underline{7}$ d. $14 - 6 = \underline{8}$

e. $15 - 9 = \underline{6}$ f. $16 - 7 = \underline{9}$ g. $13 - 8 = \underline{5}$ h. $13 - 5 = \underline{8}$

i. $14 - 8 = \underline{6}$ j. $13 - 9 = \underline{4}$

Part 2

a. $5 \times 6 = \underline{30}$ b. $5 \times 5 = \underline{25}$ c. $8 \times 5 = \underline{40}$ d. $5 \times 7 = \underline{35}$

e. $5 \times 8 = \underline{40}$ f. $6 \times 5 = \underline{30}$ g. $4 \times 5 = \underline{20}$ h. $5 \times 9 = \underline{45}$

i. $5 \times 10 = \underline{50}$ j. $7 \times 5 = \underline{35}$ k. $9 \times 5 = \underline{45}$ l. $3 \times 5 = \underline{15}$

Part 3

a.
$$\begin{array}{r} \overset{\scriptstyle 1 \;\; 3}{9\,3\,7} \\ \times \quad 5 \\ \hline 4\,6\,8\,5 \end{array}$$

b.
$$\begin{array}{r} \overset{\scriptstyle 3 \;\; 2}{2\,4\,3} \\ \times \quad 9 \\ \hline 2\,1\,8\,7 \end{array}$$

Part 4

a. $\boxed{5} = \dfrac{20}{4}$ b. $\boxed{3} = \dfrac{27}{9}$

Go to Test 10 in your textbook.

Test 10/Extra Practice

Part 1

a.
$$\boxed{9} \overset{\uparrow 18}{\underset{2}{\big|}}$$

b. $\boxed{3} = \dfrac{27}{9}$ c. $\boxed{2} = \dfrac{18}{9}$

d. $\boxed{9} = \dfrac{18}{2}$ e. $\boxed{2} = \dfrac{10}{5}$ f. $\boxed{10} = \dfrac{40}{4}$

149

73

Test 10 Textbook
Part 5

a. $\dfrac{6}{3} - \dfrac{1}{3} = \dfrac{5}{3}$ pounds   b. $\dfrac{7}{4} + \dfrac{5}{4} = \dfrac{12}{4}$ pounds

Part 6

a. 72 tables

b. 126 pennies

Part 7

a. 46 blue cars

b. 30 marbles

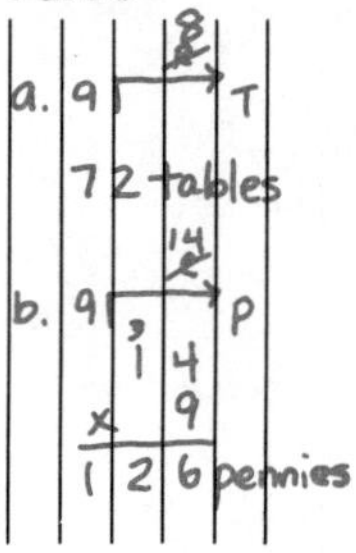

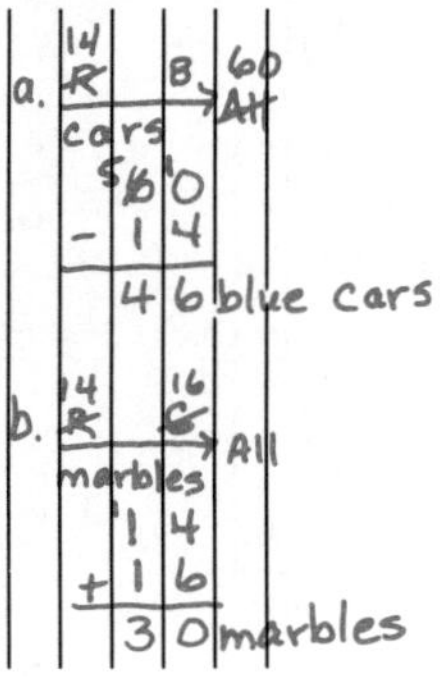

Lesson 101

Part 1

Number line 0–8 with 3, 4, 5, 6 circled; beside them: $\frac{12}{2}$ (6), $\frac{10}{2}$ (5), $\frac{8}{2}$ (4), $\frac{6}{2}$ (3)

a. $\boxed{4} = \frac{8}{2}$ b. $\boxed{5} = \frac{10}{2}$ c. $\boxed{6} = \frac{12}{2}$ d. $\boxed{3} = \frac{6}{2}$

Part 2

a. 1 →3→ 3 b. 2 →3→ 6 c. 3 →3→ 9

d. 3 →4→ 12 e. 3 →5→ 15 f. 3 →6→ 18

Part 3

a. $\boxed{8} = \frac{40}{5}$ b. $\boxed{2} = \frac{18}{9}$ c. $\boxed{7} = \frac{63}{9}$

d. $\boxed{5} = \frac{20}{4}$ e. $\boxed{10} = \frac{20}{2}$

Part 4

a. 3 →3→ 9   3 x 3 = 9 b. 3 →6→ 18   3 x 6 = 18

Lesson 101 Textbook

Part 1

a. □ →137→ 153; 153 − 137 = 16 blue birds

b. □ →8→ 153; 153 − 8 = 145 blue birds

c. □ →161→ 343; 343 − 161 = 182 birds

Part 2

a. $4\overline{)36}$ = 9 b. $2\overline{)14}$ = 7 c. $4\overline{)28}$ = 7

d. $7\overline{)63}$ = 9 e. $4\overline{)24}$ = 6 f. $5\overline{)45}$ = 9

Part 3

a. 97 x 4 = 388

b. 62 x 5 = 310

c. 74 x 9 = 666

d. 245 x 6 = 1470

Part 4

a. □ →186→ 320; 320 − 186 = 134 feet

b. □ →102→ 148; 148 − 102 = 46 pounds

c. □ →89→ 230.; \$230 − 89 = \$141

d. □ →394→ 586; 586 − 394 = 192 miles

Part 5

a. 6 →P→ 30; 5 packs

b. 4 →8→ P; 32 paws

c. 5 →N→ 45; 9 nickels

d. 10 →6→ C; 60 cents

Part 6

a. 24 x 9 = 216

b. 643 x 2 = 1286

c. 514 x 6 = 3084

d. 39 x 4 = 156

Part 7

a. 908 − 85 = 823

b. 389 + 513 = 902

c. 612 − 297 = 315

d. 808 + 592 = 1400

Part 8

a. $\frac{5}{3} + \frac{2}{3} = \frac{7}{3}$ feet

b. $\frac{9}{4} - \frac{3}{4} = \frac{6}{4}$ gallons

c. R marbles →28→ 43; 43 − 28 = 15 red marbles

d. M people →238→ 474; 474 − 238 = 236 males

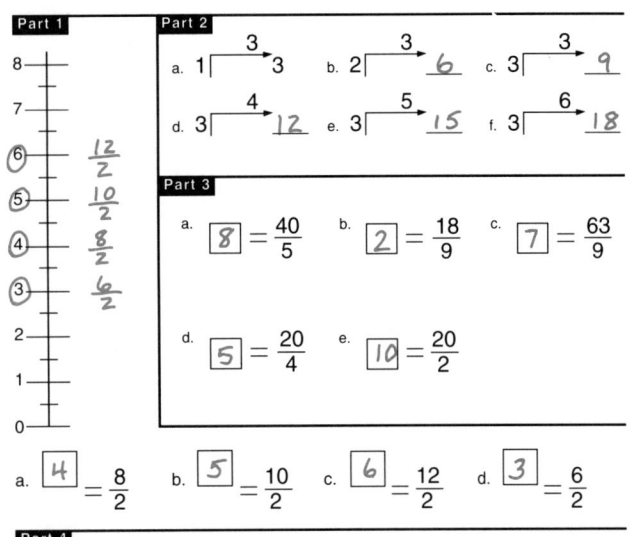

Lesson 102

Part 1

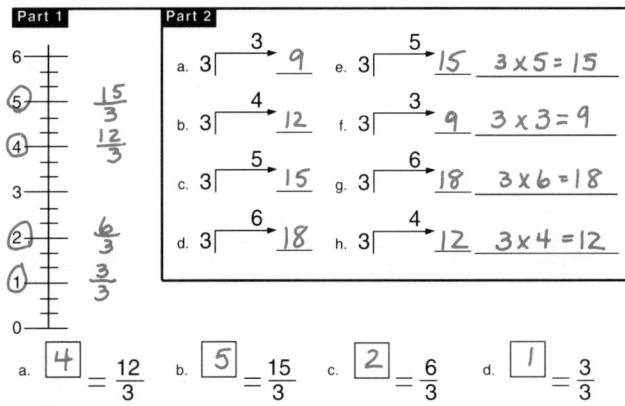

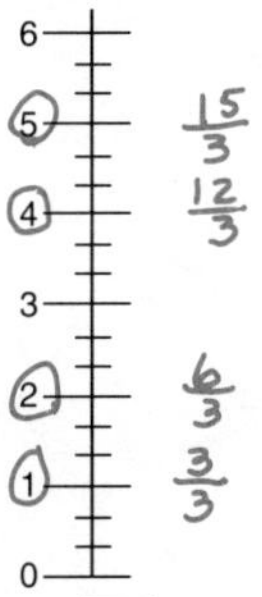

a. $\boxed{4} = \dfrac{12}{3}$ b. $\boxed{5} = \dfrac{15}{3}$ c. $\boxed{2} = \dfrac{6}{3}$ d. $\boxed{1} = \dfrac{3}{3}$

Part 2

a. $3\overline{\smash{)}}\xrightarrow{3} \underline{9}$ e. $3\overline{\smash{)}}\xrightarrow{5} \underline{15}$ $3 \times 5 = 15$

b. $3\overline{\smash{)}}\xrightarrow{4} \underline{12}$ f. $3\overline{\smash{)}}\xrightarrow{3} \underline{9}$ $3 \times 3 = 9$

c. $3\overline{\smash{)}}\xrightarrow{5} \underline{15}$ g. $3\overline{\smash{)}}\xrightarrow{6} \underline{18}$ $3 \times 6 = 18$

d. $3\overline{\smash{)}}\xrightarrow{6} \underline{18}$ h. $3\overline{\smash{)}}\xrightarrow{4} \underline{12}$ $3 \times 4 = 12$

Part 3

a. $5 + 7 = 4 \times 3$ b. $3 \times 5 = 18 - 3$ c. $4 \times 4 = 8 \times 2$

d. $3 \times 6 = 15 + 3$ e. $10 - 1 = 3 \times 3$ f. $16 - 2 = 7 + 7$

Lesson 103

Part 1

a. $17 - 2 = 5 \times 3$ b. $17 + 3 = 5 \times 4$ c. $2 \times 8 = 18 - 2$

d. $20 + 5 = 5 \times 5$ e. $20 + 10 = 32 - 2$

151

75

Lesson 102 Textbook

Written Practice

a. 64
b. 59
c. 58
d. 65
e. 60
f. 61

Part 1

Problem 1:
a. Carla
b. 13 miles
c. Jane
d. 16 miles

Problem 2:
a. Jackson
b. 23 miles
c. Don
d. 6 miles

Part 2

a. 6
b. 8
c. 9
d. 10
e. 9
f. 8

Part 3

a. $\square \xrightarrow{47} 60$
$\begin{array}{r} 6\,0 \\ -4\,7 \\ \hline 1\,3 \end{array}$ boys

b. $\square \xrightarrow{107} 400$
$\begin{array}{r} 4\,0\,0 \\ -1\,0\,7 \\ \hline 2\,9\,3 \end{array}$ students

c. $\square \xrightarrow{47} 220$
$\begin{array}{r} 2\,2\,0 \\ -4\,7 \\ \hline 1\,7\,3 \end{array}$ girls

Part 4

a. 10
b. 6
c. 7
d. 5
e. 9

Part 5

a. 8
b. 6
c. 5
d. 5
e. 9
f. 4
g. 9
h. 6

Part 6

a. $10 \xrightarrow{9} 90$
90 cents

b. $3 \xrightarrow{9} 27$
27 ounces

Part 7

a. $\begin{array}{r} \$1 \\ 4 \\ \hline \$5 \end{array}$

b. $\begin{array}{r} \$6.87 \\ 1.05 \\ +4.10 \\ \hline \$12.02 \end{array}$

Part 8

a. $\dfrac{12}{5} - \dfrac{7}{5} = \dfrac{5}{5}$

b. $\dfrac{8}{7} + \dfrac{2}{7} = \dfrac{10}{7}$

c. $\dfrac{14}{8} + \dfrac{4}{8} = \dfrac{18}{8}$

Part 9

a. $\begin{array}{r} 387 \\ +5 \\ \hline 392 \end{array}$

b. $\begin{array}{r} 463 \\ -378 \\ \hline 85 \end{array}$

c. $\begin{array}{r} 317 \\ \times5 \\ \hline 1585 \end{array}$

d. $\begin{array}{r} 809 \\ -57 \\ \hline 752 \end{array}$

a. $\boxed{6} = \frac{24}{4}$ b. $\boxed{4} = \frac{16}{4}$ c. $\boxed{3} = \frac{12}{4}$

d. $\boxed{8} = \frac{32}{4}$ e. $\boxed{4} = \frac{32}{8}$ f. $\boxed{9} = \frac{27}{3}$

Part 3

a. $5\overline{)\,4\,5}^{\,9}$ b. $5\overline{)\,2\,5}^{\,5}$ c. $5\overline{)\,3\,5}^{\,7}$ d. $5\overline{)\,3\,0}^{\,6}$ e. $5\overline{)\,4\,0}^{\,8}$

Part 4

a. $3 \times 3 = \underline{9}$ b. $3 \times 6 = \underline{18}$ c. $3 \times 5 = \underline{15}$ d. $3 \times 4 = \underline{12}$

e. $3 \times 2 = \underline{6}$ f. $3 \times 4 = \underline{12}$ g. $3 \times 6 = \underline{18}$ h. $3 \times 5 = \underline{15}$

Part 5

a. $\frac{16}{8} = \boxed{2}$ b. $\frac{12}{2} = \boxed{6}$ c. $\frac{16}{2} = \boxed{8}$

d. $\frac{20}{4} = \boxed{5}$ e. $\frac{30}{5} = \boxed{6}$ f. $\frac{10}{5} = \boxed{2}$

Do the independent work for Lesson 103 of your textbook.

Lesson 104

Part 1

a. $\frac{20}{10} = \boxed{2}$ b. $\frac{30}{3} = \boxed{10}$ c. $\frac{30}{30} = \boxed{1}$ d. $\frac{15}{3} = \boxed{5}$

e. $\frac{16}{2} = \boxed{8}$ f. $\frac{14}{2} = \boxed{7}$ g. $\frac{12}{2} = \boxed{6}$

Lesson 103 Textbook

Written Practice

a. 81
b. 86
c. 78
d. 84
e. 80
f. 80

Part 1

Problem 1:
a. Frank
b. 20 miles
c. Fran
d. 12 miles

Problem 2:
a. Bob
b. 10 miles
c. Barb
d. 22 miles

Part 2

	Men	Women	T
Kate's Cafe	128	81	209
Joe's Grill	85	94	179
T	213	175	388

$$\begin{array}{r} 30 \\ \overset{1}{2}{}^{\prime}09 \\ -30 \\ \hline 179 \end{array}$$

$$\begin{array}{r} \overset{1}{2}{}^{\prime}09 \\ -81 \\ \hline 128 \end{array}$$

$$\begin{array}{r} 179 \\ -94 \\ \hline 85 \end{array}$$

$$\begin{array}{r} 81 \\ +94 \\ \hline 175 \end{array}$$

$$\begin{array}{r} 209 \\ +179 \\ \hline 388 \end{array}$$

a. $\square \overset{85}{\underset{K}{}} \xrightarrow{} 128$

$$\begin{array}{r} 128 \\ -85 \\ \hline 43 \text{ men} \end{array}$$

b. $\square \xrightarrow{K} 94$

$$\begin{array}{r} 94 \\ -81 \\ \hline 13 \text{ women} \end{array}$$

c. $\square \xrightarrow{W} 128$

$$\begin{array}{r} 128 \\ -81 \\ \hline 47 \text{ men} \end{array}$$

Part 4

a. $\frac{5}{3} - \frac{3}{3} = \frac{2}{3}$ yard

b. $\frac{9}{4} - \frac{3}{4} = \frac{6}{4}$ pints

c. $\frac{15}{2} + \frac{9}{2} = \frac{24}{2}$ feet

Part 5

a. $\frac{5}{4} > 1$ b. $\frac{7}{7} > \frac{9}{10}$

c. $\frac{8}{3} > \frac{6}{3}$ d. $1 > \frac{5}{7}$

Part 6

a.
$$\begin{array}{r} \overset{2}{2}\overset{3}{4}\;7 \\ \times5 \\ \hline 1235 \end{array}$$

b.
$$\begin{array}{r} 3\,\overset{1}{1}\,6 \\ \times2 \\ \hline 632 \end{array}$$

c.
$$\begin{array}{r} 63 \\ \times2 \\ \hline 126 \end{array}$$

d.
$$\begin{array}{r} 5\,\overset{4}{1}\,8 \\ \times5 \\ \hline 2590 \end{array}$$

Part 7

a.
$$\begin{array}{r} 400 \\ +500 \\ \hline 1000 \end{array}$$

b.
$$\begin{array}{r} 900 \\ -200 \\ \hline 700 \end{array}$$

c.
$$\begin{array}{r} 500 \\ +100 \\ \hline 600 \end{array}$$

d.
$$\begin{array}{r} 1000 \\ -300 \\ \hline 700 \end{array}$$

Part 8

a. $5 \xrightarrow{\;7\,} C$ 35 cents

b. $4 \xrightarrow{\;9\,} P$ 36 paws

c. $6 \xrightarrow{\;P\,30\,} \ell$ 5 packs

d. $10 \xrightarrow{\;D\,80\,} \ell$ 8 dimes

Part 2

a. 2 + 8 + 4 = 10 + 4 b. 6 + 8 + 2 = 17 − 1 c. 2 + 12 = 16 − 1 − 1

d. 4 x 2 = 0 + 8 e. 18 − 2 = 4 x 4 f. 2 + 10 = 14 − 2

Part 3

a. 5⟌30 = 6 b. 6⟌30 = 5 c. 9⟌45 = 5 d. 5⟌35 = 7

e. 5⟌40 = 8 f. 7⟌35 = 5 g. 8⟌40 = 5

Part 4

a. 6 x 3 = 18	b. 5 x 3 = 15	c. 4 x 3 = 12	d. 3 x 3 = 9
e. 3 x 5 = 15	f. 2 x 3 = 6	g. 1 x 3 = 3	h. 3 x 6 = 18
i. 3 x 4 = 12	j. 3 x 2 = 6	k. 3 x 6 = 18	l. 3 x 3 = 9

Lesson 105

Part 1

a. 3 x 5 = 15	b. 0 x 3 = 0	c. 1 x 3 = 3	d. 6 x 3 = 18
e. 3 x 4 = 12	f. 4 x 3 = 12	g. 5 x 3 = 15	h. 2 x 3 = 6
i. 3 x 1 = 3	j. 3 x 6 = 18	k. 3 x 0 = 0	l. 3 x 4 = 12

Part 2

a. 32 + 3 = 7 x 5 b. 6 x 3 = 20 − 2 c. 8 x 5 = 10 x 4

d. 12 − 2 = 5 x 2 e. 21 − 1 = 5 x 4 f. 0 x 3 = 5 − 5

Lesson 104 Textbook

Written Practice

a. 64
b. 44
c. 84
d. 62
e. 42
f. 72

Part 1

Problem 1:

a. 8 + 15 + 11 + 12 = 46 miles

b. 9 + 12 = 21 miles

Problem 2:

a. 9 + 12 + 10 + 15 = 46 miles

b. 8 miles

Part 2

a. 27 → 5 → E; 27 x 5 = 135 eggs

b. 14 → 5 → S; 14 x 5 = 70 squares

c. 3 → D → 27; 9 dogs

d. 26 → 3 → C; 26 x 3 = 78 children

e. 8 → H → 72; 9 houses

Part 3

a. 128 → S → 212; 212 − 128 = 84 pounds

b. 390 → 724 → G; 390 + 724 = 1114 yards

c. 26 → J → 72; 72 − 26 = 46 inches

Part 4

a. $\frac{6}{4}$ b. $\frac{4}{3}$

c. $\frac{2}{2}$ d. $\frac{3}{5}$

Part 5

a. \$6 + 6 = \$12

b. \$5.96 + 6.07 = \$12.03

c. \$2.08 + 5.96 + 6.07 = \$14.11

d. \$4 + 6 + 1 = \$11

Part 6

a. X = 4, Y = 9
b. X = 7, Y = 2
c. X = 0, Y = 3
d. X = 3, Y = 6

Lesson 105 Textbook

Written Practice

a. 62
b. 92
c. 33
d. 53
e. 90
f. 40

Part 1

Problem 1:

a. 8 + 5 + 12 + 10 = 35 miles

b. 8 + 15 = 23 miles

Problem 2:

a. 8 + 15 + 10 + 12 = 45 miles

b. 9 miles

Part 2

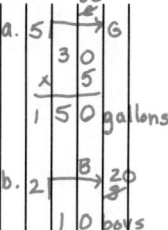

a. 5 → 30 → G; 30 x 5 = 150 gallons

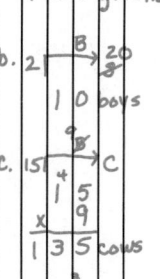

b. 2 → B → 20; 10 boys

c. 15 → 9 → C; 15 x 9 = 135 cows

d. 35 → 3 → F; 35 x 3 = 105 fleas

e. 16 → 9 → C; 16 x 9 = 144 coins

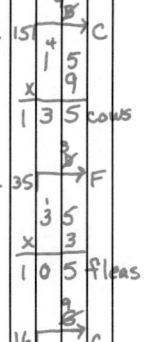

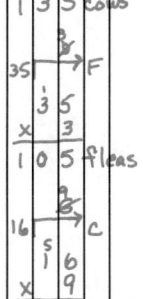

Part 3

a. $\frac{12}{4} = \boxed{3}$ b. $\frac{15}{3} = \boxed{5}$ c. $\frac{28}{4} = \boxed{7}$ d. $\frac{15}{5} = \boxed{3}$

e. $\frac{32}{4} = \boxed{8}$ f. $\frac{70}{10} = \boxed{7}$ g. $\frac{35}{5} = \boxed{7}$ h. $\frac{10}{10} = \boxed{1}$

Part 4

a. $9\overline{)45}$ 5 b. $5\overline{)20}$ 4 c. $5\overline{)40}$ 8 d. $5\overline{)45}$ 9

e. $8\overline{)40}$ 5 f. $5\overline{)25}$ 5 g. $6\overline{)30}$ 5

Do the independent work for Lesson 105 of your textbook.

Lesson 106

Part 1

a. $\frac{15}{3} = 5$ b. $\frac{20}{5} = 4$ c. $\frac{30}{6} = 5$ d. $\frac{45}{5} = 9$ e. $\frac{20}{10} = 2$

Part 2

a. $\frac{35}{5} = \boxed{7}$ b. $\frac{50}{5} = \boxed{10}$ c. $\frac{50}{10} = \boxed{5}$ d. $\frac{28}{4} = \boxed{7}$

e. $\frac{30}{5} = \boxed{6}$ f. $\frac{72}{8} = \boxed{9}$ g. $\frac{27}{3} = \boxed{9}$

Part 3

a. $10\overline{)62}$ 6; 60 P 2 b. $10\overline{)43}$ 4; 40 P 3 c. $10\overline{)69}$ 6; 60 P 9 d. $10\overline{)75}$ 7; 70 P 5

Lesson 105 Textbook (Continued)

Part 4

b. $\frac{37}{2} + \frac{5}{2} = \frac{42}{2}$

c. $\frac{3}{6} + \frac{42}{6} = \frac{45}{6}$

d. $\frac{3}{4} + \frac{10}{4} = \frac{13}{4}$

Part 5

a. 20 N → 95 All; cents; $95 - 20 = 75$ cents

b. R 37 B → 124 All; marbles; $124 - 37 = 87$ red marbles

c. 65 72 → All; $65 + 72 = 137$ fish

Part 6

a. $36 + 47 = 83$

b. $912 - 8 = 904$

c. $43 \times 9 = 387$

d. $593 + 7 = 600$

e. $57 \times 3 = 171$

Part 7

a. 10 D → 90; 9 dimes

b. 25 3 F; $25 \times 3 = 75$ flowers

c. 5 28 C; $28 \times 5 = 140$ cents

d. 124 B → 779; $779 - 124 = 655$ Brown frogs

e. 4.60 D → 12.80; $\$12.80 - 4.60 = \$8.20$

Lesson 106 Textbook

Written Practice

a. 66
b. 36
c. 53
d. 83
e. 55
f. 25

Part 1

	Bright Valley	Sunrise Estates	T
Daisies	184	202	386
Roses	118	245	363
T	302	447	749

$118 + 245 = 363$

$749 - 302 = 447$

$302 - 118 = 184$

$749 - 363 = 386$

127 B → 245; $245 - 127 = 118$ roses

43 D → 245; $245 - 43 = 202$ daisies

a. □ 302 B → 447; $447 - 302 = 145$ flowers

b. □ 202 B → 245; $245 - 202 = 43$ roses

c. □ 184 B → 202; $202 - 184 = 18$ daisies

Part 3

a. $17 - 5 = 14 \boxed{-} 7$

b. $8 \boxed{+} 3 + 1 = 12 - 0$

c. $20 + 8 = 32 \boxed{-} 4$

Part 4

a. $17 - 5 = 8 + \boxed{4}$

b. $8 + 3 + 4 = 15 - \boxed{0}$

c. $32 + 4 = 38 - \boxed{2}$

Part 5

a. $\frac{10}{4} + \frac{3}{4} = \frac{13}{4}$ feet

b. $\frac{14}{4} - \frac{4}{4} = \frac{10}{4}$ bags

c. $\frac{11}{5} + \frac{3}{5} = \frac{14}{5}$ bags

d. $\frac{7}{5} - \frac{7}{5} = 0$ gallons

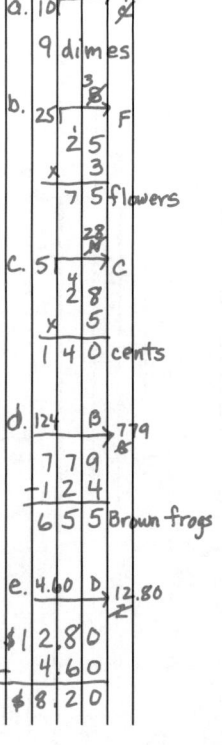

Part 4

a. $3\overline{)18}$ 6   b. $3\overline{)12}$ 4   c. $3\overline{)9}$ 3   d. $3\overline{)15}$ 5

e. $3\overline{)12}$ 4   f. $3\overline{)18}$ 6   g. $3\overline{)15}$ 5   h. $3\overline{)9}$ 3

Part 5

a. 8 x 5 = 40   b. 4 x 5 = 20   c. 4 x 4 = 16   d. 4 x 3 = 12

e. 4 x 0 = 0   f. 8 x 0 = 0   g. 8 x 1 = 8   h. 2 x 3 = 6

i. 6 x 3 = 18   j. 5 x 3 = 15   k. 2 x 9 = 18   l. 0 x 3 = 0

Do the independent work for Lesson 106 of your textbook.

Lesson 107

Part 1

a. $3.17

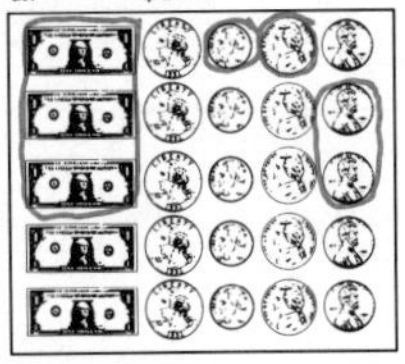

b. $4.42

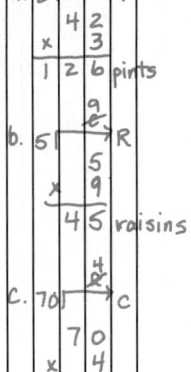

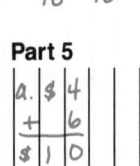

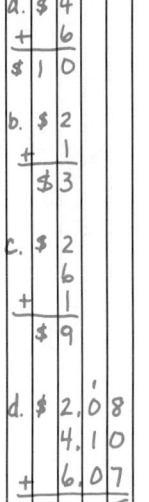

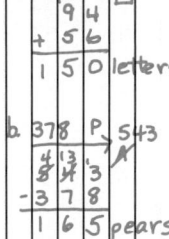

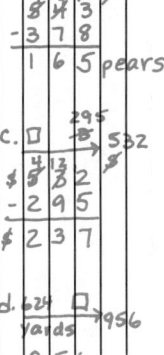

Part 2

a. 3 → 5 → 15   e. 3 → 3 → 9   i. 3 → 9 → 27

b. 3 → 8 → 24   f. 3 → 6 → 18   j. 3 → 8 → 24

c. 3 → 9 → 27   g. 3 → 4 → 12   k. 3 → 7 → 21

d. 3 → 10 → 30   h. 3 → 7 → 21   l. 3 → 6 → 18

Lesson 106 Textbook (Continued)

Part 6

a. $1 < \frac{5}{4}$

b. $\frac{9}{10} < 1$

c. $\frac{8}{3} < \frac{9}{3}$

d. $\frac{4}{4} = 1$

Part 7

a. 17 × 5 = 85

b. 273 × 3 = 819

c. 58 × 9 = 522

Part 8

a. 3:58
b. 2:20
c. 2:39
d. 12:55

Lesson 107 Textbook

Written Practice

a. 35
b. 32
c. 37
d. 34

Part 3

a. 3 → 42 P; 42 × 3 = 126 pints

b. 5 → 9 R; 5 × 9 = 45 raisins

c. 70 → 4 C; 70 × 4 = 280 cents

Part 4

b. $\frac{5}{7} + \frac{11}{7} = \frac{16}{7}$

c. $\frac{3}{2} - \frac{3}{2} = 0$

f. $\frac{15}{10} - \frac{3}{10} = \frac{12}{10}$

Part 5

a. $4 + 6 = $10

b. $2 + 1 = $3

c. $2 + 6 + 1 = $9

d. $2.08 + 4.10 + 6.07 = $12.25

Part 6

a. 94, 56 → □; 94 + 56 = 150 letters

b. 378 P → 543; 543 − 378 = 165 pears

c. □, 295 → 532; $532 − 295 = $237

d. 624 yards, □ → 956; 956 − 624 = 332 yards

Part 3

a. 5 x 3 = 12 + 3 b. 17 − 2 = 10 + 5 c. 5 x 5 = 20 + 5

d. 9 − 7 = 2 x 1 e. 4 x 5 = 10 x 2 f. 7 x 5 = 30 + 5

Part 4

a. 3⟌12 → 4 b. 3⟌18 → 6 c. 3⟌15 → 5 d. 3⟌9 → 3 e. 3⟌6 → 2

Part 5

a. $\frac{24}{4} = 6$ b. $\frac{27}{9} = 3$ c. $\frac{18}{9} = 2$ d. $\frac{12}{2} = 6$

Part 6

a. 10⟌57 → 5; 50 P7 b. 10⟌36 → 3; 30 P6 c. 10⟌81 → 8; 80 P1

d. 10⟌63 → 6; 60 P3 e. 10⟌27 → 2; 20 P7

Do the independent work for Lesson 107 of your textbook.

Lesson 108

Part 1

a. There were 14 gallons in each tank.
14 —T→ G

b. There were 15 players on each team.
15 —T→ P

c. Each box held 34 cans.
34 —B→ C

d. There were 7 lights in each room.
7 —R→ L

e. The price of each ticket was 4 dollars.
4 —T→ D

Part 2

a. 4 x 5 = 30 − 10 b. 10 − 2 = 4 x 2 c. 4 x 9 = 33 + 3

d. 8 + 8 = 4 x 4 e. 9 x 7 = 60 + 3

Part 3

a. 5⟌18 → 3; 15 P3 b. 5⟌39 → 7; 35 P4 c. 5⟌46 → 9; 45 P1 d. 5⟌28 → 5; 25 P3

Part 4

a. $4.41

b. $3.93

c. $2.24

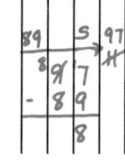

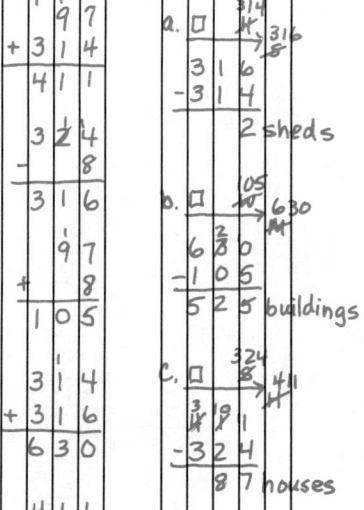

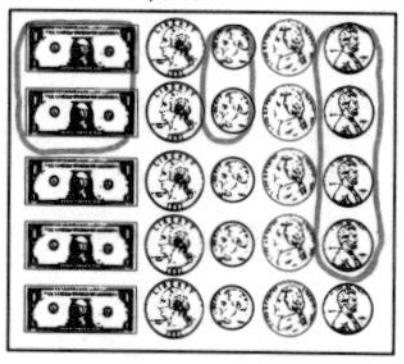

Part 5

a. 3 x 8 = 24 b. 3 x 6 = 18 c. 3 x 7 = 21 d. 3 x 5 = 15 e. 3 x 9 = 27 f. 3 x 3 = 9

Do the independent work for Lesson 108 of your textbook.

Lesson 109

Part 1

a. 4⟌37 → 9; 36 R1 b. 4⟌18 → 4; 16 R2 c. 4⟌38 → 9; 36 R2 d. 4⟌19 → 4; 16 R3

Lesson 108 Textbook

Mental Addition

a. 53
b. 56
c. 54
d. 55
e. 42
f. 40
g. 44
h. 41

Part 1

a. $\frac{15}{3} = 5$

b. $\frac{10}{2} = 5$

c. $\frac{12}{3} = 4$

d. $\frac{20}{4} = 5$

e. $\frac{9}{3} = 3$

f. $\frac{12}{2} = 6$

g. $\frac{45}{5} = 9$

Part 2

a. 2⟌18 → 9
b. 4⟌16 → 4
c. 6⟌18 → 3
d. 2⟌6 → 3
e. 5⟌45 → 9
f. 9⟌45 → 5
g. 3⟌9 → 3
h. 4⟌24 → 6
i. 4⟌32 → 8
j. 3⟌12 → 4

Part 4

a. $\frac{5}{3} + \frac{2}{3} = \frac{7}{3}$ pounds

b. $\frac{11}{3} - \frac{5}{3} = \frac{6}{3}$ feet

c. $\frac{3}{4} + \frac{6}{4} = \frac{9}{4}$ pies

Part 5

a. $\frac{2}{3}$

b. $\frac{3}{5}$

c. $\frac{3}{2}$

d. $\frac{1}{1}$

Part 6

	Wood roofs	Metal roofs	T
Houses	97	314	411
Sheds	8	316	324
T	105	630	735

217 —97→ M: 217 + 97 = 314

89 —S→ 97: 97 − 89 = 8

97 + 314 = 411

324 − 8 = 316

97 + 8 = 105

314 + 316 = 630

411 + 324 = 735

a. 314 → 316: 316 − 314 = 2 sheds

b. 105 → 630: 630 − 105 = 525 buildings

c. 324 → 411: 411 − 324 = 87 houses

Part 2

a. $2.86 b. $4.34 c. $1.91

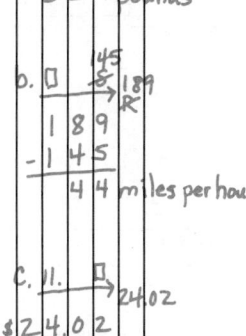

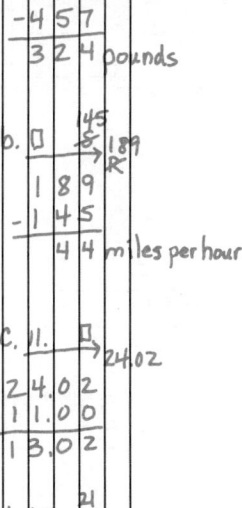

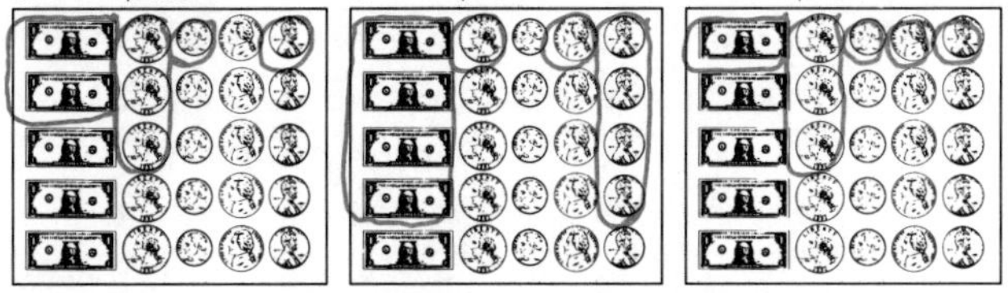

Part 3

a. $\frac{35}{5}$ 5⟌35 → 7 b. $\frac{16}{2}$ 2⟌16 → 8 c. $\frac{12}{3}$ 3⟌12 → 4 d. $\frac{45}{5}$ 5⟌45 → 9

Part 4

a. There were 14 ounces in each bottle.
14 ⟌ B O

b. There were 21 miles in each race.
21 ⟌ R M

c. Each table had 6 legs.
6 ⟌ T L

d. They had 4 meals each day.
4 ⟌ D M

Part 5

a. 4⟌26 → 6, 24 R2
b. 2⟌13 → 6, 12 R1
c. 9⟌30 → 3, 27 R3
d. 5⟌38 → 7, 35 R3
e. 3⟌23 → 7, 21 R2
f. 9⟌67 → 7, 63 R4

Part 6

a. 8 x 3 = 24 b. 7 x 3 = 21 c. 9 x 3 = 27 d. 6 x 3 = 18
e. 3 x 5 = 15 f. 3 x 8 = 24 g. 3 x 9 = 27 h. 3 x 7 = 21
i. 7 x 3 = 21 j. 3 x 10 = 30 k. 6 x 3 = 18 l. 8 x 3 = 24

Do the independent work for Lesson 109 of your textbook.

Lesson 110

Part 1

a. 4⟌26 → 6, 24 R2
b. 4⟌22 → 5, 20 R2
c. 4⟌39 → 9, 36 R3
d. 4⟌18 → 4, 16 R2
e. 4⟌9 → 2, 8 R1

Part 2

a. 9:35 + :22 = 9:57
b. 5:16 − :12 = 5:04
c. 6:52 − :19 = 6:33
d. 8:26 + :19 = 8:45
e. 11:24 − :19 = 11:05
f. 6:32 + :24 = 6:56

Part 3

a. $\frac{21}{3}$ 3⟌21 → 7 b. $\frac{12}{4}$ 4⟌12 → 3 c. $\frac{32}{4}$ 4⟌32 → 8 d. $\frac{63}{7}$ 7⟌63 → 9

Part 4

a. 24 bugs were in each shed.
24 ⟌ S B

b. They put 3 coins in each pocket.
3 ⟌ P C

c. 17 girls were in each class.
17 ⟌ C G

d. Each bookcase had 9 shelves.
9 ⟌ B S

Part 5

a. 3⟌20 → 6, 18 R2
b. 9⟌59 → 6, 54 R5
c. 5⟌36 → 7, 35 R1
d. 9⟌40 → 4, 36 R4
e. 4⟌37 → 9, 36 R1
f. 2⟌15 → 7, 14 R1

Lesson 109 Textbook

Part 1

a. 8
b. 17
c. 0
d. 24
e. 4
f. 5
g. 0
h. 5
i. 25
j. 21
k. 20
l. 0

Part 2

a. 3
b. 5
c. 4
d. 3
e. 2
f. 3
g. 6
h. 3
i. 6
j. 8

Part 4

a. 18 − 3 = 0 + 15
b. 10 − 4 = 2 x 3
c. 30 − 6 = 20 + 4
d. 5 x 4 = 22 − 2

Part 5

a. 803, 358 → □; 803 + 358 = 1161 cartons
b. 76, 828 → J; 76 + 828 = 904 millimeters
c. 176, □ → 330; 330 − 176 = 154 quarts

Part 6

a. 749 + 76 = 825
b. 943 − 186 = 757
c. 507 + 468 = 975
d. 903 − 468 = 435

Lesson 110 Textbook

Mental Addition

a. 90
b. 94
c. 92
d. 93

Part 1

a. 80
b. 31
c. 30
d. 0
e. 30
f. 15
g. 14
h. 15
i. 16
j. 0

Part 2

a. 18
b. 12
c. 27
d. 24
e. 21
f. 18
g. 24
h. 27
i. 24
j. 30
k. 21
l. 18

Part 3

a. 15 − 6 = 3 x 3
b. 17 − 2 = 3 x 5
c. 25 + 3 = 30 − 2
d. 38 + 1 = 40 − 1

Part 4

a. $1 > \frac{7}{8}$ b. $\frac{3}{7} < \frac{4}{7}$

c. $\frac{15}{14} > 1$ d. $\frac{25}{2} > \frac{3}{2}$

Part 5

a. $\frac{7}{3} - \frac{2}{3} = \frac{5}{3}$ buckets

b. $\frac{9}{5} - \frac{3}{5} = \frac{6}{5}$ pounds

c. $\frac{7}{4} + \frac{3}{4} = \frac{10}{4}$ hours

Part 6

a. 74 x 2 = 148
b. 432 x 3 = 1296
c. 316 x 4 = 1264
d. 58 x 9 = 522

Part 7

a. □, 457 → 781; 781 − 457 = 324 pounds
b. □, 145 → 189; 189 − 145 = 44 miles per hour
c. 11., □ → 2402; $24.02 − 11.00 = $13.02
d. 134, 21 → p; 134 + 21 = 155 feet

Test 11 Test Scoring Procedures begin on page 104.

Part 1

a. 6⟌18 → 3 b. 4⟌12 → 3 c. 2⟌18 → 9 d. 2⟌6 → 3 e. 9⟌45 → 5 f. 5⟌45 → 9

g. 3⟌15 → 5 h. 4⟌24 → 6 i. 7⟌21 → 3 j. 3⟌9 → 3 k. 4⟌16 → 4

Part 2

a. 5⟌20 → 4 b. 8⟌40 → 5 c. 5⟌25 → 5 d. 6⟌30 → 5 e. 5⟌40 → 8

f. 5⟌45 → 9 g. 4⟌20 → 5 h. 5⟌20 → 4 i. 9⟌45 → 5

Part 3

a. 8 x 3 = 24 b. 4 x 3 = 12 c. 7 x 3 = 21 d. 3 x 10 = 30

e. 3 x 7 = 21 f. 3 x 9 = 27 g. 2 x 3 = 6 h. 3 x 6 = 18

i. 6 x 3 = 18 j. 3 x 8 = 24 k. 9 x 3 = 27

Part 4 Circle the dollars and coins for each problem.

a. $4.41

b. $3.93

Part 5 Work each problem.

a. 5⟌36 → 7, 35 R 1 b. 10⟌26 → 2, 20 R 6 c. 5⟌49 → 9, 45 R 4

Go to Test 11 in your textbook.

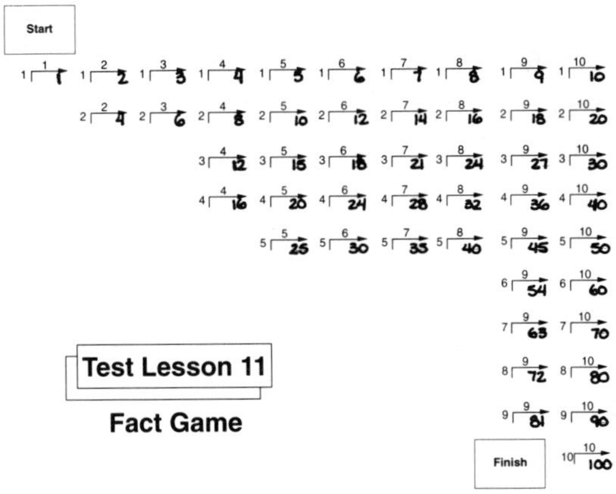

Test Lesson 11

Fact Game

Test 11/Extra Practice

Part 1

a. 9⟌45 → 5 b. 5⟌20 → 4 c. 5⟌40 → 8 d. 5⟌45 → 9

e. 8⟌40 → 5 f. 5⟌25 → 5 g. 6⟌30 → 5

Part 2

a. $2.86

b. $4.34

c. $1.91

Part 3

a. 4⟌26 → 6, 24 R 2 b. 4⟌22 → 5, 20 R 2 c. 4⟌39 → 9, 36 R 3

d. 4⟌18 → 4, 16 R 2 e. 4⟌9 → 2, 8 R 1

Part 4

a. $\frac{12}{4} = 3$ b. $\frac{15}{3} = 5$ c. $\frac{28}{4} = 7$ d. $\frac{15}{5} = 3$

e. $\frac{32}{4} = 8$ f. $\frac{70}{10} = 7$ g. $\frac{35}{5} = 7$ h. $\frac{10}{10} = 1$

Part 5

a. 5 X 3 = 12 + 3 b. 17 − 2 = 10 + 5 c. 5 X 5 = 20 + 5

d. 9 − 7 = 2 x 1 e. 4 x 5 = 10 x 2 f. 7 X 5 = 30 + 5

Part 6

a. $\frac{21}{3}$ 3⟌21 → 7 b. $\frac{12}{4}$ 4⟌12 → 3 c. $\frac{32}{4}$ 4⟌32 → 8 d. $\frac{63}{7}$ 7⟌63 → 9

Test Lesson 11

a. 3 cents
b. 30 cents
c. 1 nickel, 2 pennies
d. 2 dimes, 1 penny

Test 11 Textbook

Part 6

a. C → A → B → D 32 miles
b. C → B → D 20 miles

Part 7

a. 4
b. 6
c. 1

Part 8

a. 5x8 = 50 − 10
b. 10 − 4 = 2x3
c. 30 − 6 = 20 + 4
d. 5x4 = 22 − 2

Part 9

a. 45
b. 44
c. 45
d. 46
e. 0

Part 10

a. 2⟌18 → 9

b. 4⟌24 → 6

Part 11

a. 3 → 27 F; 9 dogs

b. 12 → 4 F; 12 x 4 = 48 fleas

c. 5 → 50 F; 10 rooms

d. 6 → L; 91 x 6 = 546 legs

Lesson 111

Part 1

a. 2 ⟌15 = 7, 14 R 1
b. 2 ⟌7 = 3, 6 R 1
c. 4 ⟌25 = 6, 24 R 1
d. 5 ⟌39 = 7, 35 R 4
e. 4 ⟌38 = 9, 36 R 2
f. 2 ⟌19 = 9, 18 R 1
g. 4 ⟌33 = 8, 32 R 1
h. 5 ⟌23 = 4, 20 R 3

Part 2

a. 4:44 − :36 = 4:08
b. 4:44 + :13 = 4:57
c. 7:56 − :29 = 7:27
d. 5:08 + :37 = 5:45

Part 3

a. 8 x 3 = 24
b. 6 x 3 = 18
c. 7 x 3 = 21
d. 3 x 9 = 27
e. 5 x 3 = 15
f. 8 x 3 = 24
g. 2 x 3 = 6
h. 3 x 6 = 18
i. 3 x 5 = 15
j. 9 x 3 = 27
k. 4 x 3 = 12
l. 3 x 7 = 21

Part 4

	Time the person left	Minutes of trip	Time arrived
Tim	8:25	:30	8:55
Kim	9:06	:29	9:35
Slim	7:15	:26	7:41
Jim	8:12	:34	8:46

8:25 + :30 = 8:55
9:35 − :29 = 9:06
7:41 − 7:15 = :26
8:12 + :34 = 8:46

163

Lesson 111 Textbook

Part 1

a. 5 → 17 B; 17 x 5 = 85 bugs
b. 4 → 24 B; 6 nets
c. 13 → 9 B; 13 x 9 = 117 bugs
d. 19 → 2 B; 19 x 2 = 38 bugs

Part 2

a. 5 ⟌20 = 4
b. 4 ⟌16 = 4
c. 4 ⟌32 = 8
d. 3 ⟌18 = 6
e. 9 ⟌18 = 2

Part 3

a. 4 cents
b. 40 cents
c. 2 dimes, 1 nickel, 1 penny
d. 3 dimes, 1 nickel

Part 4

a. 15 cents
b. 75 cents
c. 2 quarters, 1 nickel
d. 1 quarter, 2 dimes
e. 1 quarter, 2 nickels

Part 5

a. $\frac{11}{3} - \frac{6}{3} = \frac{5}{3}$ yards
b. $\frac{13}{5} + \frac{3}{5} = \frac{16}{5}$ pounds
c. □ → 538, 1060; 1060 − 538 = 522 pounds
d. 318 → 343, T; 318 + 343 = 661 feet

Part 6

c. $\frac{3}{8} - \frac{3}{8} = \frac{0}{8}$
d. $\frac{7}{4} + \frac{9}{4} = \frac{16}{4}$
e. $\frac{17}{17} - \frac{3}{17} = \frac{14}{17}$

Part 7

a. 47 − 47 = 8 x 0
b. 3 + 5 + 2 = 11 − 1
c. 16 + 4 = 5 x 4
d. 7 x 5 = 40 − 5

Part 9

a. 16 miles
b. 10 miles

Part 8

	Saturday	Sunday	T
Rose	.75	2.30	3.05
Amy	1.87	1.44	3.31
T	2.62	3.74	6.36

□ → 1.12, 1.87: $1.87 − 1.12 = $.75
$3.05 − .75 = $2.30
$1.87 + 1.44 = $3.31
$.75 + 1.87 = $2.62
$2.30 + 1.44 = $3.74
$3.05 + 3.31 = $6.36
a. □ → 2.62, 3.74: $3.74 − 2.62 = $1.12
b. □ → .75, 2.30: $2.30 − .75 = $1.55
c. □ → 3.05, 3.31: $3.31 − 3.05 = $.26

Lesson 112

Part 1

10:40 − :31 = 10:09
9:09 + :46 = 9:55
10:41 − 10:13 = :28

	Time the person left	Minutes of trip	Time arrived
Jane	10:09	:31	10:40
Kim	9:09	:46	9:55
Slim	10:13	:28	10:41

Part 2

a. $5\overline{)35}$ = 7 $\frac{35}{5} = 7$

b. $8\overline{)24}$ = 3 $\frac{24}{8} = 3$

c. $6\overline{)18}$ = 3 $\frac{18}{6} = 3$

d. $10\overline{)20}$ = 2 $\frac{20}{10} = 2$

Part 3

a. $2\overline{)13}$ = 6, 12 R 1

b. $3\overline{)17}$ = 5, 15 R 2

c. $4\overline{)17}$ = 4, 16 R 1

d. $3\overline{)29}$ = 9, 27 R 2

e. $3\overline{)22}$ = 7, 21 R 1

f. $9\overline{)76}$ = 8, 72 R 4

g. $4\overline{)27}$ = 6, 24 R 3

Part 4

a.

	Cost for 1	Cost for 6	Cost for 20
Box	$9	$ 54	$ 180
Barrel	$5	$ 30	$ 100

b.

	Pounds for 1	Pounds for 5	Pounds for 9
Phone	4	20	36
T.V.	16	80	144

a. 6 × 9 = 54; 6 × 5 = 30; 20 × 9 = 180; 20 × 5 = 100

b. 5 × 4 = 20; 9 × 4 = 36; 16 × 5 = 80; 16 × 9 = 144

Do the independent work for Lesson 112 of your textbook.

Lesson 112 Textbook

Mental Addition

a. 92
b. 90
c. 96
d. 93
e. 97

Part 1

a. 7, 19 → W: 19 × 7 = 133 windows

b. 31, 5 → B: 31 × 5 = 155 bugs

c. 4, R → 32: 8 rooms

d. 9, B → 63: 7 bugs

Part 4

a. $3\overline{)15}$ = 5 b. $6\overline{)54}$ = 9 c. $8\overline{)32}$ = 4 d. $2\overline{)12}$ = 6 e. $10\overline{)70}$ = 7 f. $5\overline{)40}$ = 8

Part 5

a. R, 177 B → 263 All: 263 − 177 = 86 red marbles

b. 48, S → 215 All: 215 − 48 = 167 pounds

c. 168, 46 → P: 168 + 46 = 214 miles per hour

d. G, 77 A → 424 All: 424 − 77 = 347 gold fish

Part 6

A. X = 7, Y = 8
B. X = 2, Y = 0
C. X = 6, Y = 3
D. X = 1, Y = 5

Part 7

a. $\frac{7}{7} > \frac{1}{7}$

b. $\frac{8}{5} > \frac{6}{5}$

c. $\frac{1}{9} < \frac{2}{9}$

d. $\frac{5}{5} = 1$

Part 8

a. 259 × 7 = 1813
b. 36 × 4 = 144
c. 506 × 3 = 1518

Part 9

a. 506 + 3 = 509
b. 259 − 187 = 72
c. 36 − 28 = 8
d. 830 + 92 = 922

Part 10

a. 7
b. 7
c. 1
d. 0
e. 18
f. 35
g. 16

Lesson 113

Part 1

a. $9\overline{)48}$ = 5; 45 R 3

b. $9\overline{)30}$ = 3; 27 R 3

c. $9\overline{)20}$ = 2; 18 R 2

d. $9\overline{)76}$ = 8; 72 R 4

e. $9\overline{)28}$ = 3; 27 R 1

f. $9\overline{)65}$ = 7; 63 R 2

g. $9\overline{)37}$ = 4; 36 R 1

Part 2

9:55 − 9:11 = :44

	Time the person left	Minutes of trip	Time arrived
Mary	9:11	:44	9:55
Harry	10:19	:40	10:59
Barry	7:20	:32	7:52

10:59 − :40 = 10:19

7:20 + :32 = 7:52

Part 3

	Cost for 1	Cost for 4	Cost for 9
Drill	$80	$320	$720
Case of Nails	$20	$80	$180

$80 × 4 = $320 $20 × 4 = $80 $80 × 9 = $720 $20 × 9 = $180

Part 4

a. $5\overline{)40}$ = 8 | $\frac{40}{5} = 8$

b. $3\overline{)18}$ = 6 | $\frac{18}{3} = 6$

c. $9\overline{)54}$ = 6 | $\frac{54}{9} = 6$

d. $4\overline{)32}$ = 8 | $\frac{32}{4} = 8$

Lesson 113 Textbook

Part 1

a. 164 T → 396 M; 396 − 164 = 232 marbles

b. 13 S → 29 P; 29 − 13 = 16 miles

c. 205 M → 965 e; 965 − 205 = 760 pounds

d. 34 → 203 B → T; 34 + 203 = 237 miles

Part 2

a. 3 H → 21 ø; 7 hills

b. 4 → 12 F → G; 12 × 4 = 48 gallons

c. 9 T → 72 B; 8 trees

d. 29 → 5 ø → C; 29 × 5 = 145 chairs

Part 3

a. 15 − [5] = 10 + 0

b. 1 × 0 = 8 − [8]

c. 11 + 20 = 1 [+] 30

d. 19 + 1 + [0] = 5 × 4

Part 4

a. $\frac{4}{2}$

b. $\frac{2}{4}$

c. $\frac{4}{4}$

d. $\frac{2}{1}$

Part 5

a. $\frac{7}{3} + \frac{1}{3} = \frac{8}{3}$ feet

b. $\frac{9}{4} - \frac{5}{4} = \frac{4}{4}$ bushel

c. $\frac{11}{5} + \frac{32}{5} = \frac{43}{5}$ tons

Part 6

a. 3 cents

b. 30 cents

c. 1 dime, 2 pennies

d. 1 dime, 2 nickels

Part 7

a. 43 × 3 = 129

b. 70 × 9 = 630

c. 806 × 5 = 4030

Lesson 114

Part 1

a. $9\overline{)50}$ = 5; 45 R5

b. $2\overline{)7}$ = 3; 6 R1

c. $9\overline{)67}$ = 7; 63 R4

d. $9\overline{)75}$ = 8; 72 R3

e. $2\overline{)15}$ = 7; 14 R1

f. $3\overline{)19}$ = 6; 18 R1

g. $4\overline{)27}$ = 6; 24 R3

Part 2

a. $4\overline{)24}$ = 6 | $\frac{24}{4} = 6$

b. $10\overline{)50}$ = 5 | $\frac{50}{10} = 5$

c. $9\overline{)63}$ = 7 | $\frac{63}{9} = 7$

d. $3\overline{)21}$ = 7 | $\frac{21}{3} = 7$

Part 3

	Time the person left	Minutes of trip	Time arrived
Ann	2:35	:12	2:47
Fran	4:15	:25	4:40
Barry	4:19	:31	4:50

2:35 + :12 = 2:47

4:40 − :25 = 4:15

4:50 − 4:19 = :31

166

Lesson 114 Textbook

Part 1

	Pounds for 1	Pounds for 9
Carton	6	54
Barrel	20	180

9 × 6 = 54

20 × 9 = 180

a. 6 + 20 = 26 pounds

b. 180 − 54 = 126 pounds

c. 6 + 180 = 186 pounds

Part 2

a. 161 → T 310; 161 + 310 = 471 miles

b. 32 H → 234 W; \$234 − 32 = \$202

c. 12 → S 21 T; 12 + 21 = 33 tons

d. 17 → M 79 K; 17 + 79 = 96 miles

e. 350 B → 536 F; 536 − 350 = 186 gallons

Part 3

a. 5 D → 45 R; 9 days

b. 25 9 F → B; 25 × 9 = 225 birds

c. 30 3 B → C; 30 × 3 = 90 chicks

d. 7 B → 35 R; 5 baskets

Part 4

a. 150 × 8 = 1200

b. 73 × 5 = 365

c. 64 − 8 = 56

d. 93 + 68 = 161

e. 93 − 68 = 25

Part 5

a. 5
b. 15
c. 0
d. 7
e. 8
f. 9
g. 7
h. 18
i. 10

Part 6

a. $\frac{8}{3} > \frac{7}{3}$

b. $\frac{2}{6} < \frac{3}{6}$

c. $1 < \frac{9}{8}$

d. $\frac{5}{5} = \frac{8}{8}$

Part 7

a. A → E → D → B → C 23 miles
b. A → D → B → C 21 miles

Lesson 115

Part 1

a. $16 \div 2 = \dfrac{16}{2}$ b. $24 \div 4 = \dfrac{24}{4}$ c. $27 \div 9 = \dfrac{27}{9}$ d. $63 \div 7 = \dfrac{63}{7}$

Part 2

a. $9\overline{)65}$ = 7, $\overline{63}$ R2

b. $9\overline{)82}$ = 9, $\overline{81}$ R1

c. $9\overline{)48}$ = 5, $\overline{45}$ R3

d. $5\overline{)48}$ = 9, $\overline{45}$ R3

e. $2\overline{)5}$ = 2, $\overline{4}$ R1

f. $3\overline{)20}$ = 6, $\overline{18}$ R2

g. $9\overline{)59}$ = 6, $\overline{54}$ R5

h. $4\overline{)27}$ = 6, $\overline{24}$ R3

Part 3

	Time the person left	Minutes of trip	Time arrived
a. Kate	8:25	:30	8:55
b. Jim	9:15	:20	9:35
c. Slim	9:05	:35	9:40
d. Tim	7:35	:19	7:54
e. Kim	9:27	:29	9:56

Part 4

a. $2 \times 5 \times 3 = 30$ (10)

b. $3 \times 2 \times 10 = 60$ (6)

c. $2 \times 4 \times 4 = 32$ (8)

d. $2 \times 5 \times 8 = 80$ (10)

e. $2 \times 2 \times 5 = 20$ (4)

f. $3 \times 2 \times 4 = 24$ (6)

d. Tim left at 7:35. The trip took 19 minutes. What time was it when he arrived? 7:54

e. Kim's trip took 29 minutes. When she arrived, the time was 9:56. What time did she leave? 9:27

a. 8:25
  + :30
  8:55

b. 9:35
  − :20
  9:15

c. 9:40
  − 9:05
  :35

d. 7:35
  + :19
  7:54

e. 9:56
  − :29
  9:27

Do the independent work for Lesson 115 of your textbook.   167

Lesson 115 Textbook

Part 1

	Cents for 1	Cents for 9
Nickels	5	45
Dimes	10	90
Quarters	25	225

$9 \times 5 = 45$

$9 \times 10 = 90$

  25
× 9
225 (4)

a. 90
  + 25
  115 cents

b. 225
  − 45
  180 cents (1)

c. 45
  10
  + 25
  80 cents (1)

d. 45
  − 25
  20 cents

Part 2

a. 56 → C 113, B
  1 8 3
  − 5 6
  5 7 fleas

b. 36 → T 113, S
  3 6
  + 1 1 3
  1 4 9 tons

c. 24 → G 31, M
  3 1
  − 2 4
  7 years old

d. 32 → S 40, M
  4 0
  − 3 2
  8 years old

Part 4

a. 3 7 4
  × 2
  7 4 8

b. 1 0 9
  × 5
  5 4 5 (4)

c. 3 7 4
  + 2 2 7
  6 0 1

d. 3 7 4
  − 2 1 7
  1 5 7 (6)

e. 6 4
  − 6 2
  2

Part 5

a. $7\overline{)35}$ = 5

b. $2\overline{)16}$ = 8

c. $4\overline{)36}$ = 9

d. $4\overline{)28}$ = 7

e. $9\overline{)9}$ = 1

f. $4\overline{)4}$ = 1

Part 6

a. $2 \times 8 = 17 \quad -1$

b. $10 - 5 = 2 + 3$

c. $10 + 0 + 2 = 4 \times 3$

d. $0 \times 8 = 6 \quad -6$

Part 7

a. 4 cents
b. 40 cents
c. 2 dimes, 2 nickels

Part 8

a. 3
  2
  + 4
  $9

b. $1.09
  6.11
  + 2.06
  $9.26

c. $1
  3
  + 6
  $10

d. $1.09
  2.93
  + 6.11
  $10.13

Part 9

a. $\dfrac{3}{4}$ b. $\dfrac{1}{5}$

c. $\dfrac{4}{3}$ d. $\dfrac{4}{2}$

Lesson 116

Part 1

a. $4\overline{)28}$ 7 R

b. $4\overline{)35}$ 8, 32 R 3

c. $9\overline{)49}$ 5, 45 R 4

d. $3\overline{)11}$ 3, 9 R 2

e. $4\overline{)24}$ 6 R

f. $2\overline{)18}$ 9 R

g. $4\overline{)23}$ 5, 20 R 3

h. $9\overline{)75}$ 8, 72 R 3

Part 2

a. 2 x 4 x 9 = 72 (8)

b. 2 x 5 x 8 = 80 (10)

c. 2 x 4 x 2 = 16 (8)

d. 3 x 3 x 4 = 36 (9)

Part 3

a. 15 ÷ 3 = $\frac{15}{3}$ = 5

b. 30 ÷ 5 = $\frac{30}{5}$ = 6

c. 16 ÷ 2 = $\frac{16}{2}$ = 8

d. 18 ÷ 3 = $\frac{18}{3}$ = 6

e. 10 ÷ 10 = $\frac{10}{10}$ = 1

f. 18 ÷ 9 = $\frac{18}{9}$ = 2

Part 4

	Time the person left	Minutes of trip	Time arrived
a. Larry	3:07	:17	3:24
b. Harry	2:21	:19	2:40
c. Mary	2:06	:18	2:24
d. Terry	2:02	:21	2:23
e. Jerry	2:13	:17	2:30

d. Terry's trip to work took 21 minutes. She arrived at 2:23. What time did she leave? 2:02

e. Jerry left at 2:13. He arrived at work at 2:30. How long did his trip take? :17

a. 3:24 − :17 = 3:07

b. 2:40 − 2:21 = :19

c. 2:06 + :18 = 2:24

d. 2:23 − :21 = 2:02

e. 2:30 − 2:13 = :17

Lesson 116 Textbook

Part 1

a. 300 F 451 B
300 + 451 = 751 feet

b. 27 H 96 B
96 − 27 = 69 feet

c. 25 14 M
25 + 14 = 39 years old

d. 29 J 50
50 − 29 = 21 years old

Part 2

a. 9
b. 6
c. 8
d. 7
e. 3
f. 5
g. 4
h. 8
i. 6
j. 9
k. 7

Fractions

a. $\frac{4}{3}$ (circled)

b. $\frac{6}{4}$ (circled)

c. $\frac{5}{1}$ (circled)

d. $\frac{9}{10}$

Part 3

	Cents for 1	Cents for 5
Nickels	5	25
Dimes	10	50
Quarters	25	125

a. 125 − 25 = 100 cents

b. 5 + 50 + 125 = 180 cents

c. 25 + 50 + 25 = 100 cents

d. 125 − 50 = 75 cents

Part 4

a. $\frac{5}{3}$ → $\frac{14}{3}$ M
$\frac{5}{3} + \frac{14}{3} = \frac{19}{3}$ miles

b. $\frac{2}{5}$ → $\frac{7}{5}$ B
$\frac{2}{5} + \frac{7}{5} = \frac{9}{5}$ pounds

Part 5

a. $\frac{1}{3} < 1$

b. $\frac{4}{7} > \frac{3}{7}$

c. $1 = \frac{8}{8}$

d. $\frac{4}{4} < \frac{8}{4}$

Part 6

a. 413 − 8 = 405

b. 74 × 2 = 148

c. 936 + 275 = 1211

d. 298 + 6 = 304

e. 298 × 5 = 1490

Part 7

a. 5 x 6 = 10 x 3
b. 10 + 5 = 20 − 5
c. 11 − 3 = 4 x 2
d. 18 + 4 = 20 + 1 + 1

Part 8

a. $4\overline{)12}$ 3

b. $4\overline{)24}$ 6

c. $5\overline{)45}$ 9

d. $6\overline{)6}$ 1

e. $1\overline{)3}$ 3

f. $2\overline{)12}$ 6

Part 9

a. 17 × 9 = 153 square inches

b. 15 × 5 = 75 square inches

c. 17 × 2 = 34 square inches

Lesson 117

Part 1

a. 9⟌59 → 6; 54 R5
b. 5⟌30 → 6; R
c. 2⟌13 → 6; 12 R1
d. 9⟌36 → 4; R
e. 4⟌28 → 7; R
f. 4⟌13 → 3; 12 R1
g. 4⟌37 → 9; 36 R1
h. 9⟌30 → 3; 27 R3
i. 3⟌14 → 4; 12 R2
j. 9⟌12 → 1; 9 R3

Part 2

a. 5:46 − 5:09 = :37

	Time the person left	Minutes of trip	Time arrived
a. Fran	5:09	:37	5:46
b. Ann	7:15	:41	7:56
c. Dan	6:19	:12	6:31
d. Diane	5:15	:38	5:53
e. Roxanne	5:12	:19	5:31

b. 7:56 − :41 = 7:15
c. 6:19 + :12 = 6:31
d. 5:15 + :38 = 5:53
e. 5:31 − 5:12 = :19

d. Diane left for the party at 5:15. The trip took 38 minutes. When did she arrive at the party? 5:53

e. Roxanne left for the party at 5:12. She arrived at 5:31. How long did the trip take? :19

Part 3

a. $21 \div 3 = \frac{21}{3} = 7$
b. $16 \div 2 = \frac{16}{2} = 8$
c. $15 \div 3 = \frac{15}{3} = 5$
d. $25 \div 5 = \frac{25}{5} = 5$
e. $35 \div 7 = \frac{35}{7} = 5$

Do the independent work for Lesson 117 of your textbook.

Lesson 117 Textbook

Part 1

b. 2x3x4 = 24 cubic inches
c. 2x2x4 = 16 cubic feet
d. 3x2x9 = 54 cubic centimeters
e. 2x5x6 = 60 cubic yards

Part 2

a. 3
b. 8
c. 2
d. 7
e. 4
f. 9
g. 8
h. 5
i. 7
j. 6
k. 9
l. 6

Fractions

a. $\frac{6}{7}$
b. $\frac{6}{4}$ (circled)
c. $\frac{1}{8}$
d. $\frac{5}{1}$ (circled)

Part 3

a. False
b. 2 nickels, 1 penny
c. False
d. 1 nickel, 2 pennies
e. 2 dimes, 1 penny

Part 4

a. 14 ÷ 7 = 2
b. 14 − 7 = 7
c. 8 + 6 = 14
d. 4 x 0 = 0
e. 3 x 8 = 24
f. 11 − 6 = 5
g. 7 x 1 = 7
h. 45 ÷ 5 = 9
i. 4 + 0 = 4
j. 0 x 5 = 0

Part 5

a. 470 − 283 = 187
b. 45 x 8 = 360
c. 483 + 270 = 753
d. 403 x 9 = 3627
e. 304 − 8 = 296

Part 6

a. \$4.01 + 3.05 + 10.99 = \$18.05
b. \$4 + 3 + 5 = \$12
c. \$10.99 + 4.92 + .95 = \$16.86
d. \$3 + 4 = \$7

Part 7

a. 25 x 7 = 175 cents
b. 36 x 5 = 180 cookies

Part 8

a. $\frac{11}{3} + \frac{8}{3} = \frac{19}{3}$
b. $\frac{6}{6} + \frac{6}{6} = \frac{12}{6}$
d. $\frac{9}{7} - \frac{7}{7} = \frac{2}{7}$

Part 9

a. B→A→C→D 16 miles
b. B→C→D 14 miles
c. A→B→C→E 20 miles
d. A→C→E 8 miles

Lesson 118

Part 1

a. $3\overline{)12}$ = 4 R

b. $4\overline{)27}$ = 6, 24 R3

c. $10\overline{)54}$ = 5, 50 R4

d. $3\overline{)28}$ = 9, 27 R1

e. $9\overline{)40}$ = 4, 36 R4

f. $5\overline{)27}$ = 5, 25 R2

g. $9\overline{)54}$ = 6 R

h. $4\overline{)28}$ = 7 R

i. $2\overline{)12}$ = 6 R

j. $3\overline{)27}$ = 9 R

k. $9\overline{)12}$ = 1, 9 R3

l. $5\overline{)28}$ = 5, 25 R3

Part 2

a. $3\overline{)27}$ = 9

b. $3\overline{)15}$ = 5

c. $3\overline{)21}$ = 7

d. $3\overline{)18}$ = 6

e. $7\overline{)21}$ = 3

f. $9\overline{)27}$ = 3

g. $3\overline{)9}$ = 3

h. $3\overline{)24}$ = 8

i. $3\overline{)12}$ = 4

j. $8\overline{)24}$ = 3

k. $3\overline{)18}$ = 6

l. $5\overline{)15}$ = 3

Part 3 **Independent Work**

Use the information to complete the table.

	Time the person left	Minutes of trip	Time arrived
a. Fran	5:01	:58	5:59
b. Nan	12:11	:45	12:56
c. Ann	12:12	:47	12:59
d. Dan	1:06	:49	1:55

b. Nan's trip took 45 minutes. She left at 12:11. When did she arrive? 12:56

c. Ann left at 12:12. She arrived at 12:59. How long did her trip take? :47

d. Dan's trip took 49 minutes. He arrived at 1:55. When did he leave? 1:06

a. 5:59 − 5:01 = :58 b. 12:11 + :45 = 12:56 c. 12:59 − 12:12 = :47 d. 1:55 (4 over 5) − :49 = 1:06

Lesson 118 Textbook

Mental Addition

a. 61
b. 65
c. 63
d. 62
e. 64

Fractions

a. $\frac{6}{9}$

b. $\frac{4}{3}$ (circled)

c. $\frac{1}{9}$

d. $\frac{5}{1}$ (circled)

e. $\frac{4}{5}$

f. $\frac{11}{8}$

Part 1

a. 2 dimes
b. False
c. 1 quarter, 1 dime
d. False
e. 2 quarters

Part 3

a. 5 x 2 x 3 = 30 cubic inches
b. 2 x 4 x 3 = 24 cubic inches
c. 4 x 2 x 5 = 40 cubic feet

Part 4

a. 500 − 200 = 300

b. 700 + 600 = 1300

c. 900 − 300 = 600

d. 100 + 800 + 500 = 1400

Part 5

a. 14 ÷ 2 = 7 − 0
b. 3 x 5 = 20 − 5
c. 13 + 3 = 4 x 4
d. 10 + 10 = 1 x 20

Part 6

a. $\frac{7}{2}$ → S, $\frac{19}{2}$ W; $\frac{19}{2} - \frac{7}{2} = \frac{12}{2}$ yards

b. $\frac{7}{4}$ → B, $\frac{13}{4}$ e; $\frac{7}{4} + \frac{13}{4} = \frac{20}{4}$ bales

c. $\frac{10}{3}$ → B, $\frac{52}{3}$ d; $\frac{52}{3} - \frac{10}{3} = \frac{42}{3}$ kilograms

Part 7

	Chin's Cafe	Ruby's Restaurant	T
Lunches	258	229	487
Dinners	184	237	421
T	442	466	908

8 → L, 237 (d): 237 − 8 = 229

442 − 184 = 258

229 + 237 = 466

258 + 229 = 487

487 + 421 = 908

53 → C, 237 (R): 237 − 53 = 184 dinners

a. □ → 442 (C), 466 (R): 466 − 442 = 24 meals

b. □ → 421 (D), 487 (L): 487 − 421 = 66 lunches

c. □ → 229 (R), 258 (C): 258 − 229 = 29 lunches

Part 8

a. $\frac{7}{4}$

b. $\frac{4}{10}$

c. $\frac{4}{3}$

d. $\frac{2}{4}$

Part 9

a. 804 x 3 = 2412

b. 172 x 4 = 688

c. 801 + 47 = 848

Part 10

a. 1:52
b. 1:04
c. 2:36
d. 2:32

Part 11

a. 45 + 0 = 45
b. 0 + 8 = 8
c. 4 x 8 = 32
d. 8 + 7 = 15
e. 6 x 3 = 18
f. 14 − 0 = 14
g. 14 − 6 = 8
h. 10 x 1 = 10
i. 7 x 4 = 28
j. 15 + 1 = 16
k. 11 − 7 = 4
l. 9 x 0 = 0

Part 12

a. 5 → B, 45 (b): 9 bills

b. 6 → C, 13 (e): 13 x 6 = 78 cans

c. 8 → J, 32 (T): 4 jackets

Part 13

a. $8\overline{)32}$ = 4

b. $7\overline{)70}$ = 10

c. $3\overline{)15}$ = 5

d. $5\overline{)45}$ = 9

e. $8\overline{)40}$ = 5

f. $9\overline{)27}$ = 3

g. $9\overline{)81}$ = 9

h. $4\overline{)24}$ = 6

i. $8\overline{)16}$ = 2

j. $4\overline{)16}$ = 4

k. $8\overline{)8}$ = 1

Lesson 119

Part 1

a. 3⟌21 → 7　b. 2⟌12 → 6　c. 3⟌27 → 9　d. 5⟌15 → 3
e. 3⟌12 → 4　f. 6⟌24 → 4　g. 3⟌24 → 8　h. 3⟌18 → 6
i. 9⟌27 → 3　j. 7⟌21 → 3　k. 3⟌18 → 6　l. 6⟌24 → 4

Part 2

a.

	Dollars for 1	Dollars for 9
Box	$ 8	$72
Board	$ 5	$45
Sack	$ 2	$18

9⟌72 = 8, 9⟌45 = 5, 9⟌18 = 2

b.

	Dollars for 1	Dollars for 4
Box	$ 6	$24
Carton	$ 9	$36
Basket	$ 5	$20

4⟌24 = 6, 4⟌36 = 9, 4⟌20 = 5

Part 3 **Independent Work**

	Time the person left	Minutes of trip	Time arrived
a. Kate	8:25	:30	8:55
b. Jim	9:15	:20	9:35
c. Slim	9:05	:35	9:40
d. Tim	7:35	:19	7:54
e. Kim	9:27	:29	9:56

d. Tim left at 7:35. The trip took 19 minutes. What time was it when he arrived? 7:54

e. Kim's trip took 29 minutes. When she arrived the time was 9:56. What time did she leave? 9:27

a. 8:25 + :30 = 8:55
b. 9:35 − :20 = 9:15
c. 9:40 − 9:05 = :35
d. 7:35 + :19 = 7:54
e. 9:56 − :29 = 9:27

Lesson 119 Textbook

Mental Addition

a. 52
b. 56
c. 53
d. 55
e. 54

Fractions

a. $\frac{1}{2}$
b. $\frac{9}{6}$ (circled)
c. $\frac{6}{2}$ (circled)
d. $\frac{5}{1}$
e. $\frac{7}{10}$
f. $\frac{3}{7}$
g. $\frac{4}{1}$

Part 2

a. 5⟌38 = 7, 35, R3
b. 9⟌38 = 4, 36, R2
c. 4⟌9 = 2, 8, R1
d. 4⟌19 = 4, 16, R3
e. 4⟌29 = 7, 28, R1

Part 3

a. 7x5x1 = 35 cubic inches
b. 3x3x3 = 27 cubic feet
c. 3x2x5 = 30 cubic meters
d. 5x2x4 = 40 cubic feet

Part 5

a. 846 → 588 → C
846 + 588 = 1434 pounds

b. 6.78 → J → 7.34
$7.34 − 6.78 = $ .56

c. 173 → 602 → T
173 + 602 = 775 hours

Part 6

a. 9 → 15 → O
15 × 9 = 135 ounces

b. 4 → 50 → C
50 × 4 = 200 cans

Part 7

a. $\frac{4}{4} > \frac{3}{4}$

b. $\frac{6}{5} > \frac{4}{5}$

c. $\frac{8}{7} > \frac{7}{7}$

d. $\frac{5}{5} = \frac{9}{9}$

Part 8

a. 573 − 8 = 565
b. 925 × 6 = 5550
c. 728 − 365 = 363
d. 106 + 5 = 111

Part 9

A. (X=0, Y=6)
B. (X=4, Y=5)
C. (X=2, Y=4)
D. (X=5, Y=2)

Part 10

a. 3 pennies
b. 1 nickel, 2 pennies
c. False
d. 3 nickels
e. 1 dime, 1 nickel, 1 penny

Part 11

a. 5÷1 = 10 − 5
b. 16 − 6 = 9 + 1
c. 18 + 1 + 1 = 4x5
d. 40-40 = 39 x 0

Part 12

a. D → C → B → E → A 16 miles
b. D → E → A 11 miles

Part 13

b. $\frac{8}{10} + \frac{10}{10} = \frac{18}{10}$

c. $\frac{10}{2} - \frac{5}{2} = \frac{5}{2}$

f. $\frac{6}{3} - \frac{2}{3} = \frac{4}{3}$

Part 14

a. 5
b. 23
c. 0
d. 7
e. 7
f. 28
g. 8
h. 32
i. 32
j. 0
k. 6
l. 7
m. 9
n. 4
o. 7

Lesson 120 Textbook

Mental Addition
a. 42
b. 71
c. 56
d. 31

Fractions
a. $\frac{7}{6}$ (circled)
b. $\frac{6}{7}$
c. $\frac{4}{3}$ (circled)
d. $\frac{4}{3}$
e. $\frac{3}{4}$
f. $\frac{5}{4}$
g. $\frac{6}{7}$

Part 1
a. 5 x 4 x 1 = 20 cubic inches
b. 3 x 3 x 2 = 18 cubic meters
c. 5 x 2 x 4 = 40 cubic yards

Part 3
a. 9⟌59 = 6, 54 R5
b. 9⟌79 = 8, 72 R7
c. 9⟌12 = 1, 9 R3
d. 4⟌26 = 6, 24 R2
e. 4⟌30 = 7, 28 R2

Part 5
a.

	Pounds for 1	Pounds for 5	
Phone	4	20	5⟌20 = 4
Book	2	10	5⟌10 = 2
Chicken	7	35	5⟌35 = 7

b.

	Pounds for 1	Pounds for 3	
Saw	8	24	3⟌24 = 8
cart	10	30	3⟌30 = 10
Basket	7	21	3⟌21 = 7

Part 6
a. 4⟌36 = 9
b. 2⟌16 = 8
c. 4⟌20 = 5
d. 6⟌18 = 3

Part 7
a. False
b. 3 nickels
c. 2 dimes, 1 nickel
d. False
e. False

Part 8
a. 24 → 4 c; 24 × 4 = 96 cans
b. 8 → 5 72; 9 shells
c. 10 → D 60; 6 dimes

Part 9
a. $10.99 + 2.10 + 6.98 = $20.07
b. $7 + 6 = $13
c. $8 + 2 + 6 = $16
d. $6.11 + 10.99 + 6.98 + 2.10 = $26.18

Part 10
a. 408 × 2 = 816
b. 742 − 667 = 75
c. 408 + 2 = 410
d. 542 × 7 = 3794

Part 11
a. $\frac{5}{8}$ □ → $\frac{15}{8}$

$\frac{15}{8} - \frac{5}{8} = \frac{10}{8}$ pies

b. $\frac{13}{3}$ → $\frac{8}{3}$ R

$\frac{13}{3} + \frac{8}{3} = \frac{21}{3}$ feet

c. $\frac{15}{5}$ R → $\frac{19}{5}$

$\frac{19}{5} - \frac{15}{5} = \frac{4}{5}$ pound

d. $\frac{2}{3}$ → $\frac{7}{3}$ J

$\frac{2}{3} + \frac{7}{3} = \frac{9}{3}$ miles

Part 12
a. 16 ÷ 2 = 10 − 2
b. 4 x 3 x 1 = 10 + 2
c. 18 − 18 = 18 x 0
d. 10 − 5 = 20 ÷ 4

Part 13
a. $\frac{8}{6}$
b. $\frac{2}{3}$
c. $\frac{1}{1}$
d. $\frac{5}{4}$

Part 14
a. 36 → 8 D; 36 + 8 = 44 ounces
b. 24 children → G 56; 56 − 24 = 32 girls

Part 15
a. 3
b. 4
c. 2
d. 6
e. 3
f. 6
g. 3
h. 4
i. 7
j. 3
k. 6
l. 8
m. 3
n. 4
o. 3

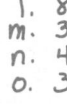

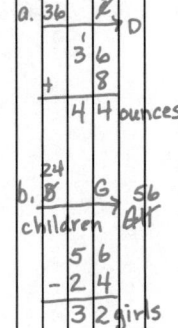

Test 12 Test Scoring Procedures begin on page 105.

Part 1

a. 62 b. 66 c. 64

Part 2

a. 3 | 21 → 7 b. 3 | 15 → 5 c. 3 | 24 → 8 d. 3 | 9 → 3

e. 3 | 27 → 9 f. 3 | 12 → 4 g. 3 | 6 → 2 h. 3 | 18 → 6

Part 3 Write the number family and figure out the answer.

a. 5 inches of rain fell each day. 45 inches of rain fell. How many days did it rain?

5 → 9, 45   9 days

b. There were 25 birds in each tree. There were 9 trees. How many birds were there in all?

25 → 9, B   25 × 9 = 225 birds

Part 4 Write the multiplication problem and the answer for each problem. Remember the units.

a.

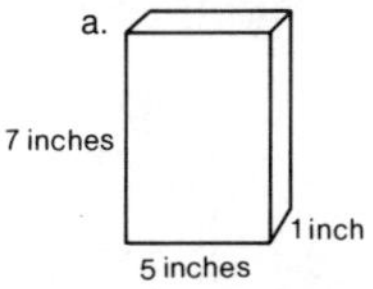

b.

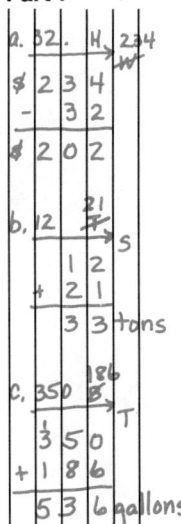

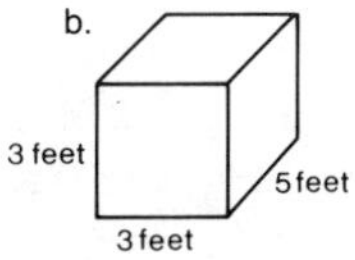

7 x 5 x 1 = 35 cubic inches   3 x 3 x 5 = 45 cubic feet

Go to Test 12 in your textbook.

Test 12/Extra Practice

	Time the person left	Minutes of trip	Time arrived
a. Kate	8:25	:30	8:55
b. Jim	9:15	:20	9:35
c. Slim	9:05	:35	9:40
d. Tim	7:35	:19	7:54
e. Kim	9:27	:29	9:56

d. Tim left at 7:35. The trip took 19 minutes. What time was it when he arrived? 7:54

e. Kim's trip took 29 minutes. When she arrived the time was 9:56. What time did she leave? 9:27

a. 8:25 + :30 = 8:55   b. 9:35 − :20 = 9:15   c. 9:40 − 9:05 = :35   d. 7:35 + :19 = 7:54   e. 9:56 − :29 = 9:27

Test 12 Textbook

Part 5

	Time left	Minutes of trip	Time arrived
a. Fran	5:09	:37	5:46
b. Ana	7:15	:41	7:56
c. Dan	5:19	:12	5:31
d. Diane	5:15	:38	5:53
e. Roxanne	5:12	:19	5:31

a. 5:46 − 5:09 = :37
b. 7:56 − :41 = 7:15
c. 5:19 + :12 = 5:31
d. 5:15 + :38 = 5:53
e. 5:31 − 5:12 = :19

Part 6

a. 4 | 24 → 6
b. 10 | 50 → 5
c. 7 | 35 → 5

Part 7

a. 32, H → 234 W; $234 − 32 = $202
b. 12, 21 → S; 12 + 21 = 33 tons
c. 350, 186 → T; 350 + 186 = 536 gallons

Part 8

a. 9 | 50 → 5, 45 R5
b. 2 | 7 → 3, 6 R1
c. 4 | 11 → 2, 8 R3

Part 9

	Pounds for 1	Pounds for 5
Cans	4	20
Bottles	7	35
Jars	6	30

5 | 20 → 4
5 | 35 → 7
5 | 30 → 6

Level C Test 1, Answer Key p. 6

Note: Provide any remedy for Test 1 before beginning Lesson 11. If more than 1/4 of the students did not pass a test part, present a remedy for that part (See *Presentation Book 1*, page 46). You are granted permission to reproduce the Remedy Summary Sheet at the back of the *Teacher's Guide.*

TEST 1 PERCENT SUMMARY

Score	%	Score	%	Score	%
61	100	54	89	48	79
60	98	53	87	47	77
59	97	52	85	46	75
58	95	51	84	45	74
57	93	50	82	44	72
56	92	49	80	43	70
55	90				

Test 1

Test Scoring Procedures begin on page 94.

Part 1

a. 3 + 9 = 12
b. 5 + 9 = 14
c. 8 + 9 = 17
d. 9 + 4 = 13
e. 9 + 6 = 15
f. 9 + 2 = 11
g. 9 + 7 = 16

Part 2

a. 4 + 6 = 10
b. 6 + 6 = 12
c. 3 + 6 = 9
d. 1 + 6 = 7
e. 5 + 6 = 11
f. 2 + 6 = 8

Part 3

a. 17 − 9 = 8
b. 14 − 9 = 5
c. 12 − 9 = 3
d. 15 − 9 = 6
e. 18 − 9 = 9
f. 13 − 9 = 4

Part 4

a. 3 + 3 = 6
b. 7 + 7 = 14
c. 6 + 6 = 12
d. 10 + 10 = 20
e. 2 + 2 = 4
f. 9 + 9 = 18
g. 5 + 5 = 10
h. 8 + 8 = 16
i. 4 + 4 = 8
j. 1 + 1 = 2

Part 5

a. 5 x 2 = 10
b. 2 x 3 = 6
c. 9 x 4 = 36
d. 5 x 1 = 5
e. 9 x 2 = 18
f. 5 x 9 = 45
g. 5 x 4 = 20
h. 9 x 1 = 9
i. 10 x 2 = 20
j. 9 x 3 = 27

Part 6 Write numbers on the arrows. Then write the multiplication problem and the answer. Remember to start with the column number.

a.
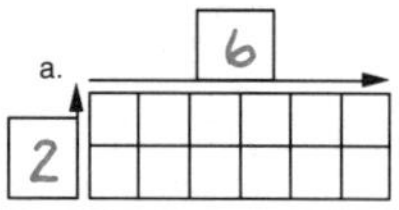

2 x 6 = 12   12 squares

b.
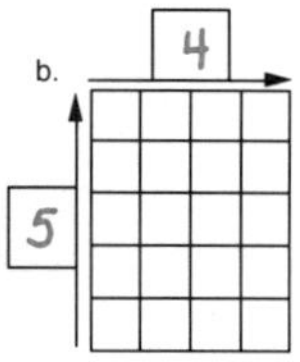

5 x 4 = 20   20 squares

Part 7 Write the column problem and the answer for each family.

a. 23 14 → □

  23
+14
  37

b. □ 11 → 48

  48
− 11
  37

Part 8

a.

  208
+609
  817

b.

  93
+29
122

TEST 1 SCORING CHART

Part	Score				Possible Score	Passing Score
1	1 for each item				7	6
2	1 for each item				6	5
3	1 for each item				6	5
4	1 for each item				10	8
5	1 for each item				10	8
6	Each Item				8	7
	Arrows #s 1	Problem 2	Answer 1	Total 4		
7	Each Item				10	9
	Problem 3		Answer 2	Total 5		
8	2 for each item				4	4
			TOTAL		61	

Level C Test 2, Answer Key p. 13

Note: Provide any remedy for Test 2 before beginning Lesson 21. If more than 1/4 of the students did not pass a test part, present a remedy for that part (See *Presentation Book 1*, page 89). You are granted permission to reproduce the Remedy Summary Sheet at the back of the *Teacher's Guide.*

TEST 2 PERCENT SUMMARY

Score	%	Score	%	Score	%
44	100	39	88	35	79
43	98	38	86	34	76
42	95	37	83	33	74
41	93	36	81	32	71
40	90				

TEST 2 SCORING CHART

Part	Score	Possible Score	Passing Score
1	1 for each item	11	9
2	Each Item: Problem 2, Answer 1, Unit Name 1, Total 4	8	7
3	1 for each cell	6	5
4	Each Item: Problem 2, Answer 1, Total 3	6	5
5	Each Item: # Family 1, Problem 1, Answer 1, Total 3	9	8
6	2 for each item	4	4
	TOTAL	44	

Test 2 Test Scoring Procedures begin on page 95.

Part 1

a. 4 + 5 = 9 b. 4 + 8 = 12 c. 4 + 4 = 8
d. 5 + 6 = 11 e. 4 + 10 = 14 f. 9 + 1 = 10
g. 2 + 6 = 8 h. 4 + 7 = 11 i. 6 + 6 = 12
j. 4 + 5 = 9 k. 4 + 6 = 10

Part 2 Work the area problems. Write the multiplication problem and the whole answer.

a. 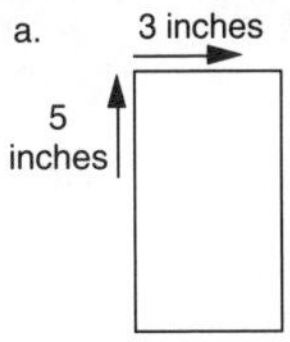

5x3=15 15 square inches

b. 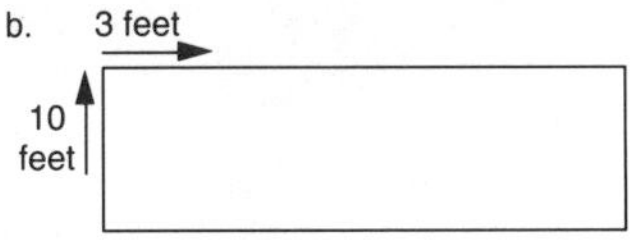

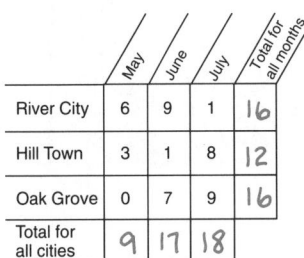

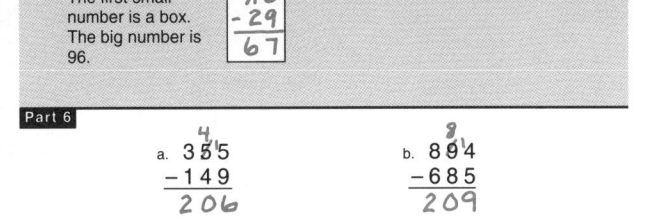

10x3=30 30 square feet

Part 3 This table shows how much rain fell in different cities during May, June and July. Fill in the totals.

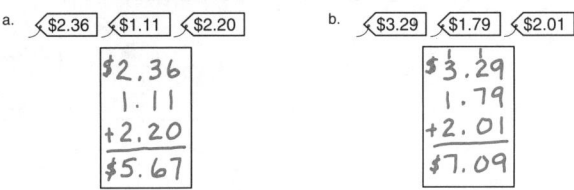

	May	June	July	Total for all months
River City	6	9	1	16
Hill Town	3	1	8	12
Oak Grove	0	7	9	16
Total for all cities	9	17	18	

Part 4 Write each problem in a column. Copy the amounts that are shown. Add and write the answer.

a. $2.36 $1.11 $2.20

$$\begin{array}{r} \$2.36 \\ 1.11 \\ +2.20 \\ \hline \$5.67 \end{array}$$

b. $3.29 $1.79 $2.01

$$\begin{array}{r} \$3.29 \\ 1.79 \\ +2.01 \\ \hline \$7.09 \end{array}$$

Part 5 Complete the number family for each problem. Then write the addition problem or the subtraction problem and the answer.

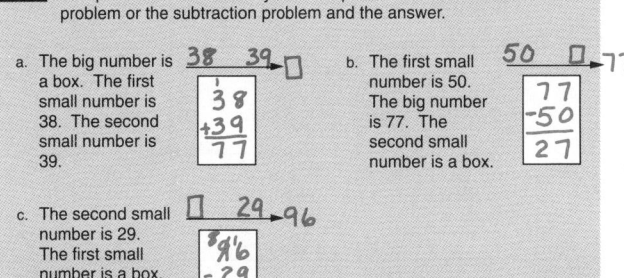

a. The big number is a box. The first small number is 38. The second small number is 39.

38 39 → ☐

$$\begin{array}{r} 38 \\ +39 \\ \hline 77 \end{array}$$

b. The first small number is 50. The big number is 77. The second small number is a box.

50 ☐ → 77

$$\begin{array}{r} 77 \\ -50 \\ \hline 27 \end{array}$$

c. The second small number is 29. The first small number is a box. The big number is 96.

☐ 29 → 96

$$\begin{array}{r} 96 \\ -29 \\ \hline 67 \end{array}$$

Part 6

a.
$$\begin{array}{r} 355 \\ -149 \\ \hline 206 \end{array}$$

b.
$$\begin{array}{r} 894 \\ -685 \\ \hline 209 \end{array}$$

Level C Test 3, Answer Key p. 21

Note: Provide any remedy for Test 3 before beginning Lesson 31. If more than 1/4 of the students did not pass a test part, present a remedy for that part (See *Presentation Book 1*, page 131). You are granted permission to reproduce the Remedy Summary Sheet at the back of the *Teacher's Guide.*

TEST 3 PERCENT SUMMARY

Score	%	Score	%	Score	%
75	100	67	89	59	79
74	99	66	88	58	77
73	97	65	87	57	76
72	96	64	85	56	75
71	95	63	84	55	73
70	93	62	83	54	72
69	92	61	81	53	71
68	91	60	80		

Test 3 Test Scoring Procedures begin on page 96.

Part 1

a. 8 − 4 = 4 b. 6 − 4 = 2 c. 5 − 4 = 1
d. 4 − 3 = 1 e. 7 − 4 = 3 f. 8 − 4 = 4
g. 8 − 6 = 2 h. 8 − 7 = 1 i. 4 − 4 = 0
j. 7 − 5 = 2 k. 7 − 6 = 1

Part 2

a. 5 + 7 = 12 b. 5 + 9 = 14 c. 5 + 5 = 10
d. 5 + 8 = 13 e. 5 + 6 = 11 f. 4 + 5 = 9
g. 2 + 5 = 7 h. 8 + 5 = 13 i. 6 + 5 = 11
j. 10 + 5 = 15 k. 7 + 5 = 12 l. 3 + 5 = 8
m. 9 + 5 = 14 n. 5 + 4 = 9

Part 3 Draw the rectangle. Write the multiplication problem and the answer. Then write the correct unit.

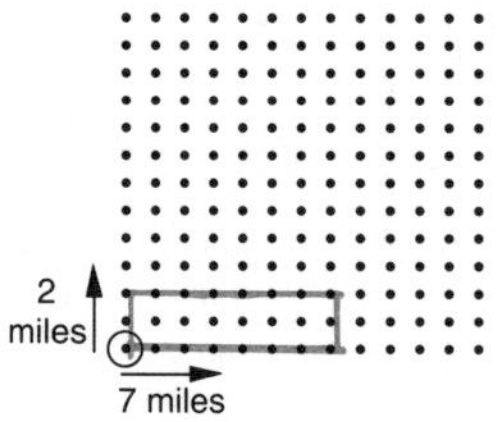

2x7=14 14 square miles

Part 4 Draw the rectangle. Write the multiplication problem for the rectangle and the answer. Then write the correct unit.

a. The rectangle is 4 feet wide and 10 feet high.

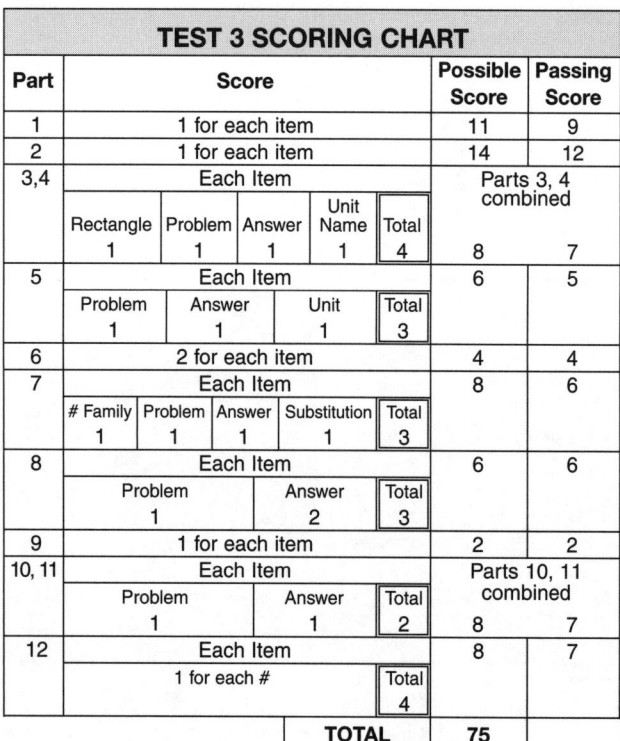

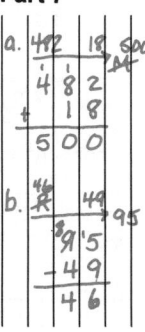

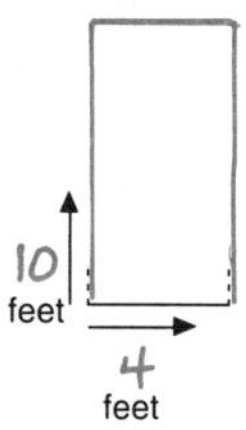

10x4=40 40 square feet

Go to Test 3 in your textbook.

TEST 3 SCORING CHART

Part	Score	Possible Score	Passing Score
1	1 for each item	11	9
2	1 for each item	14	12
3,4	Each Item: Rectangle 1, Problem 1, Answer 1, Unit Name 1, Total 4	Parts 3, 4 combined 8	7
5	Each Item: Problem 1, Answer 1, Unit 1, Total 3	6	5
6	2 for each item	4	4
7	Each Item: # Family 1, Problem 1, Answer 1, Substitution 1, Total 3	8	6
8	Each Item: Problem 1, Answer 2, Total 3	6	6
9	1 for each item	2	2
10, 11	Each Item: Problem 1, Answer 1, Total 2	Parts 10, 11 combined 8	7
12	Each Item: 1 for each #, Total 4	8	7
	TOTAL	75	

Test 3 Textbook

Part 5

a. 5x6=30 30 square miles
b. 10x4=40 40 square miles

Part 6

a. 13 M → R b. 15 U → W

Part 7

a. 482 18 500
482 + 18 = 500

b. 46 49 95
95 − 49 = 46

Part 8

a. $3.75 + .71 = $4.46

b. $2.35 + .71 + 1.09 = $4.15

Part 9

1. b
2. d

Part 10

a. 246 − 152 = 94

b. 764 − 547 = 217

Part 11

a. 560 + 136 + 38 = 734

b. 371 + 427 + 15 = 813

Part 12

a. 10, 4
b. 15, 17

Level C Test 4, Answer Key p. 28

Note: Provide any remedy for Test 4 before beginning Lesson 41. If more than 1/4 of the students did not pass a test part, present a remedy for that part (See *Presentation Book 1*, page 201). You are granted permission to reproduce the Remedy Summary Sheet at the back of the *Teacher's Guide.*

TEST 4 PERCENT SUMMARY

Score	%	Score	%	Score	%
67	100	60	90	53	79
66	99	59	88	52	78
65	97	58	87	51	76
64	96	57	85	50	75
63	94	56	84	49	73
62	93	55	82	48	72
61	91	54	81	47	70

TEST 4 SCORING CHART

Part	Score	Possible Score	Passing Score
1	1 for each item	12	10
2	1 for each item	12	10
3	2 for each item	8	6
4	1 for each item	3	3
5	1 for each item	2	2
6	Each Item: Diagram 1, Problem 1, Answer 1, Unit 1, Total 4	8	7
7	Each Item: # Family 2, Problem 1, Answer 1, Total 4	12	10
8	Each Item: # Family 2, Problem 2, Answer 1, Total 5	10	9
	TOTAL	67	

Test 4

Test Scoring Procedures begin on page 97.

Part 1

a. 1 —5→ 5 b. 10 —10→ 100 c. 4 —10→ 40 d. 1 —7→ 7

e. 10 —3→ 30 f. 8 —1→ 8 g. 1 —9→ 9 h. 2 —10→ 20

i. 7 —10→ 70 j. 6 —1→ 6 k. 10 —8→ 80 l. 3 —1→ 3

Part 2

a. 8 − 3 = 5 b. 7 − 3 = 4 c. 8 − 4 = 4 d. 9 − 4 = 5

e. 9 − 3 = 6 f. 7 − 1 = 6 g. 7 − 3 = 4 h. 5 − 1 = 4

i. 7 − 3 = 4 j. 9 − 1 = 8 k. 7 − 4 = 3 l. 8 − 1 = 7

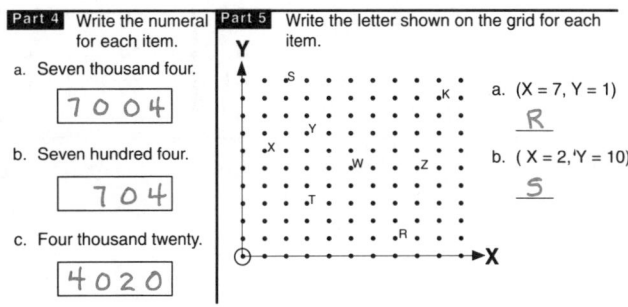

Part 3

a. 264 − 95 = 169 b. 884 − 785 = 99 c. 487 − 399 = 88 d. 586 − 487 = 99

Part 4 Write the numeral for each item.

a. Seven thousand four. 7004

b. Seven hundred four. 704

c. Four thousand twenty. 4020

Part 5 Write the letter shown on the grid for each item.

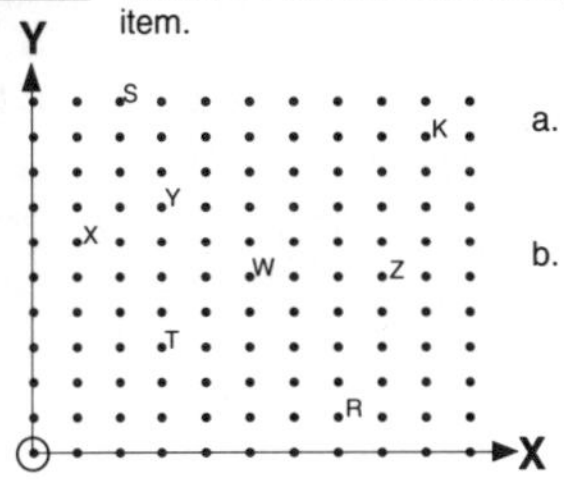

a. (X = 7, Y = 1) R

b. (X = 2, Y = 10) S

Go to Test 4 in your textbook.

69

Test 4 Textbook

Part 6

a.

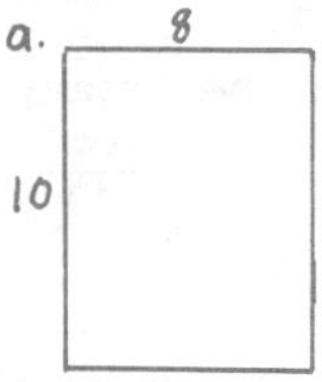

10×8=80 80 square feet

b.

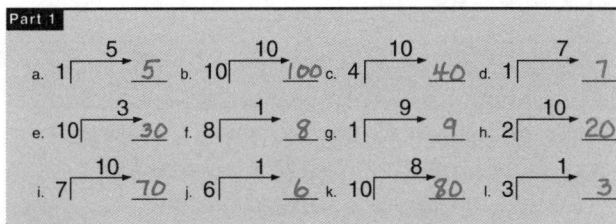

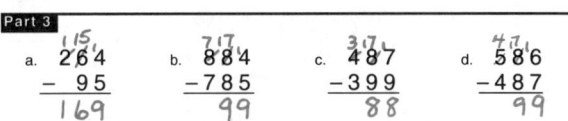

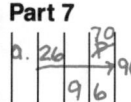

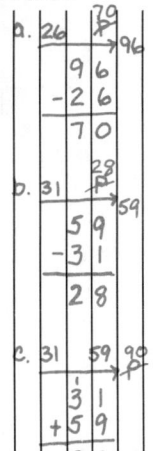

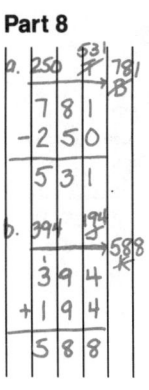

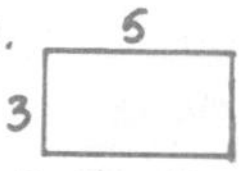

3×5=15 15 square miles

Part 7

a. 26 → 70 → 96
96 − 26 = 70

b. 31 → 28 → 59
59 − 31 = 28

c. 31 → 59 → 90
31 + 59 = 90

Part 8

a. 250 → 531 → 781
781 − 250 = 531

b. 394 → 194 → 588
394 + 194 = 588

Level C Test 5, Answer Key p. 35

Note: Provide any remedy for Test 5 before beginning Lesson 51. If more than 1/4 of the students did not pass a test part, present a remedy for that part (See *Presentation Book 1*, page 201). You are granted permission to reproduce the Remedy Summary Sheet at the back of the *Teacher's Guide.*

TEST 5 PERCENT SUMMARY					
Score	**%**	**Score**	**%**	**Score**	**%**
54	100	48	89	42	78
53	98	47	87	41	76
52	96	46	85	40	74
51	94	45	83	39	72
50	93	44	81	38	70
49	91	43	80		

TEST 5 SCORING CHART			
Part	**Score**	**Possible Score**	**Passing Score**
1	1 for each item	12	10
2	1 for each item	12	10
3	1 for each item	2	2
4	Each Item: # Family 1; Facts 2; Total 3	6	5
5	Each Item: # Family 2; Problem 2; Full Answer 1; Total 5	10	9
6	2 for each item	4	4
7	Each Row: Problem 1, Answer 1, Total 2; Each Column Total 1; Total for columns 2	8	7
	TOTAL	**54**	

Test 5

Test Scoring Procedures begin on page 98.

Part 1

a. 10 – 4 = 6 b. 10 – 6 = 4 c. 10 – 8 = 2 d. 10 – 9 = 1

e. 12 – 8 = 4 f. 12 – 10 = 2 g. 11 – 7 = 4 h. 12 – 4 = 8

i. 13 – 9 = 4 j. 11 – 4 = 7 k. 13 – 4 = 9 l. 14 – 10 = 4

Part 2

a. 2 x 5 = 10 b. 1 x 7 = 7 c. 8 x 10 = 80 d. 3 x 2 = 6

e. 7 x 2 = 14 f. 7 x 10 = 70 g. 7 x 1 = 7 h. 5 x 2 = 10

i. 5 x 10 = 50 j. 5 x 1 = 5 k. 8 x 2 = 16 l. 10 x 8 = 80

Part 3 Write each numeral.

	thousands	hundreds	tens	ones
a. 6 hundreds		6	0	0
b. 14 hundreds	1	4	0	0

Part 4 Write both multiplication facts for each family.

a. 9 —10→ 90

9 x 10 = 90

10 x 9 = 90

b. 1 —7→ 7

1 x 7 = 7

7 x 1 = 7

Part 5 Write the complete number family. Then write the addition problem or subtraction problem and the answer. Remember the unit name.

a. Debby was 21 inches taller than Billy. Billy was 37 inches tall. How tall was Debby?

21 37 → 58

21 + 37 = 58 inches

b. Reggie was 17 inches shorter than Billy. Billy was 37 inches tall. How tall was Reggie?

17 20 → 37

37 – 17 = 20 inches

Part 6 Write the X and Y values for each letter.

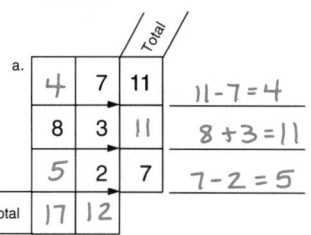

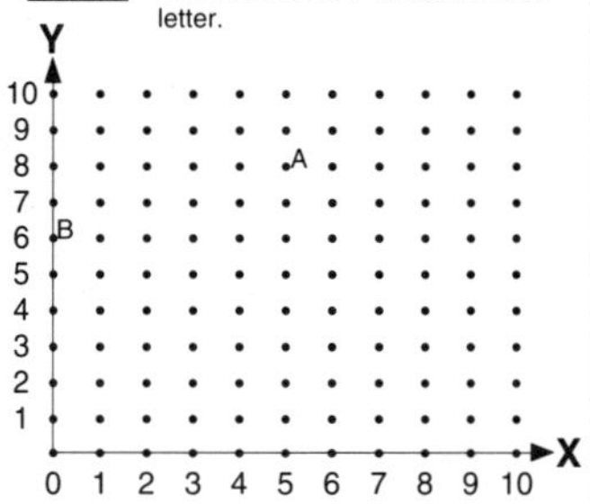

- Letter A. (X = 5, Y = 8)
- Letter B. (X = 0, Y = 6)

Part 7 Write the problems for each row and the answer. Then write the missing numbers in the table and figure out the total for the two columns.

a.

			Total	
	4	7	11	11 – 7 = 4
	8	3	11	8 + 3 = 11
	5	2	7	7 – 2 = 5
Total	17	12		

End of Test 5

Level C Test 6, Answer Key p. 43

Note: Provide any remedy for Test 6 before beginning Lesson 61. If more than 1/4 of the students did not pass a test part, present a remedy for that part (See *Presentation Book 1*, page 242). You are granted permission to reproduce the Remedy Summary Sheet at the back of the *Teacher's Guide.*

TEST 6 PERCENT SUMMARY					
Score	**%**	**Score**	**%**	**Score**	**%**
67	100	60	90	53	79
66	99	59	88	52	78
65	97	58	87	51	76
64	96	57	85	50	75
63	94	56	84	49	73
62	93	55	82	48	72
61	91	54	81	47	70

Test 6 Test Scoring Procedures begin on page 99.

Part 1

a. 57 c. 56

b. 68 d. 39

Part 2

a. 7 – 6 = 1 c. 9 – 6 = 3 e. 9 – 6 = 3

b. 11 – 6 = 5 d. 12 – 6 = 6 f. 10 – 6 = 4

Part 3

a. 5 × 1 = 5 b. 3 × 5 = 15 c. 2 × 5 = 10 d. 5 × 4 = 20 e. 5 × 5 = 25 f. 5 × 2 = 10 g. 4 × 5 = 20 h. 5 × 3 = 15

95

TEST 6 SCORING CHART			
Part	**Score**	**Possible Score**	**Passing Score**
1	2 for each item	8	6
2	1 for each item	6	6
3	1 for each item	8	7
4	1 for each item	6	5
5	Each Item (Column Problem 2, Answer 1, Total 5)	9	8
6	Each Item (# Family 2, Problem 2, Answer 1, Total 5)	10	9
7	2 for each fraction	12	10
8	1 for each item	8	8
	TOTAL	67	

Part 4 Write the numerals.

	thousands / hundreds / tens / ones
a. 32 hundreds	3200
b. 7 tens	70
c. 7 hundreds	700
d. 35 hundreds	3500
e. 36 tens	360
f. 15 tens	150

Part 5 Write the addition or subtraction problem and the answer for each column. Then write the missing numbers in the table.

			Total
	48	12	60
	10	15	25
Total	58	27	85

58 – 48 = 10 27 – 15 = 12 60 + 25 = 85

Part 6 Make a number family for each problem. Write the addition or subtraction problem and answer for each family.

a. You have □.
You find 23.
You end up with 97.

□ —23→ 97 97 – 23 = 74

b. You have 206.
You lose 13.
You end up with □.

□ —13→ 206 206 – 13 = 193

Part 7 Write the fractions.

a. (number line 0–3) $\frac{3}{3}$ $\frac{6}{3}$ $\frac{9}{3}$

b. (number line 0–3) $\frac{4}{4}$ $\frac{8}{4}$ $\frac{12}{4}$

Part 8 Write the numbers you say when you count by nines.

9 18 27 36 45 54 63 72 81 90

96

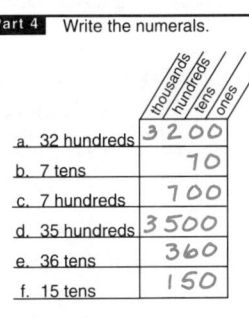

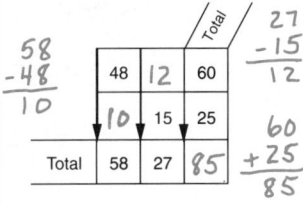

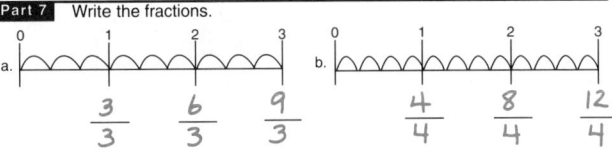

Level C Test 7, Answer Key p. 50

Note: Provide any remedy for Test 7 before beginning Lesson 71. If more than 1/4 of the students did not pass a test part, present a remedy for that part (See *Presentation Book 2*, page 43). You are granted permission to reproduce the Remedy Summary Sheet at the back of the *Teacher's Guide.*

TEST 7 PERCENT SUMMARY

Score	%	Score	%	Score	%
86	100	77	90	68	79
85	99	76	88	67	78
84	98	75	87	66	77
83	97	74	86	65	76
82	95	73	85	64	74
81	94	72	84	63	73
80	93	71	83	62	72
79	92	70	81	61	71
78	91	69	80	60	70

Part 6 Write the fractions.

a.  $\frac{7}{4}$

b.  $\frac{3}{5}$

TEST 7 SCORING CHART

Part	Score	Possible Score	Passing Score
1	1 for each item	10	8
2	1 for each item	12	10
3	2 for each fraction	6	6
4	1 for each cell	4	3
5	Each Item: Denominator 2, Shade 2, Total 5	8	8
6	Each Item: Numerator 1, Denominator 1, Total 2	4	4
7	1 for each item	8	7
8	Each Item: # Family 2, Problem 2, Answer 2, Unit 1, Total 7	14	12
9	Each Item: Problem 1, Answer 1, Total 2	8	7
10	2 for each item	4	4
11	Each Item: Problem 1, Answer 2, $ Sign 1, Total 4	8	7
	TOTAL	86	

Test 7 Test Scoring Procedures begin on page 100.

Part 1

a. $2\overline{)8}$ = 4
b. $2\overline{)10}$ = 5
c. $2\overline{)12}$ = 6
d. $2\overline{)4}$ = 2
e. $2\overline{)20}$ = 10
f. $2\overline{)18}$ = 9
g. $1\overline{)9}$ = 9
h. $7\overline{)70}$ = 10
i. $1\overline{)10}$ = 10
j. $6\overline{)60}$ = 10

Part 2

a. 10 – 5 = 5
b. 12 – 6 = 6
c. 11 – 5 = 6
d. 9 – 3 = 6
e. 10 – 4 = 6
f. 8 – 3 = 5
g. 10 – 1 = 9
h. 9 – 4 = 5
i. 8 – 2 = 6
j. 8 – 1 = 7
k. 8 – 3 = 5
l. 7 – 1 = 6

Part 3 Write the fractions.

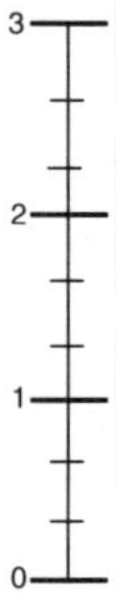

$\frac{9}{3}$, $\frac{6}{3}$, $\frac{3}{3}$

Part 4 Fill in all the missing numbers.

178 + 81 = 259
299 − 178 = 121
399 − 299 = 100
100 − 81 = 19

178	81	259
121	19	140
299	100	399

Part 5 For each problem, complete the fraction and shade the line.

a.  $\frac{4}{3}$

b. 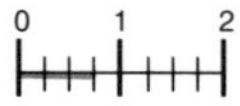 $\frac{3}{4}$

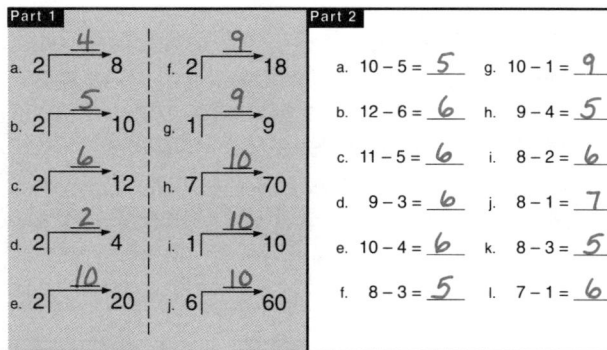

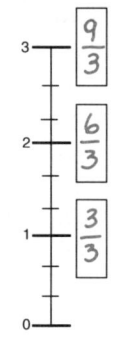

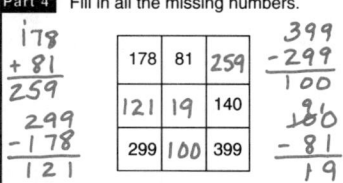

Test 7 Textbook

Part 7

a. 45
b. 81
c. 72
d. 36
e. 63
f. 27
g. 54
h. 18

Part 8

a. 56, 65 → M
56 + 65 = 121 feet

b. □, 410 → 860
$860 − 410 = $450

Part 9

a. 700 × 2 = 1400
b. 20 × 9 = 180
c. 50 × 6 = 300
d. 500 × 4 = 2000

Part 10

a. 49
b. 26

Part 11

a. $3 + 5 + 1 = $9
b. $2 + 3 + 5 = $10

Level C Test 8, Answer Key p. 57

Note: Provide any remedy for Test 8 before beginning Lesson 81. If more than 1/4 of the students did not pass a test part, present a remedy for that part (See *Presentation Book 2*, page 77). You are granted permission to reproduce the Remedy Summary Sheet at the back of the *Teacher's Guide.*

TEST 8 PERCENT SUMMARY					
Score	**%**	**Score**	**%**	**Score**	**%**
62	100	55	89	49	79
61	98	54	87	48	77
60	97	53	85	47	76
59	95	52	84	46	74
58	94	51	82	45	73
57	92	50	81	44	71
56	90				

TEST 8 SCORING CHART						
Part	**Score**				**Possible Score**	**Passing Score**
1	1 for each item				8	7
2	1 for each item				16	14
3	1 for each item				10	8
4	1 for each item				10	9
5	2 for each item				6	6
6	Table		Items		12	10
	Each Cell 1	Total 8	Each Answer 1	Total 4		
				TOTAL	62	

Test 8

Test Scoring Procedures begin on page 101.

Part 1

a. 16 − 8 = 8 b. 6 − 3 = 3 c. 12 − 6 = 6 d. 4 − 2 = 2

e. 10 − 5 = 5 f. 18 − 9 = 9 g. 14 − 7 = 7 h. 2 − 1 = 1

Part 2

a. 3 x 4 = 12 b. 8 x 4 = 32 c. 4 x 9 = 36 d. 4 x 10 = 40

e. 5 x 4 = 20 f. 6 x 4 = 24 g. 4 x 6 = 24 h. 4 x 7 = 28

i. 7 x 4 = 28 j. 4 x 4 = 16 k. 4 x 8 = 32 l. 4 x 2 = 8

m. 9 x 4 = 36 n. 10 x 4 = 40 o. 4 x 3 = 12 p. 4 x 5 = 20

Part 3

a. 2 x 4 = 8 b. 2 x 7 = 14 c. 9 x 10 = 90 d. 2 x 6 = 12

e. 2 x 9 = 18 f. 5 x 5 = 25 g. 2 x 8 = 16 h. 2 x 10 = 20

i. 1 x 5 = 5 j. 2 x 5 = 10

Part 4

a. 8 − 3 = 5 b. 10 − 7 = 3 c. 11 − 8 = 3 d. 11 − 3 = 8 e. 12 − 8 = 4

f. 6 − 3 = 3 g. 10 − 3 = 7 h. 13 − 3 = 10 i. 11 − 7 = 4 j. 7 − 3 = 4

Part 5 Complete the sign.

a. $\frac{1}{4} < 1$ b. $\frac{3}{4} < 1$ c. $\frac{7}{7} = 1$

Part 6 Complete the table. Then answer the questions.

The table is supposed to show the number of rocks in two different parks.

	Mountain Park	Valley Park	Total for both parks
Small rocks	10	14	24
Large rocks	8	5	13
Total rocks	18	19	37

Fact 1: In Mountain Park, there are 18 total rocks.

Fact 2: In Mountain Park, there are 10 small rocks.

Fact 3: The total number of rocks in both parks is 37.

Fact 4: In Valley Park, there are 5 large rocks.

a. Were there more large rocks in Mountain Park or Valley Park? Mountain Park

b. How many large rocks were there in both parks? 13

c. Were there more large rocks or small rocks? Small rocks

d. Were there more rocks in Mountain Park or Valley Park? Valley Park

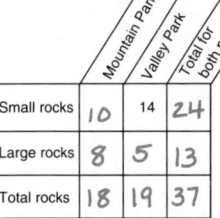

Level C Test 9, Answer Key p. 64

Note: Provide any remedy for Test 9 before beginning Lesson 91. If more than 1/4 of the students did not pass a test part, present a remedy for that part (See *Presentation Book 2*, page 114). You are granted permission to reproduce the Remedy Summary Sheet at the back of the *Teacher's Guide.*

TEST 9 PERCENT SUMMARY

Score	%	Score	%	Score	%
71	100	64	89	58	79
70	99	63	87	57	77
69	97	62	85	56	75
68	96	61	84	55	74
67	94	60	82	54	72
66	93	59	80	53	70
65	90				

TEST 9 SCORING CHART

Part	Score	Possible Score	Passing Score
1	1 for each item	12	10
2	1 for each item	10	9
3	Each Item: Problem 1, Answer 1, Total 2	8	7
4	2 for each item	8	6
5	Copied (b & d) Not copied (a & c) 2 each, Total 8; Answer (b & d) 2 each, Total 4	12	12
6	1 for each item	8	7
7	1 for each item	4	3
8	1 for each item	4	4
9	1 for each cell	5	4
	TOTAL	71	

Test 9

Test Scoring Procedures begin on page 102.

Part 6 Write the missing small number.

a. 7 → 4 → 28 b. 10 → 5 → 50 c. 5 → 3 → 15 d. 9 → 5 → 45

e. 6 → 2 → 12 f. 9 → 4 → 36 g. 7 → 2 → 14 h. 4 → 5 → 20

Part 7 Write the complete number family for each problem.

a.  20 5 → N 4 → C 20

c.  40 5 → N 8 → C 40

b.  10 → D 6 → C 60

d.  10 → D 4 → C 40

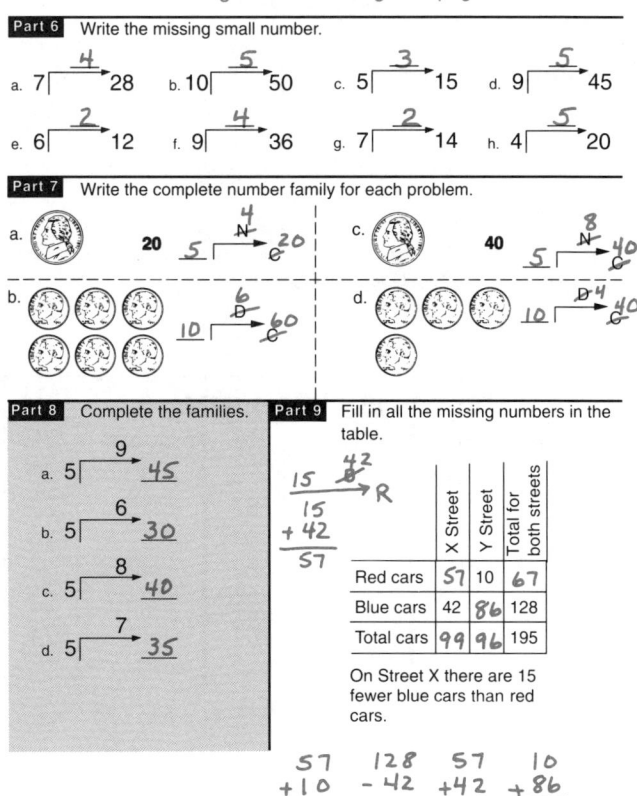

Part 8 Complete the families.

a. 5 → 9 → 45
b. 5 → 6 → 30
c. 5 → 8 → 40
d. 5 → 7 → 35

Part 9 Fill in all the missing numbers in the table.

15 → 42 (B) → R

15 + 42 = 57

	X Street	Y Street	Total for both streets
Red cars	57	10	67
Blue cars	42	86	128
Total cars	99	96	195

On Street X there are 15 fewer blue cars than red cars.

57 + 10 = 67 128 − 42 = 86 57 + 42 = 99 10 + 86 = 96

136

Test 9 Textbook

Part 1

a. 63
b. 36
c. 81
d. 25
e. 72
f. 32
g. 54
h. 28
i. 90
j. 24
k. 72
l. 54

Part 2

a. 8
b. 6
c. 7
d. 9
e. 5
f. 6
g. 6
h. 6
i. 6
j. 10

Part 3

a. 10000 − 5000 = 5000
b. 3000 + 9000 = 12000
c. 16000 − 8000 = 8000
d. 13000 − 8000 = 5000

Part 4

a. 49 × 3 = 147
b. 92 × 6 = 552
c. 37 × 4 = 148
d. 22 × 9 = 198

Part 5

b. $\frac{3}{10} + \frac{9}{10} = \frac{12}{10}$

d. $\frac{10}{3} - \frac{9}{3} = \frac{1}{3}$

Level C Test 10, Answer Key p. 73

Note: Provide any remedy for Test 10 before beginning Lesson 101. If more than 1/4 of the students did not pass a test part, present a remedy for that part (See *Presentation Book 2*, page 157). You are granted permission to reproduce the Remedy Summary Sheet at the back of the *Teacher's Guide*.

TEST 10 PERCENT SUMMARY

Score	%	Score	%	Score	%
70	100	62	89	55	79
69	99	61	87	54	77
68	97	60	86	53	76
67	96	59	84	52	74
66	94	58	83	51	73
65	93	57	81	50	71
64	91	56	80	49	70
63	90				

TEST 10 SCORING CHART

Part	Score				Possible Score	Passing Score
1	1 for each item				10	8
2	1 for each item				12	10
3	4 for each item				8	8
4	3 for each item				6	6
5	Each Item				10	9
	Problem 2	Answer 2	Unit 1	Total 5		
6	Each Item				12	10
	Problem 4	Answer 2		Total 6		
7	Each Item				12	10
	Problem 4	Answer 2		Total 6		
				TOTAL	70	

Test 10   Test Scoring Procedures begin on page 103.

Part 1

a. $13 - 7 = \underline{6}$ b. $15 - 7 = \underline{8}$ c. $15 - 8 = \underline{7}$ d. $14 - 6 = \underline{8}$

e. $15 - 9 = \underline{6}$ f. $16 - 7 = \underline{9}$ g. $13 - 8 = \underline{5}$ h. $13 - 5 = \underline{8}$

i. $14 - 8 = \underline{6}$ j. $13 - 9 = \underline{4}$

Part 2

a. $5 \times 6 = \underline{30}$ b. $5 \times 5 = \underline{25}$ c. $8 \times 5 = \underline{40}$ d. $5 \times 7 = \underline{35}$

e. $5 \times 8 = \underline{40}$ f. $6 \times 5 = \underline{30}$ g. $4 \times 5 = \underline{20}$ h. $5 \times 9 = \underline{45}$

i. $5 \times 10 = \underline{50}$ j. $7 \times 5 = \underline{35}$ k. $9 \times 5 = \underline{45}$ l. $3 \times 5 = \underline{15}$

Part 3

a.
$$\begin{array}{r} \overset{1}{9}\overset{3}{3}7 \\ \times\quad 5 \\ \hline 4685 \end{array}$$

b.
$$\begin{array}{r} \overset{3}{2}\overset{2}{4}3 \\ \times\quad 9 \\ \hline 2187 \end{array}$$

Part 4

a. $\boxed{5} = \dfrac{20}{4}$ b. $\boxed{3} = \dfrac{27}{9}$

Go to Test 10 in your textbook.

Test 10/Extra Practice

Part 1

a.
$$\boxed{9} \begin{array}{l} \uparrow 18 \\ \\ 2 \end{array}$$

b. $\boxed{3} = \dfrac{27}{9}$ c. $\boxed{2} = \dfrac{18}{9}$

d. $\boxed{9} = \dfrac{18}{2}$ e. $\boxed{2} = \dfrac{10}{5}$ f. $\boxed{10} = \dfrac{40}{4}$

149

Test 10 Textbook

Part 5

a. $\dfrac{6}{3} - \dfrac{1}{3} = \dfrac{5}{3}$ pounds   b. $\dfrac{7}{4} + \dfrac{5}{4} = \dfrac{12}{4}$ pounds

Part 6

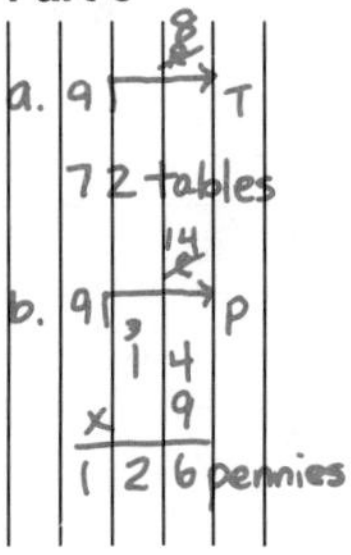

Part 7

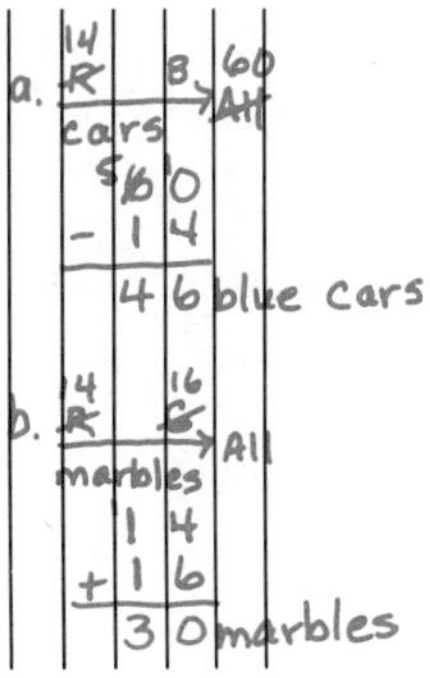

Level C Test 11, Answer Key p. 82

Note: Provide any remedy for Test 11 before beginning Lesson 111. If more than 1/4 of the students did not pass a test part, present a remedy for that part (See *Presentation Book 2*, page 197). You are granted permission to reproduce the Remedy Summary Sheet at the back of the *Teacher's Guide.*

TEST 11 PERCENT SUMMARY

Score	%	Score	%	Score	%
92	100	82	89	72	78
91	99	81	88	71	77
90	98	80	87	70	76
89	97	79	86	69	75
88	96	78	85	68	74
87	95	77	84	67	73
86	93	76	83	66	72
85	92	75	82	65	71
84	91	74	80	64	70
83	90	73	79		

Test 11

Test Scoring Procedures begin on page 104.

Part 1

a. 6⟌18 = 3 b. 4⟌12 = 3 c. 2⟌18 = 9 d. 2⟌6 = 3 e. 9⟌45 = 5 f. 5⟌45 = 9

g. 3⟌15 = 5 h. 4⟌24 = 6 i. 7⟌21 = 3 j. 3⟌9 = 3 k. 4⟌16 = 4

Part 2

a. 5⟌20 = 4 b. 8⟌40 = 5 c. 5⟌25 = 5 d. 6⟌30 = 5 e. 5⟌40 = 8

f. 5⟌45 = 9 g. 4⟌20 = 5 h. 5⟌20 = 4 i. 9⟌45 = 5

Part 3

a. 8 x 3 = 24 b. 4 x 3 = 12 c. 7 x 3 = 21 d. 3 x 10 = 30

e. 3 x 7 = 21 f. 3 x 9 = 27 g. 2 x 3 = 6 h. 3 x 6 = 18

i. 6 x 3 = 18 j. 3 x 8 = 24 k. 9 x 3 = 27

Part 4 Circle the dollars and coins for each problem.

a. $4.41 b. $3.93

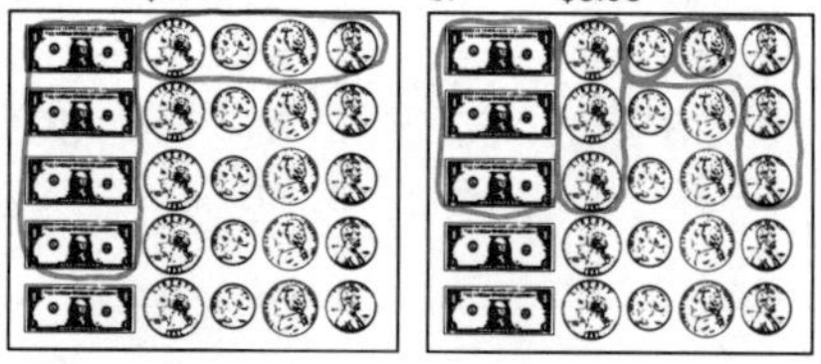

Part 5 Work each problem.

a. 5⟌36 = 7, 35 R 1

b. 10⟌26 = 2, 20 R 6

c. 5⟌49 = 9, 45 R 4

Go to Test 11 in your textbook.

TEST 11 SCORING CHART

Part	Score				Possible Score	Passing Score
1	1 for each item				11	9
2	1 for each item				9	8
3	1 for each item				11	9
4	Each Item				8	8
	Dollars 1	Coins 3		Total 4		
5	Each Item				9	8
	# under division sign 1	Remainder 1	Whole # answer 1	Total 3		
6	Each Item				6	5
	Route 1	Miles 2		Total 3		
7	3 for each item				9	9
8	2 for each item				8	6
9	1 for each item				5	5
10	Each Item				4	4
	Problem 1	Answer 1		Total 2		
11	Each Item				12	9
	Family 1	Answer 2		Total 3		
		TOTAL			92	

Test Lesson 11

a. 3 cents
b. 30 cents
c. 1 nickel, 2 pennies
d. 2 dimes, 1 penny

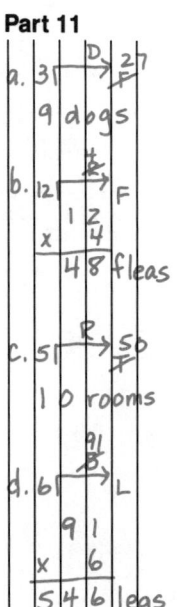

Test 11 Textbook

Part 6

a. C → A → B → D 32 miles
b. C → B → D 20 miles

Part 7

a. 4
b. 6
c. 1

Part 8

a. 5x8 = 50 − 10
b. 10 − 4 = 2x3
c. 30 − 6 = 20 + 4
d. 5x4 = 22 − 2

Part 9

a. 45
b. 44
c. 45
d. 46
e. 0

Part 10

a. 2⟌18 = 9
b. 4⟌24 = 6

Part 11

a. 3 —D→ 27 (F); 9 dogs
b. 12 —F→ 4; 12 x 4 = 48 fleas
c. 5 —R→ 50 (F); 10 rooms
d. 6 —B→ L (91); 91 x 6 = 546 legs

Level C Test 12, Answer Key p. 93

Note: Provide any remedy for Test 12. If more than 1/4 of the students did not pass a test part, present a remedy for that part (See *Presentation Book 2*, page 238). You are granted permission to reproduce the Remedy Summary Sheet at the back of the *Teacher's Guide.*

TEST 12 PERCENT SUMMARY

Score	%	Score	%	Score	%
86	100	77	90	68	79
85	99	76	88	67	78
84	98	75	87	66	77
83	97	74	86	65	76
82	95	73	85	64	74
81	94	72	84	63	73
80	93	71	83	62	72
79	92	70	81	61	71
78	91	69	80	60	70

Test 12

Test Scoring Procedures begin on page 105.

Part 1

a. 62 b. 66 c. 64

Part 2

a. 3⟌21 7 b. 3⟌15 5 c. 3⟌24 8 d. 3⟌9 3

e. 3⟌27 9 f. 3⟌12 4 g. 3⟌6 2 h. 3⟌18 6

Part 3 Write the number family and figure out the answer.

a. 5 inches of rain fell each day. 45 inches of rain fell. How many days did it rain?

5 ×9 → 45 9 days

b. There were 25 birds in each tree. There were 9 trees. How many birds were there in all?

25 9 → B 25 × 9 = 225 birds

Part 4 Write the multiplication problem and the answer for each problem. Remember the units.

a.

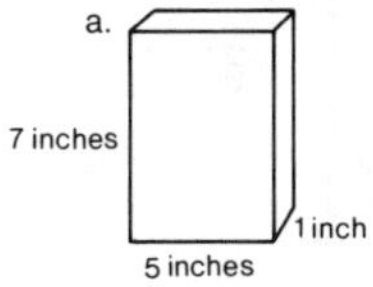

$7 \times 5 \times 1 = 35$ cubic inches

b.

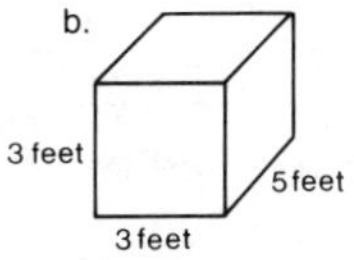

$3 \times 3 \times 5 = 45$ cubic feet

Go to Test 12 in your textbook.

172

TEST 12 SCORING CHART			
Part	**Score**	**Possible Score**	**Passing Score**
1	2 for each item	6	6
2	1 for each item	8	7
3	Each Item: # Family 1, Answer 1, Unit Name 1, Total 3	6	5
4	Each Item: Problem 2, Answer 1, Unit Name 1, Total 4	8	7
5	Table: Each Cell 2, Total 18; Items: Each Answer 2, Total 4	22	18
6	Each Item: Problem 2, Answer 1, Total 3	9	8
7	Each Item: # Family 2, Answer 1, Unit Name 1, Total 3	12	10
8	Each Item: # under division sign 1, Remainder 1, Whole # Answer 1, Total 3	9	8
9	2 for each item	6	6
	TOTAL	**86**	

Test 12 Textbook

Part 5

	Time left	Minutes of trip	Time arrived
a. Fran	5:09	:37	5:46
b. Ana	7:15	:41	7:56
c. Dan	5:19	:12	5:31
d. Diane	5:15	:38	5:53
e. Roxanne	5:12	:19	5:31

a. 5:46 − 5:09 = :37

b. 7:56 − :41 = 7:15

c. 5:19 + :12 = 5:31

d. 5:15 + :38 = 5:53

e. 5:31 − 5:12 = :19

Part 6

a. 4⟌24 = 6

b. 10⟌50 = 5

c. 7⟌35 = 5

Part 7

a. 32 H → 234 W; $234 − 32 = $202

b. 12, 21 → S; 12 + 21 = 33 tons

c. 350, 186 → T; 350 + 186 = 536 gallons

Part 8

a. 9⟌50 = 5; 45 R5

b. 2⟌7 = 3; 6 R1

c. 4⟌11 = 2; 8 R3

Part 9

	Pounds for 1	Pounds for 5
Cans	4	20
Bottles	7	35
Jars	6	30

5⟌20 = 4

5⟌35 = 7

5⟌30 = 6